Reinborn/Koch · Entwurfstraining im Städtebau

Dietmar Reinborn
Michael Koch

Entwurfstraining im Städtebau

Mit einem Beitrag von
Ulrich Seitz

Verlag W. Kohlhammer
Stuttgart Berlin Köln

Die Deutsche Bibliothek – CIP-Einheitsaufnahme

Reinborn, Dietmar:
Entwurfstraining im Städtebau/
Dietmar Reinborn; Michael Koch.
Mit einem Beitr. von Ulrich Seitz. –
Stuttgart; Berlin; Köln: Kohlhammer, 1992
ISBN 3-17-011197-3
NE: Koch, Michael:

Stuttgart Berlin Köln
Verlagsort: Stuttgart
Umschlagmotiv:
Wolfgang Görl, Stuttgart (oben),
Stefan Schäfer, Stuttgart (unten).
Umschlag: Studio 23
Gesamtherstellung:
W. Kohlhammer Druckerei GmbH + Co. Stuttgart
Printed in Germany

Inhalt

Vorwort

Entwerfen ist erlernbar! Diese These bildet den roten Faden für die nachfolgenden Ausführungen, die methodische und inhaltliche Anregungen für das städtebauliche Entwerfen, für den „Kampf mit dem leeren Blatt Papier" geben sollen. Mit diesem Grundgedanken ist sicherlich der große Anspruch verbunden, Entwerfen sei grundsätzlich auch lehrbar, was im Widerspruch zu der immer wieder vertretenen Meinung steht, Entwerfen kann man, oder man lernt es nie. Dieses „genetische" Argument würde aber alle Architektur- und Städtebau-Ausbildungsstätten zu reinen „Sortieranstalten" zur Trennung von Nicht-Entwerfern und Entwerfern, von Spreu und Weizen, degradieren.

Mit dem genannten Grundgedanken ist aber keineswegs ein allumfassender Anspruch verbunden, jedem, der es nur will, entwerferische Fähigkeiten vermitteln zu können. Die „Hilfe zur Selbsthilfe" ist deshalb eher die Absicht dieses Buches, das dazu beitragen will, die eigenen kreativen Fähigkeiten und Fertigkeiten zu wecken und fortzuentwickeln. Das sehr komplexe und stark individuell geprägte Thema („Ich entwerfe aber ganz anders!") erlaubt es nur, Hinweise zu geben, wie ein eigener Entwurfsstil gefunden werden kann, oder Anregungen zu machen, einmal ein anderes Entwurfsvorgehen zu probieren. Dabei soll aufgezeigt werden, wie eigentlich Ideen und Konzepte entwickelt und wie sie weiterbearbeitet werden können, damit daraus ein entscheidungsreifer Entwurf entsteht.

Die Verbindung von Kenntnissen über einen Sachverhalt und Fähigkeiten zu ihrer Anwendung ist besonders beim kreativen Handeln eine wichtige Voraussetzung. Dabei ist es grundsätzlich einfacher, sich über Sachverhalte kundig zu machen, als Handlungsmuster für das eigene Vorgehen zu entwickeln. Deshalb gibt es auch umfangreiche Publikationen und Informationen über Größenordnungen, Richtlinien, Gesetze, Beispielsammlungen und ähnliche Materialien zum Städtebau, die auch unbestritten einen wichtigen Beitrag für die Arbeit des städtebaulichen Entwerfers leisten.

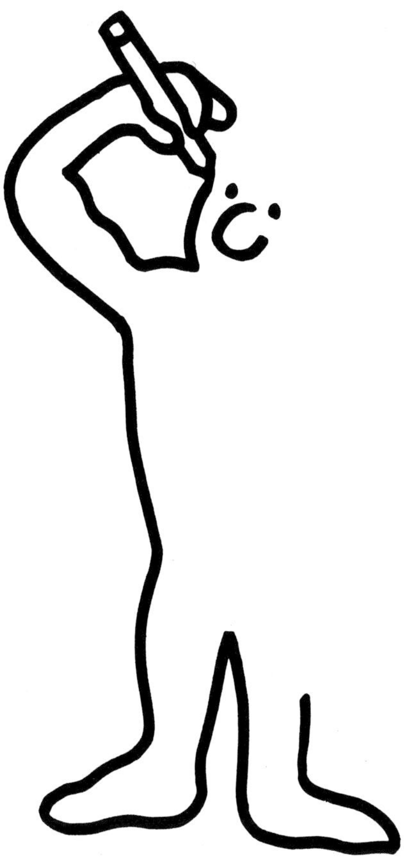

Hinweise und Anregungen zum Entwerfen, zur Fähigkeit, in dieser Hinsicht kreativ zu sein, sind fast nicht publiziert. Selbst die „Altmeister" des Städtebaus und der Architektur beschreiben, soweit sie sich schriftlich geäußert haben, ihre Vorstellung von der Stadt und ihrer Veränderbarkeit. Wie man zu diesen Ideen kommt, bleibt aber verborgen. Mit diesem Buch soll deshalb der Versuch unternommen werden, den Vorgang des Entwerfens mit allen seinen Schwierigkeiten und Zwischenschritten so zu analysieren und aufzubereiten, daß daraus individuell anwendbare Entwurfsmuster für das eigene kreative Handeln abgeleitet werden können.

Diese rationale Hinterfragung des intuitiv-kreativen Vorgangs erfolgt durch eine Aufgliederung des Entwurfsprozesses in einzelne Phasen und Arbeitsvorgänge, die durch zahlreiche Beispiele aus Studienarbeiten von verschiedenen Lehrveranstaltungen der letzten Jahre und aus der Planungspraxis illustriert und verdeutlicht werden. Außerdem wird der Entwurfsprozeß „wissenschaftlich" beleuchtet, ohne dabei eine umfassende „Entwurfstheorie" beschreiben oder entwickeln zu wollen. Dieser Teil steht eher unter der Überschrift „Gedanken über das Entwerfen" und soll zum Mitdenken anregen.

Nach einem Kapitel mit stark illustrierten Hinweisen und Anregungen folgt jeweils ein mehr textlich geprägtes Kapitel mit Reflexionen über das Vorangegangene. Die Überschrift kennzeichnet dies durch das Wortteil „-prozesse". Damit soll der Prozeßhaftigkeit des Entwurfsvorgangs, auch in seinen Einzelschritten, Ausdruck verliehen werden. Außerdem sind einzelne, wesentlich erscheinende Sachaussagen und Zusammenhänge zum „Entwurfsobjekt Stadt" aufgeführt, die aber hier verständlicherweise nicht vertieft werden können. Dazu gibt es zahlreiche andere Publikationen, auf die teilweise hingewiesen wird.

Die Abfolge der Kapitel ist für den Leser keineswegs zwingend, denn durch Querverweise und eine teilweise „didaktische Redundanz", das abrißhafte Wiederholen von Aussagen, wird ein „Zwischeneinstieg" in das Buch ermöglicht. Hinweise und Empfehlungen für „Anfänger", die von „Fortgeschrittenen" vielleicht als banal empfunden werden, können so von diesen übergangen werden, ohne den Gesamtzusammenhang zu verlieren.

Der Entwurfsprozeß zwischen Intuition und Reflexion, dem Wechselverhältnis von konzeptioneller Arbeit über gestalterische und funktionale Aufgaben im Städtebau und rationalem Nachvollzug der skizzierten Lösungsansätze, basiert auf der bewußten Wahrnehmung von stadtstrukturellen und stadträumlichen Gegebenheiten. Diese sind wesentliche Ansatzpunkte für eine Umsetzung von fachlichen Kenntnissen und kreativen Fähigkeiten in Entwurfsideen und Gestaltungskonzepte. Die Hinweise dazu reichen aber allein nicht aus, denn für die Vertiefung der entwerferischen Fähigkeiten ist ein intensives Entwurfstraining erforderlich.

Entwerfen lernt man nur durch Entwerfen.

1. Einleitung: Städtebau – Entwerfen – Planung

Der Entwurf des dreidimensionalen Rahmens ist das wesentliche Kennzeichen der städtebaulichen Planung. Der Begriff Städtebau ist allerdings nicht klar von anderen Bezeichnungen, wie Stadtplanung und Ortsplanung, abgegrenzt und durch viele spezielle Tätigkeitsfelder, wie Stadterneuerung, Sanierung und Stadtentwicklung, differenziert. Im Baugesetzbuch (BauGB) wird das Aufgabenfeld der Planer u. a. als „städtebauliche Entwicklung und Ordnung" bezeichnet.

Diese Bandbreite der Bezeichnungen ist auch ein Kennzeichen für die große Komplexität des Betätigungsbereichs des Städtebauers, um diesen Begriff stellvertretend für viele Berufsbezeichnungen zu verwenden. Im Spannungsfeld von städtebaulichen Festlegungen für die darauf aufbauenden weiteren Detail- und Gebäudeplanungen und dem Bestreben, die Entfaltungsmöglichkeiten des letztendlich erforderlichen Architekturentwurfs nicht zu stark einzuengen, bewegt sich das städtebauliche Entwerfen. Es ist gleichzeitig auch ein Wechselspiel zwischen Kopf- und Handarbeit bei der Ideenfindung. Da nicht immer auf Anhieb eine tragfähige Konzeption gefunden wird, gehört zum Entwerfen auch der Mut zum „Wegwerfen" von ungeeigneten Lösungen.

Die Komplexität des Planungsobjekts Stadt ist aber nicht nur eine Herausforderung für den Entwerfer, sondern auch für die anderen Planungsbeteiligten. Der Planträger, der Planentwerfer, der Plankunde und schließlich der Planausführer spielen in diesem Prozeß ihre jeweils zugeordnete Rolle, die allerdings bei den verschiedenen Planungsaufgaben differieren kann. Gleichzeitig muß auch berücksichtigt werden, daß sich der städtische Veränderungsprozeß vor allem mit seinen baulichen, sozialen und technischen Komponenten einer umfassenden Planung entzieht. Der Entwerfer begleitet deshalb diesen Prozeß von Entwicklung und Veränderung nur ein kurzes Stück als Akteur mit, wobei er die Vorgaben der Vergangenheit zu bedenken und die Auswirkungen seines Handelns für die Zukunft abzuschätzen hat.

1.1 Städtebau, ein Begriff für viele Aufgabenfelder

Eine verbindliche Begriffsbestimmung von „Städtebau" gibt es nicht. Sich überlappend und manchmal auch synonym werden verschiedene Begriffe gebraucht, wie „Stadtplanung", „Städteplanung", „Ortsplanung" (das Dorf stärker einbeziehend), „Kommunale Raumordnung". Von Gerd ALBERS stammt die wohl treffendste Definition:

*Unter **Städtebau** verstehen wir die Lenkung der räumlichen, insbesondere der baulichen Entwicklung im gemeindlichen Bereich. Das Tätigkeitsfeld erstreckt sich von der langfristigen räumlichen Disposition der Bodennutzungen und Infrastrukturinvestitionen bis hin zum **Entwurf** des dreidimensionalen Rahmens für die bauliche Gestaltung. Seinen rechtlichen Niederschlag findet der Städtebau in der Bauleitplanung mit ihren beiden Hauptplanarten des Flächennutzungsplanes und des Bebauungsplanes.* (Gerd ALBERS (2), Spalte 3116)

Mit dem Begriff „Entwurf des dreidimensionalen Rahmens" zeigt ALBERS ein wesentliches Aufgabenfeld des „Städtebauers" auf, nämlich das „städtebauliche Entwerfen". Eine umfassendere Bedeutung für die „kommunale Raumplanung" bekommt der Städtebau durch seine Verwendung im Baugesetzbuch (BauGB). Diese „Legaldefinition" erfolgt durch den Begriff **städtebauliche Entwicklung und Ordnung**:

Die Gemeinden haben die Bauleitpläne aufzustellen, sobald und soweit es für die städtebauliche Entwicklung und Ordnung erforderlich ist. (BauGB § 1,3)... *Die Bauleitpläne sollen eine geordnete städtebauliche Entwicklung und eine dem Wohl der Allgemeinheit entsprechende sozialgerechte Bodennutzung gewährleisten und dazu beitragen, eine menschenwürdige Umwelt zu sichern und die natürlichen Lebensgrundlagen zu schützen und zu entwickeln.* (BauGB § 1,5)
Historisch hat sich der Begriff aus der **Stadtbaukunst**, der sich weitgehend auf ganz neue Stadtanlagen und Stadterweiterungen bezog, entwickelt. Erstmals tauchte der Begriff **Städtebau** gegen Ende des 19. Jahrhunderts in den Buchtiteln von Camillo SITTE „Der Städtebau nach seinen künstlerischen Grundsätzen" (Wien 1889) und Joseph STÜBBEN „Der Städtebau" (Darmstadt 1890) auf.

Ab 1920 – und verstärkt in den 20er Jahren – kam daneben der Begriff der ***Stadtplanung*** *in Gebrauch, ohne daß eine klare Abgrenzung gegen den „Städtebau" gefunden wurde. Mit der Erkenntnis, daß auch die schon bestehenden Stadtteile der Planung bedürften, und zwar nicht allein in einer* ***Sanierung*** *unter Gesichtspunkten der Wohnungshygiene, sondern auch in funktionaler und struktureller Hinsicht, begann sich der Begriff* ***Stadterneuerung*** *als eines wichtigen Teilaspektes des Städtebaus durchzusetzen. Seit einigen Jahren wird auch von* ***Stadtentwicklung*** *in diesem Zusammenhang gesprochen, hierunter versteht man in der Regel eine gemeindliche Entwicklungspolitik, die durch Koordinierung von Bauleitplanung, gemeindlichem Investitionsprogramm und sonstigen Hilfsmitteln zur Steuerung der räumlichen Entwicklung gekennzeichnet ist.* (Gerd ALBERS (2), Spalte 3117)

Der Städtebau umfaßt also begrifflich unterschiedliche Dimensionen der Plangebiete, vom gesamten Gemeindegebiet bis hin zu einem kleinen Teilbereich, und dadurch verschiedene Abstraktionsgrade der Planungsaussage. Auch die inhaltlichen Differenzierungen sind sehr weitgefächert, von der Disposition der Bauflächen über die Erschließung und Versorgung (lineare und punktuelle Infrastruktur) bis zu den Grün- und Freiflächen. Immer aber erfordert dieses vielfältige Aufgabenfeld ein prozeßhaftes und flexibles Vorgehen.

1.2 Entwerfen kommt von Wegwerfen

Ein Entwurf ist ein Plan, der als Skizze verschiedene Vorphasen eines Entscheidungsprozesses durchläuft, bevor er akzeptiert oder verbindlich wird. Dieser ist dann die Grundlage für eine Realisation, wenn keine Umplanung den Entwurfsprozeß wieder neu beginnen läßt. Die Realisation entspricht um so eher einem Plan, je direkter der Umsetzungsprozeß ist. Ein Plan für ein Gebäude wird in der Regel mit geringen Veränderungen in der festgelegten Form realisiert. Zur Verwirklichung eines Plans im Städtebau sind dagegen meistens weitere Entwürfe für städtebauliche Detailpläne und schließlich für Gebäudepläne erforderlich, da nur ein mehr oder weniger enger Rahmen für eine bauliche Entwicklung festgelegt wird. Daher kann es geschehen, daß die Umsetzung eines städtebaulichen Plans seine ursprüngliche Intention stark verändern oder ganz infrage stellen kann.
Der Vorgang des Entwerfens, letztlich das Fertigen eines Plans, ist bei Gebäudeplanungen methodisch nicht wesentlich anders als bei städtebaulichen Planungen. Unterschiedlich sind jedoch die Inhalte und Ziele, die einem Entwurf zugrunde liegen. Städtebauliche Entwürfe haben grundsätzlich eine höhere Komplexität der Einflußgrößen zu bewältigen als Gebäudeentwürfe. Sie haben neben den verschiedenen Funktionen, den sozialen Verhältnissen und der Gestaltung auch die unterschiedlichen Planungsbedingungen für die nachfolgenden Planungs- und Realisationsebenen zu bestimmen. Städtebau beinhaltet daher auch immer die Antizipation, die prinzipielle Vorwegnahme möglicher Objektentwürfe.
Dabei können die Festlegungen so getroffen werden, daß entweder die Grundidee verschiedene Möglichkeiten der Realisation zuläßt, oder daß der städtebauliche Entwurf nur eine einzige sinnvolle Lösung vorgibt. Welches Vorgehen zu wählen ist, hängt von den Bedingungen des Planungsgebietes und den funktionalen und gestalterischen Bedingungen ab. So erfordert die Enge einer innerstädtischen Situation sicherlich eine stärkere planerische Festlegung als ein Einfamilienhausgebiet mit großer Individualität. Schließlich sind auch Fälle denkbar, in denen auf der Grundlage eines Objektplans ein enges städtebauliches „Korsett" geschneidert wird, das eben nur dieses eine Gebäude zuläßt.
Bei der städtebaulichen Gestaltung liegt also *methodisch die Hauptschwierigkeit im Finden eines mittleren Weges zwischen dem Bemühen, die zukünftige räumliche Entwicklung zu ordnen, und dem Bestreben, die funktionelle und gestalterische Entfaltungsmöglichkeit des Architekturentwurfs nicht zu sehr einzuengen. Sachlich besteht das Problem in der Vorausschätzung der Wirkungen, die von der Gebäudegruppierung, der maßstäblichen Gliederung, dem Zuschnitt und der Gestaltung der Freiräume, gegebenenfalls auch der optischen Einbeziehung der Umgebung ausgehen. Als Hilfsmittel bietet das Planungsrecht einen Fächer von Festsetzungen an, die von der nahezu gestaltneutralen Angabe des Nut-*

zungsmaßes – in einer zahlenmäßigen Relation zur Grundstücksfläche – über die Begrenzung oder auch die genaue Festlegung der Höhenentwicklung bis hin zur Fixierung der Baukörper in weiteren oder engeren Grenzen reichen. (Gerd ALBERS (2), Spalte 3145)

Das Entwerfen, das Hinarbeiten auf einen Plan, ist zunächst von diesen unterschiedlichen Rahmenbedingungen unabhängig. Es ist ein Wechselspiel von Kopf- und Handarbeit, zwischen Nachdenken und Grübeln über mögliche Lösungsansätze sowie Skizzieren und Zeichnen von ersten Konzepten. Die Fülle der gedanklichen Ansätze muß als Skizze auf dem Papier immer wieder „gespeichert" werden, damit, wie bei einem Computer im Arbeitsbereich, im Kopf Platz für neue Ideen und Vorschläge geschaffen wird. Dadurch werden erste Überlegungen festgehalten und können mit nachfolgenden verglichen, kombiniert und überlagert werden. Deshalb ist es auch so wichtig, am Anfang des Entwurfsprozesses frühzeitig mit dem Skizzieren und Zeichnen zu beginnen. Um zu einem Konzept zu gelangen, muß man zeichnen, zeichnen und immer wieder zeichnen. Dabei wird vieles für das weitere Vorgehen nicht verwendbar und nur „ein Fall für den Papierkorb" sein. Diese Erfahrung jedes Entwerfers hat Egon EIERMANN einmal prägnant so formuliert: „Entwerfen kommt von Wegwerfen!"

Doch vor voreiligem Wegwerfen sei gewarnt, denn oft ist die erste Idee nicht die schlechteste. Sie muß aber anhand der vielfältigen Anforderungen an einen komplexen städtebaulichen Entwurf auf ihre Tauglichkeit hin überprüft und meistens modifiziert werden. Die ersten Entwurfsskizzen sind gerade deswegen so wichtig für die spätere Arbeit, weil sich in ihnen manchmal eine Idee verbirgt, die zunächst nur intuitiv erfaßt wurde und deren Bedeutung für ein Konzept sich erst später erschließt. Ferner sind Skizzen, die im Verlauf des Entwerfens gefertigt werden, eine wichtige Diskussionsgrundlage für den Vergleich unterschiedlicher Alternativen und Entwurfsstadien. Getroffene Entscheidungen zur Lösung eines Planungsproblems und eingeschlagene Wege lassen sich so nachvollziehen und bei Bedarf revidieren.

1.3 Stadt als Planungsobjekt

Der Gegenstand des städtebaulichen Entwerfens ist die Stadt oder unterschiedlich große Teile von ihr. Das Planungsobjekt läßt sich wegen seiner Komplexität nicht genau definieren, sondern lediglich nach Aspekten und Merkmalen beschreiben:

Die Städte sind hochentwickelte Formen menschlichen Zusammenlebens. Sie sind Ergebnis und Ausgangsbasis kulturräumlicher Entwicklungen und Strömungen. Diese komplexen, mit verschiedenen Aufgaben versehenen Siedlungs- und Sozialgebilde sind mit jeweils eigenständigen Elementen belebt und spiegeln die ganze Vielfalt der einzelnen Kulturräume in ihrer funktionalen und sozialen Gliederung wider. Die in Gebäude unterschiedlichster Funktion und Architektur sowie in individuell geprägte Straßenzüge und Viertel gefaßten Städte vereinigen in sich verschiedene Lebens- und Organisationsformen.

Diese Vielfalt städtischer Merkmale und Erscheinungsformen bedingt, daß sich eine ganze Reihe wissenschaftlicher Disziplinen mit Stadtforschung befaßt. Struktur und Wirkungsgefüge der Stadt sind Gegenstand der Wirtschafts- und Sozialwissenschaften und aller Raumwissenschaften, deren verschiedene Aspekte das Phänomen „Stadt" in allen seinen Variationen zu erhellen versuchen. Ebenso tragen hierzu die historischen Disziplinen wesentlich bei. Technik, Architektur und Planung widmen sich der Gestaltung des Stadtraumes. Bevölkerungswissenschaft und Sozialmedizin dem vitalen Geschehen in den Städten und ihren Kontakträumen. (Götz VOPPEL, Spalte 3079/3080)

Zur inhaltlichen Annäherung an das Phänomen Stadt sind verschiedene Wege eingeschlagen worden. Sie reichen von rein emotionalen Beschreibungen, meistens in Form von Analogien, bis hin zu rationaltechnokratischen Ansätzen. Begriffe wie „Gartenstadt" (HOWARD), „Die autogerechte Stadt" (REICHOW), „Die gegliederte und aufgelockerte Stadt" (GÖDERITZ/RAINER), „Die Raumstadt" (SCHWAGENSCHEIDT) u. a. dogmatisieren aber vielmehr eine bestimmte Anschauung von Stadt, die, wie man heute weiß, bestenfalls Modeerscheinungen städtebaulicher Praxis bekunden. Auch Versuche, die Stadt von ihren Funktionen her zu beschreiben, z. B. wie die Charta von Athen, 1933 (LE CORBUSIER), die den Tagesablauf der Menschen als Grundmuster städtischer Funktionen ansieht, führt nur zu extremen Positionen wie „Funktionstrennung" und „Funktionsmischung" bzw. „Multifunktionalität".

Einen Grund für die Unzulänglichkeit dieser Beschreibungen sieht Christopher ALEXANDER in der Diskrepanz zwischen dem Wesenscharakter der Stadt als – mathematisch ausgedrückt – „Halbverband" (ein Interdependenzgeflecht sich überschneidender Einheiten) und der rationalen oder auch emotionalen Abstraktion als „Baum" (eine Zerlegung in voneinander getrennte Einheiten). Er stellt fest, daß von Planern der *gedankliche Kunstgriff ... ein komplexes Ganzes in Einheiten zu zerlegen*, bevorzugt wird. *Dies ist so, weil Planer – beschränkt, wie sie es nach*

der Kapazität des Verstandes sein müssen, um intuitiv erfaßbare Strukturen zu entwerfen, – die Komplexität des Halbverbandes in einem Denkvorgang nicht erreichen können. (ALEXANDER, S. 289)
Für das Entwerfen und Planen ist es aber immer erforderlich, die bestehende Komplexität gedanklich zu reduzieren. Dabei sollte man sich aber über diesen Vorgang im klaren sein, denn eine Unterteilung in separate Planungs- und Aussageebenen darf nicht zu deren Verselbständigung führen. Weiter ist zu berücksichtigen, daß eine umfassende planerische Erfassung der bei städtebaulichen Problemen vorhandenen Interessen nicht möglich ist. Die vielen Planungsbeteiligten, deren Zahl sehr unterschiedlich sein kann, erzeugen zwangsweise eine Diskrepanz zwischen „naturwüchsiger" und planmäßiger Entwicklung. Die „Summe" der Handlungsweisen aller Planungsbeteiligter ist nur schwer und meistens nicht vollständig zu erfassen. In diesem Feld der Interessengegensätze befindet sich der nach einer Lösung für ein Planungsproblem suchende Entwerfer.

1.4 Planungsbeteiligte

Im alltäglichen Leben werden *der Entwurf, die Entscheidung über Annahme oder Ablehnung eines Planes sowie seine Ausführung von ein und demselben Planungssubjekt vorgenommen.* Der Städtebau ist dagegen eine *Planung mit verteilten Rollen*, bei der zunächst drei Beteiligte unterschieden werden können: *Planträger, Planentwerfer und Planausführer* (RIEGER, S. 30). Besonders bei der kommunalen Planung ist aber ein weiterer Beteiligter zu nennen, der Adressat der Planung oder der von der Planung Betroffene, der hier als „Plankunde" bezeichnet werden soll. Die Rollen und Aufgaben der verschiedenen Planungsbeteiligten im Planungsprozeß sind sehr unterschiedlich. Zur Verdeutlichung der Funktion des Planentwerfers sollen sie kurz umschrieben werden.

● **Der Planträger** im Städtebau ist das kommunale Parlamentsgremium, der Gemeinderat, dem die Planungs- und Entscheidungskompetenz obliegt. Sie umfaßt die Initiative zur Planung, die Verfügungsgewalt über die Planungsmittel, die Entscheidung über das Ergebnis, das Risiko und die Verantwortung der Planung (RIEGER, S. 31). Die Identifikation des Planträgers in jedem einzelnen konkreten Fall ist aber nicht selten unsicher, da viele der vorgenannten Funktionen auch „Stellvertretern" übertragen werden können. So ist zum Beispiel die planende Verwaltung, die rechtlich dem Gemeinderat untergeordnet ist, durch ihre personelle und finanzielle Kapazität quasi in diese Rolle hineingewachsen. Die Initiative zur Planung, die Verfügungsgewalt über Planungsmittel und Teile der Entscheidung in Form einer immer häufigeren Vorentscheidung sind faktisch in den Aktivitätsbereich der Verwaltung übergegangen.
Die von der Architektur übernommene Frage nach dem „Bauherrn" wird im Städtebau also keineswegs immer damit beantwortet, daß diese Funktion von den „gewählten Vertretern der Öffentlichkeit" wahrgenommen wird. In den letzten Jahren hat außerdem vielfach eine „kritische Öffentlichkeit" selbst die Rolle des tatsächlichen Planträgers durch Einfluß auf die Initiative und die Entscheidung bei der Planung übernommen. Dieses hat nicht nur Auswirkungen auf die Funktion des Gemeinderats, dem dabei hauptsächlich die verfahrensmäßige Abwicklung des Planungsprozesses blieb, sondern auch auf den Planentwerfer, der sich mit einer stärkeren öffentlichen Auseinandersetzung über seine Konzeptvorschläge konfrontiert sieht.

● **Der Planentwerfer** ist ein „Spezialist", von dem der Planträger weiß oder vermutet, daß er in der Lage ist, ein spezielles Problem einer Lösung zuzuführen. Er muß dabei eine Methode besitzen, die sich auf Wissen und Erfahrung stützt, um abschätzen zu

können, mit welchen Mitteln und mit wieviel Aufwand sich dieses – meistens noch nicht klar umrissene – Problem lösen läßt. Bei einfachen Aufgaben kann er routinemäßig vorgehen, aber meistens muß er bei komplexeren Problemen einen differenzierten Entwurfs- und Planungsprozeß durchlaufen. *„Das Entwurfsproblem stellt dann mitunter Ansprüche an* *die kreative Phantasie, die Erfindungsgabe und organisatorische Fähigkeit des Planentwerfers, denen ein Einzelner nicht zu genügen vermag.*" (RIEGER, S. 32)

Die Rolle des Planentwerfers, meistens im Team aus freien Planern oder in Kooperation mit der Verwaltung, wird häufig als die eines „neutralen" Entscheidungsvorbereiters gesehen. Er sammelt Informationen über ein Problem, analysiert diese und entwikkelt dann daraus einen oder – was seltener ist – mehrere Lösungsvorschläge, die er dem Planträger unterbreitet. In der Regel nehmen aber die Planer durch ihren Informationsvorsprung gegenüber dem Planträger schon in der Vorbereitungsphase Einfluß auf die Entscheidung, indem sie eine ihrer Lösungsalternativen favorisieren oder sogar nur eine Lösung vorlegen. „*In diesem Falle werden sie die öffentliche Meinung oder die der Manager durch Anwendung der verschiedensten Taktiken zu beeinflussen bzw. zu ändern versuchen. Hierbei verhalten sich die Planer wie Geschäftsleute, die sich bemühen, ihre Waren an den Mann zu bringen.*" (CHURCHMAN, S. 160)

Um der Gefahr einer einseitigen „Strategie der Überzeugung" des Planentwerfers zu begegnen, kann sich der Planträger bei bedeutsamen Problemen von mehreren Planern Lösungsvorschläge unterbreiten lassen, die dann von ihm mit Hilfe anderer Fachleute beurteilt werden. Dieses Verfahren kann auf einen einzigen Gegenplan (Gutachterverfahren) reduziert oder auf einen beschränkten oder offenen Wettbewerb ausgeweitet werden. Die Verpflichtung des Planentwerfers gegenüber dem Planträger schließt auch das Bemühen ein, nur Antworten auf eine konkrete Fragestellung zu geben. Das heißt aber nicht, daß das Ziel des Entwerfers sein muß, einen vom Planträger vorgegebenen Lösungsvorschlag zu präsentieren, der nur als „Alibi-Planung" oder „Gefälligkeitsplanung" bezeichnet werden kann. Lösungskonzepte sollten sehr wohl auch unerwartete oder unkonventionelle Vorschläge beinhalten, die sogar die Fragestellung oder das Planungsproblem modifizieren können. Dieser Punkt gehört zu einer der „drei Todsünden" des Entwerfers:

- Die Nichteinhaltung von Terminen,
- die Nichtbeachtung der relevanten Punkte und, wie ausgeführt,
- die Beantwortung einer anderen als der gestellten Frage (siehe WEISS, S. 275).

● **Der Plankunde oder Planadressat** ist gegenüber dem „Produzenten", dem „Manager" der Planung in einer unterlegenen Position. Die Betroffenen einer Planung haben meistens nur die Möglichkeit, das Endprodukt einer Planung, die „Ware" zu konsumieren oder abzulehnen. Sie sind dabei möglichen Manipulationen des Planträgers ausgeliefert (der das aber verständlicherweise anders sieht) , da die „Planungsware" entsprechend „verpackt" und aufbereitet wird. Durch die seit einigen Jahren rechtlich festgelegte Verpflichtung zu einer „frühzeitigen Bürgerbeteiligung", die dem Entwurfsprozeß vorgeschaltet sein soll, haben sich die Mitwirkungsmöglichkeiten verbessert.

„*Die Bürger sind möglichst frühzeitig über die allgemeinen Ziele und Zwecke der Planung, sich wesentlich unterscheidende Lösungen, die für die Neugestaltung oder Entwicklung eines Gebiets in Betracht*

kommen, und die voraussichtlichen Auswirkungen der Planung öffentlich zu unterrichten; ihnen ist Gelegenheit zur Äußerung und Erörterung zu geben." (§ 3 BauGB)

Obwohl dann zu dem fertigen Entwurf eines Flächennutzungs- oder Bebauungsplans (denn nur für die Bauleitpläne ist eine öffentliche Bürgerbeteiligung festgelegt), „Bedenken und Anregungen" während der einen Monat dauernden öffentlichen „Auslegung" vorgebracht werden können, sind die Betroffenen eher in einer „Defensiv-Position". Diese ist durch folgende Merkmale geprägt:

- Informations- und Wissensrückstand gegenüber Planer und Planträger, dadurch
- mangelndes Beurteilungsvermögen der Situation und der zukünftigen Entwicklung;
- lediglich Reagieren auf Initiativen und Aktionen des Planträgers, dadurch
- Oppositionsstellung bis vermeintliche Nörglerrolle;
- Fehlen von Macht, dadurch permanentes Ankämpfen gegen Machtpositionen;
- geringer rechtlicher Spielraum für Einwirkungsmöglichkeiten auf die Planung;
- keine finanziellen, technischen und personellen Hilfsmittel;
- Ankämpfen gegen das Selbstverständnis bürokratischer Organisationen und von „Experten".

„*Denn es zeigt sich, daß die Planungsbehörde ihrem Selbstverständnis nach eine initiierende Institution ist, die das Recht in Anspruch nimmt, zu bestimmen, wann und wo etwas geschieht. Sie will sich diese zentrale Initiativfunktion nicht durch partizipierende Gruppen aus der Hand nehmen lassen, weil jede er-*

ste Initiative grundsätzlich einen Vorteil bedeutet, dadurch, daß eine Idee, einmal in die Welt gesetzt, nicht mehr so schnell aufzuhalten ist, und dadurch, daß die Öffentlichkeit zu den von der Initiative „Betroffenen" wird: eine Defensivposition. ... Ginge die Initiative von Gruppen aus, dann jedoch würde die Verwaltung zu „Betroffenen"." (SMITH u. a., S. 198)
Neben den externen Schwierigkeiten, die quasi einen Negativkatalog der Merkmale des Planungsträgers darstellen, müssen die Betroffenen, sollte es zu einer Beteiligung kommen, erhebliche gruppeninterne Widerstände überwinden:

- Weitgehende Gleichgültigkeit der meisten Betroffenen gegenüber Planungsfragen;
- Schwierigkeiten der Bildung und Organisation von Gruppen;
- interne Positionskämpfe bei der Leitung der Gruppen;
- mangelndes Erkennen und Artikulationsvermögen der eigenen Bedürfnisse;
- Fehlen von Fachkompetenz und Autorität;
- geringe Bereitschaft der meisten, Verantwortung zu übernehmen.

Diese Unterschiede in der „Äußerungsfähigkeit", in der Fähigkeit, ihre Anforderungen als Interessen zum Ausdruck zu bringen und durchzusetzen, unterscheidet die Betroffenen von anderen, meistens homogenen Gruppen von Interessensvertretern. Deshalb sind die Anforderungen an den Planentwerfer bei der Bürgerbeteiligung und bei der Öffentlichkeitsarbeit besonders hoch, da er in der Regel für diese Tätigkeit nicht ausgebildet ist. Nicht nur die Präsentation des Entwurfs in Form einer geeigneten Darstellung der Pläne und Erläuterungen, sondern auch ein kooperativer Umgang mit den „Nichtfachleuten" muß vom Entwerfer als Autodidakt in der Praxis erworben werden.

● **Der Planausführer** *ist in irgendeiner Weise, sei es durch Vertrag, Zwang, Tradition oder freiwilligen Entschluß, Weisungsempfänger des Planträgers.* Dabei können nur selten Pläne direkt und ohne detaillierte Weiterplanung umgesetzt werden. Im Städtebau werden so zum Beispiel aus dem Flächennutzungsplan Bebauungspläne und aus dem Bebauungsplan Baupläne für einzelne Gebäude oder für Gebäudegruppen entwickelt. Übergeordnete Pläne werden also *in detailliertere Ausführungspläne transformiert*, denn *nur in Ausnahmefällen sind Anweisungen eines Planträgers derart detailliert, daß sie dem Ausführer keine Handlungsfreiheit mehr lassen. In der Regel wird ein selbständig agierender Planausführer aus den Anweisungen des Plans einen eigenen Plan ableiten, aufstellen und implementieren, sei es bezüglich der*

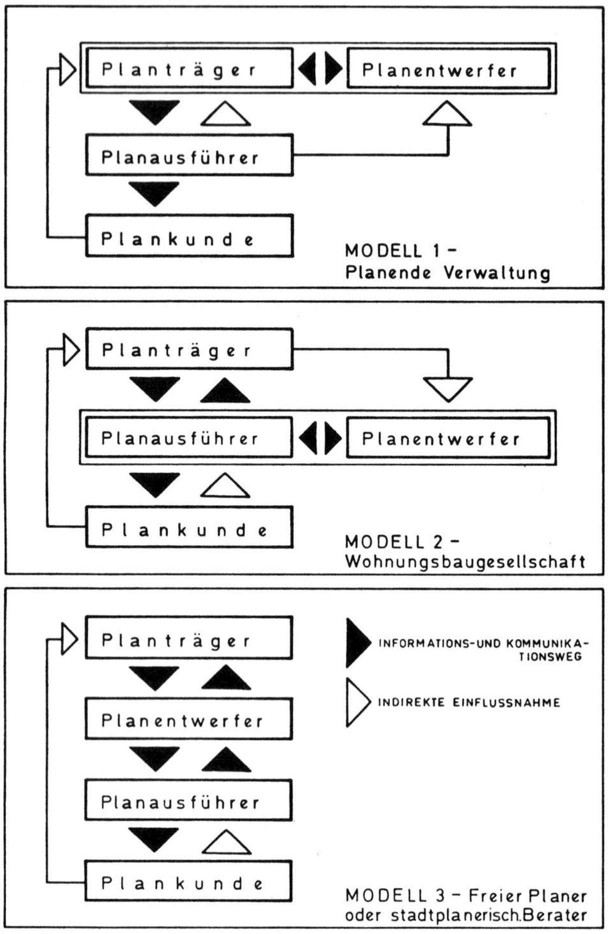

Abb. 1.1 Verschiedene Organisationsformen der Planungsbeteiligten

Art, des Umfangs oder der Reihenfolge der einzelnen im Plan implizierten Handlungen. (RIEGER, S. 32)
Für den Entwerfer jeder neuen Planungsstufe stellen sich damit wiederum neue Probleme, die je nach Größenordnung und Art des im Plan angestrebten Ziels von politischer, finanzieller, rechtlicher, technischer oder organisatorischer, aber immer gestalterischer Prägung sein können. Selbst bei derselben Planungsaufgabe ergeben sich beim Wechsel der Maßstäbe durch die zunehmende Konkretisierung und Detaillierung neue Gestaltungserfordernisse. Ein schematisches Konzept läßt sich eben nicht einfach maßstäblich vergrößern, sondern erfordert in den dann zutage tretenden Einzelheiten wiederum entwerferische und damit kreative Energie.
Den einzelnen Planungsbeteiligten im Entwurfsprozeß werden durch Gesetze, Verordnungen, Institutionen und „vested rights" („wohlerworbene Rechte") Rollen zugeordnet. Aber nicht in jedem Fall wird der Planungsablauf von festgelegten Rollenbildern geprägt, denn vielfältige Kooperationsmöglichkeiten (vgl. Abb. 1.1) und Personalunion bei einzelnen Beteiligungsrollen (z. B. Planträger und Planausführer in einer Person) bestimmen den Planungsprozeß in unterschiedlicher Weise.

1.5 Planung als Prozeß

Planung in der Stadt vollzieht sich im Wechselverhältnis zwischen der Entwicklung der Stadt durch das Agieren der verschiedenen Akteure, das sich einer Gesamtplanung entzieht und in starkem Maße den Charakter einer „Naturwüchsigkeit“ hat, und dem für notwendig erachteten planerischen Eingriff des Gemeinwesens in diesen Prozeß. Hierbei sind historisch unterschiedliche gesellschaftliche Einstellungen festzustellen, die sich nach ALBERS in drei Phasen seit der industriellen Revolution Mitte des 19. Jahrhunderts unterscheiden lassen.

● **Die erste Phase** ist gekennzeichnet von *überwiegend technischen Einzelfragen, wenn auch gelegentlich das Streben nach einem umfassenden Idealplan erkennbar ist.* Sie ist geprägt vom liberalen Rechtsstaat des 19. Jahrhunderts, für den die Aufgabe darin bestand, die Voraussetzungen des eigengesetzlichen Prozesses der *bürgerlichen Gesellschaft* zu gewährleisten.

● In der **zweiten Phase** trachtete man nach dem *Entwurf eines räumlichen Rahmens für die Entwicklung von Wirtschaft und Gesellschaft, die als autonomer, dem Einfluß des Planers nicht zugänglicher Prozeß angesehen wurde.* Dem *prozessualen Charakter* der Planung wurde durch das *Bemühen, den elastischen räumlichen Rahmen zu entwerfen, innerhalb dessen sich die Entwicklung von Gesellschaft und Wirtschaft möglichst reibungslos vollziehen kann,* entsprochen.

● In der **dritten Phase** wurde erkannt, *daß dieser Prozeß nicht nur dem zweckgerichteten Eingriff des Menschen zugänglich ist, sondern sogar dieses Eingriffs bedarf.* Daraus folgt die Koordination der räumlichen Planung mit *Lenkungsmaßnahmen auf wirtschaftlichem und sozialem Gebiet*, denen ein *integriertes Konzept zugrunde liegen muß.* Dieses Planungsverständnis setzt ein *Denken in Kreislaufvorstellungen* voraus, *welches die Vielzahl der ineinander verschlungenen Wirkungsketten im gesamten Zusammenhangsgefüge erfassen könne.* (ALBERS (1), S. 12)

Die Phasen des Planungsverständnisses zeigen einen Wandel von der Anpassungs- zur Entwicklungsplanung, von der statischen zur dynamischen Betrachtungsweise des Planungsprozesses. Es muß aber festgestellt werden, daß Anpassungs- und Entwicklungsplanung nebeneinander bestehen, denn auch heute stellt die Anpassungsplanung oft die einzige mögliche Planungsweise dar. So müssen sich kurzfristige Planungen viel eher mit Festlegungen und Restriktionen auseinandersetzen als langfristige Planungen, die daher stärker den Charakter von Entwicklungsplanungen annehmen können (siehe Abb. 1.2). Das bedeutet aber auch Festlegung für die Zukunft, die im politischen Raum wegen der Einschränkung der spontanen Handlungsspielräume nicht sehr geschätzt wird.

Das Prozeßhafte der Planung mit Entwicklung und Veränderung bindet den Entwerfer in eine „Endlosschleife“ ein, auf der er jeweils nur für ein kurzes Stück als Akteur mitwirkt. Er muß sich deshalb immer wieder mit den Vorgaben der Vergangenheit auseinandersetzen und die Auswirkungen seines Handelns für die Zukunft abschätzen. Dieser Balanceakt zwischen Festlegungen und Freiheiten des städtebaulichen Entwerfens bringt Schwierigkeiten mit sich, eröffnet aber auch viele Chancen für das kreative Handeln.

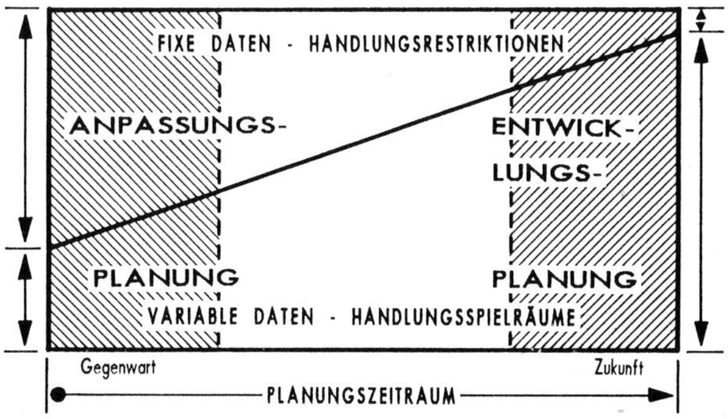

Abb. 1.2 Restriktionen und Handlungsspielräume bei der Planung mit unterschiedlichen Zeithorizonten

2. Aufgabe: Schwierigkeiten – Beginn – Bestand – Entwurfsprozeß

Das Entwerfen ist ein Prozeß, der nicht nach einem einheitlichen Schema, nach einem festgelegten Muster abläuft. Es gibt dabei aber Vorgehensweisen, die den schwierigen Einstieg in diesen kreativen Vorgang erleichtern. Eine wichtige Erkenntnis ist dabei die Feststellung, daß der Entwurfsprozeß kein homogener Ablauf ist und daß der Beginn der Arbeit mit allergrößter Unsicherheit verbunden ist. Entweder hat man eine Fülle von Ideen und Vorstellungen von der Lösung einer Aufgabe oder – was eigentlich noch häufiger ist – man beginnt mit einer gedanklichen Leere, die der Unberührtheit des vor einem liegenden Papiers entspricht. Dieses „Leben mit dem – gedanklichen – Chaos" oder mehr „Frust als Lust" sollte deshalb am Anfang des Entwerfens nicht als Belastung empfunden, sondern als lustvoller Anreiz zu seiner Überwindung geistig erlebt und verarbeitet werden.
Weitere Schwierigkeiten bestehen darin, daß sich die entwerferische Aufgabe nicht nur auf die Lösung eines Problems erstreckt, sondern meistens auch die Problemformulierung umfaßt. Das Entwerfen zwischen Aufgabenpräzisierung und Problemlösung bekommt dadurch eine weitere Dimension, die den kreativen Vorgang aber auch durchaus begünstigen kann. Unterschiedliche Lösungsansätze haben ebenso einen modifizierenden Einfluß auf das Problem und die Aufgabenstellung, wie umgekehrt die Veränderung der ursprünglichen Zielsetzung ganz neue Konzeptalternativen eröffnet. Die Rolle des Entwerfers ist in diesem Sinne keineswegs von Anfang an festgelegt.
Eine wichtige Voraussetzung für das Entwerfen ist die Vertrautheit mit den örtlichen Gegebenheiten der Entwurfsaufgabe. Dabei ist nicht etwa eine umfassende Bestandsaufnahme gemeint, die häufig zu einer wohlgemeinten Fleißarbeit ausartet, sondern eine problembezogene Bestandsanalyse, die sich auf wesentliche Aspekte der Aufgabenstellung bezieht. Sogar eine bewußt „selektive Wahrnehmung" einer Situation, quasi eine „Problemfokussierung", kann zur Lösungsfindung beitragen. Diese Umwelterkundung als Wahrnehmungssteigerung ist ein Prozeß von Erkundung und Wahrnehmung, der auch entwurfsbegleitend die Gegebenheiten und örtlichen Situationen in ihrer Bedeutung für Konzeptionen erschließt.
Der Entwurfsprozeß muß aber auch rational ergründet und in seinen Vorgehensschritten analysiert werden. Das Durchlaufen eines iterativen Kreislaufs von Information/Analyse, Synthese und Bewertung führt von einer Stufe der Konkretisierung zur nächsten. Um schließlich zur Realisation einer Planungskonzeption zu kommen, bedarf es meistens zahlreicher Rückkopplungen auf vorangegangene Stufen des Entwurfsprozesses.
Das Aufgabenfeld des städtebaulichen Entwerfers ist dabei sehr vielfältig. Von der Region bis zum Einzelgebäude sind räumliche Planungsprobleme zu bewältigen, die jeweils ganz unterschiedliche Anforderungen an das entwerferische Vorgehen und die fachlichen Fähigkeiten stellen. Deshalb ist eine entsprechende Spezialisierung und Kooperation mit anderen Fachdisziplinen erforderlich. Die Bewältigung des gedanklichen Chaos zu Beginn des Entwurfsprozesses ist jedesmal eine Herausforderung, der sich ein Entwerfer nicht nur stellen muß, sondern aus der er auch seine kreative Motivation gewinnen kann.

2.1 Die Rolle des Entwerfers

Stadtplanung und Städtebau sind Oberbegriffe für sehr verschiedene Aufgabenfelder (siehe Punkt 2.6), so daß auch die Rolle und die Aufgaben des Entwerfers innerhalb eines Planungsprozesses sehr unterschiedlich sind. Dabei sollte man sich klar machen, daß mit dem Begriff „Entwerfer" meistens der Architekten-Planer gemeint wird, der einen räumlichen Entwurf nach funktionalen und gestalterischen Gesichtspunkten erarbeitet. Darüber hinaus gibt es aber viele Fachleute anderer Disziplinen, die Entwurfsaufgaben am Objekt Stadt wahrnehmen. Der konkrete Raumbezug ist bei diesen je spezifischen Tätigkeiten sehr unterschiedlich ausgeprägt. Bei einem Verkehrsplaner ist dieses eher einsehbar, da dieser ja auch Straßen an ganz bestimmten Orten entwirft und die Planunterlagen für eine Realisierung anfertigt, als bei einem Soziologen, dessen „Entwurfsprodukt" nicht immer zu verorten ist. Der kreative Prozeß dabei ist aber durchaus vergleichbar und zum Teil sogar identisch, wenn auch das Ergebnis des Entwerfens, ob nun Text oder Zeichnung, sehr unterschiedlich sein kann.

Die Rolle des Entwerfers wird also von der jeweiligen Aufgabe bestimmt. Es gilt aber, Vorstellungen und Wünsche eines Auftraggebers oder einer „Bauherrschaft" in Konzepte, Vorschläge und Gestaltung umzusetzen. Die als Aufgabe geäußerten Vorstellungen und Ziele sind meistens noch nicht so umfassend artikuliert, daß sich dafür Lösungsvorschläge erarbeiten lassen. Im Laufe eines Entwurfsprozesses werden sich daher die Vorstellungen von der Planungsaufgabe konkretisieren oder auch ganz ändern, vielleicht weil andere Bedürfnisse befriedigt werden müssen oder weil wichtige Ziele zu Beginn noch nicht bekannt waren. Der Entwerfer übernimmt deshalb auch die Rolle des Aufgabenformulierers oder er bereitet eine dahingehende Entscheidung vor.

Dieser Prozeß vollzieht sich sowohl beim Entwurf für ein kleines Wohnhaus, das realisiert ganz anders aussehen kann als zu Beginn in der ersten Vorstellung, als auch beim Entwurf für einen Bereich in einer Stadt, für den die anfänglichen Ziele noch sehr unpräzise waren. Beim Städtebau sind aber in jedem Fall die klärungsbedürftigen Fragestellungen vielfältig, manchmal sogar zunächst unüberschaubar. Die richtige Antwort zu geben ist auch immer mit der Aufgabe, die richtige Frage vorher zu stellen, verbunden. Für den städtebaulichen Entwerfer kommt noch erschwerend hinzu, daß er meistens seine Klientel nicht kennt, er also für anonyme Bedürfnisse planen muß. Eine Entscheidung, welche Entwurfslösung nun wohl die bessere sei, kann ihm der Auftraggeber, ein Gemeinderat, eine Stadtverwaltung oder eine Wohnungsbaugesellschaft, nur erleichtern, nicht aber generell abnehmen.

Auf der anderen Seite hat der Entwerfer in seiner Rolle einen großen inhaltlichen „Vorsprung" vor anderen Beteiligten des Planungsprozesses. Durch seine intensive Beschäftigung mit einem bestimmten Planungsproblem, ergeben sich große Einflußmöglichkeiten auf eine endgültige Entscheidung. In diesem Fall sollte er die Rolle eines sachlichen Beraters übernehmen, wobei er aber auch leicht zu einem „Ideen-Verkäufer" werden kann, der vielfältige Möglichkeiten der Manipulation hat. Negative Auswirkungen eines Entwurfs können offengelegt oder auch verschwiegen werden, und häufig wird nicht in erster Linie ein guter Inhalt, sondern eher eine gefällige Verpackung in Form von überzogenen Zeichnungen und Modellen angeboten.

Ein Entwerfer muß sich bei seiner Arbeit in unterschiedliche Rollen eindenken, damit sein Entwurf den zahlreichen Anforderungen gerecht wird. Aber kaum ein Entwurf kann alle Bedingungen, Funktionen und Bedürfnisse von Nutzern berücksichtigen, so daß der Entwerfer auch begründen muß, welche Aspekte aus welchen Gründen nicht umgesetzt werden können. Das Verheimlichen dieses Gesichtspunkts eines Entwurfs führt sonst zu einem Vertrauensverlust bei Auftraggebern und Betroffenen, der eine vorgeschlagene Konzeption dann aus „atmosphärischen" Gründen zu Fall bringen kann.

2.2 Einstieg – das weiße Blatt Papier

Das Starten aus dem Stand ist auch beim Entwerfen ein Vorgang, der sehr viel Überwindung kostet. Die gestellte Aufgabe und die geforderte Leistung belasten den Beginn des Entwurfsvorgangs, der in dieser Phase meistens noch durch eine übergroße Fülle von ungeordneten Informationen und Gedanken geprägt ist. Der Entwerfer weiß entweder zuviel oder zuwenig von der zu bearbeitenden Problemstellung. Die Zweifel überwiegen, so daß eine Blockade der Arbeitsfähigkeit eintritt. Über diese Einstiegsphase in den kreativen Prozeß soll Franz Kafka einmal gesagt haben: „Wenn ich vor dem leeren Blatt Papier sitze, fühle ich mich nicht besser als ein Mann, der mit gebrochenen Beinen auf dem Place de la Concorde liegt."

Zur Überwindung dieser „Ladehemmungen" gibt es eigentlich nur ein Rezept: Man sollte etwas tun, zunächst einmal egal was es ist. Dabei ist ein systematisches Vorgehen ebenso möglich, wie ein emotionales und ungeordnetes „Herauslassen" der drückenden Ideen:

● **Das systematische Vorgehen** setzt bei der Auseinandersetzung mit einer gegebenen Situation unter Einbeziehung der vorläufigen Aufgabenstellung an. Erkundung und Wahrnehmung vor Ort sowie mit Hilfe der Planunterlagen soll den „kreativen" Boden bereiten für die Entwicklung von Ideen und konzeptionellen Ansätzen (siehe Punkt 2.3). Diese „Einfühlungs-Phase", als überwiegend nicht-rationale Aufarbeitung der Ist-Situation, sollte von einer „handwerklichen Phase" des Einstiegs mit Bestandsaufnahme und Analyse begleitet werden (siehe Punkt 2.4). Die Analyse der Informationen über den Bestand zeigt meistens bereits erste Möglichkeiten für Konzeptionen auf, sowohl funktionaler als auch gestalterischer Art.

Diese „Informationsverdichtung", das Zurückdrängen von zunächst unbedeutsamen Aspekten, konzentriert den beginnenden Entwurfsprozeß auf die wesentlichen Grundansätze, aus denen sich dann leichter alternative Entwurfsideen (siehe Punkte 3.2 und 3.3) entwickeln lassen. Dabei muß aber bedacht werden, daß zwar das Entwurfsschema „Information-Analyse-Synthese" rational schlüssig ist (siehe Punkt 2.5), der tatsächliche Entwurfsprozeß aber entschieden sprunghafter abläuft. Aus einer Analyse ergibt sich nicht quasi automatisch die Synthese, die Idee oder Konzeption, die dann im weiteren Ablauf nur ausgearbeitet werden muß. Quantitative und qualitative Sprünge sind ein wesentliches Merkmal des Entwurfsvorgangs. Insofern besteht eine mehr oder weniger enge Verbindung zu einem eher intuitiven oder emotionalen Entwurfsbeginn.

● **Das emotionale Vorgehen** beschränkt zu Beginn des Entwerfens die Vielfalt möglicher Informationen auf das bereits vorhandene Wissen, das durch das Vorstellen der Aufgabe und die Planunterlagen vorhanden ist. Die Ideenbildung konzentriert sich zunächst auf das „Entwerfen am Plan" ohne genaue Kenntnisse der örtlichen Situation. Dadurch wird das Skizzieren von grundsätzlichen Alternativen (siehe Punkt 3.3) erleichtert, denn die „Schere im Kopf" ist noch nicht durch umfangreiche Kenntnisse der Gegebenheiten geschärft.

So lassen sich einerseits leichter funktionale und gestalterische Grundideen herausarbeiten, die meistens über Varianten ohne falsch verstandene Anpassung an das Bestehende modifiziert werden können. Andererseits wird bei diesem Vorgehen ein Informationsbedarf erzeugt, der dann durch Erkundung der örtlichen Situation und eine eher problembezogene Bestandsaufnahme befriedigt werden kann. Bei der Ortsbegehung sind die grundsätzlichen Probleme und Schwierigkeiten weitgehend bekannt, so daß eine gesteigerte Wahrnehmungsfähigkeit gegeben ist.

Die anzuwendende Methode zur „Erzeugung von Arbeitsfähigkeit beim Entwerfen" und damit die Wahl einer „sinnvollen Beschäftigungstherapie" ist sowohl von der individuellen Neigung des Entwerfers, als auch von der jeweiligen Entwurfsaufgabe abhängig. Deshalb sollte man anfangs prüfen, welches Vorgehen als Einstieg am erfolgversprechendsten erscheint. Auch hier gilt, „Probieren gehört zum Studieren" oder analog, was der Erfinder Thomas Alva Edison einmal gesagt hat: „Erfinden ist zu 90% Transpiration und nur zu 10% Inspiration."

Neben der Information über Probleme und Situationen ist aber auch die Kenntnis über vergleichbare vorhandene Konzepte und Lösungen von großer Bedeutung. Die umfangreiche Literatur und eine Vielzahl von Fachzeitschriften bieten in dieser Hinsicht große Möglichkeiten, die genutzt werden sollten. Außerdem ist die Umwelterkundung, diesmal nicht allein auf die räumliche Situation einer Entwurfsaufgabe bezogen, eine wesentliche Methode des Erkennens. Nichts ist so überzeugend wie die gebaute und erlebbare Realität – als positives und auch negatives Beispiel. Dabei geben nicht nur die aktuellen Projekte wertvolle Anregungen für das eigene Entwerfen, sondern auch den älteren „Realmodellen im Maßstab 1:1" lassen sich wichtige Prinzipien und Lösungsansätze entlocken, vorausgesetzt man ist in der Lage diese zu erkennen.

Mit diesem „Material" ergeben sich erweiterte Möglichkeiten des Einstiegs in den Entwurf. Das Nachmachen, „Entwerfen wie ..." unter Verwendung von erprobten Gestaltungs- und Ordnungsmustern, von der Hausgruppe bis zur Stadtstruktur, sollte in der Anfangsphase des Entwurfstrainings kein Tabu sein. Voraussetzung dabei ist aber, daß nicht das Plagiat, die formale Übernahme von Ideen das Ziel ist, sondern das Umsetzen von allgemein gültigen Prinzipien in eine neue Entwurfsaufgabe. Im Entwurfsprozeß ergeben sich dann vielfältige Gelegenheiten der formalen und strukturellen Modifikation. Das anfängliche Nachahmen wird zu einem „anders und besser Machen".

Schließlich sollte man sich am Anfang des Entwerfens bewußt werden, für wen das Endprodukt gedacht ist. Die Frage nach der „Problemlösung für wen?" macht das Entwerfen zu einer „Dienst"-Leistung, die individuelle und subjektive Vorstellungen des Entwerfers in den Hintergrund drängt und mehr die „Anwaltsfunktion" betont. Diese Einstellung verhindert Enttäuschungen bei öffentlichen Diskussionen von Entwürfen z.B. im Rahmen der Bürgerbeteiligung (siehe Punkt 1.4). Das darf aber nicht bedeuten, daß der Entwerfer sich nur reaktiv in den Diskussionsprozeß einschaltet. Das aktive Vertreten eigener Vorstellungen unter Berücksichtigung der Bedürfnisstruktur der Betroffenen ist ebenso erforderlich, denn zu einem guten Entwurf gehört auch die Identifikation des Entwerfers mit der vorgeschlagenen Konzeption.

2.3 Umwelterkundung als Wahrnehmungssteigerung

Aber erst jetzt
Als wir vorbeikamen,
ruhten die Schafe im Schatten der Mauer.
Bei der Rückkehr, eine halbe Stunde danach,
waren sie weg.
Aber erst jetzt sahen wir sie.
Walter Helmut Fritz (*1929) aus
„Werkzeuge der Freiheit"

Eine wichtige Voraussetzung für das städtebauliche Entwerfen sind eingehende Kenntnisse über den städtischen Raum und die ihn bildenden Elemente. Deshalb ist es unerläßlich, die Wahrnehmungsfähigkeit von Gegebenheiten und örtlichen Situationen zu verbessern. Diese Art des „Sehen Lernens" ist das Hinführen zu einer ganz anderen Art von Bestandsaufnahme, die intensiv trainiert werden muß, denn sie entzieht sich in weiten Teilen einem rationalen Vorgehen. Dazu paßt das Wort von Johann Wolfgang von Goethe: *Man sieht nur, was man weiß.* Mit der Erkundung und Wahrnehmung von Gegebenheiten und Situationen sollen die vielfältigen Faktoren erfaßt werden, die den Charakter eines Ortes prägen: historische, bauliche, soziokulturelle, ästhetische, technische, funktionale, aber auch freiräumliche und landschaftsökologische.
Der Zusammenhang zwischen Bebauung, Nutzung, Verkehr, Freiflächen usw. muß in seinen gestalterischen und funktionalen Aspekten „erlebt" werden. Sie bilden die Ansatzpunkte für eine Auseinandersetzung mit den vorhandenen Wechselwirkungen von groß-klein, weit-eng, öffentlich-privat, baulich-vegetationsgeprägt usw., die Grundlage für konzeptionelle Vorstellungen sein können. Durch eine Vororterkundung, verbunden mit der grafisch/zeichnerischen Erfassung räumlicher Situationen, lassen sich Gegebenheiten festhalten, die nicht auf den „ersten Blick" zu beobachten sind. Aber auch diese Phase des Entwurfsprozesses ist mit Schwierigkeiten des Einstiegs behaftet. Die anfängliche Frage „Wie soll ich eigenlich vorgehen, womit soll ich beginnen?" muß von einer unbefangenen „Neugierde" nach zusätzlichen Informationen über historische Zusammenhänge und Abläufe von Veränderungsprozessen abgelöst werden (vgl. das Beispiel für eine Umwelterkundung, Abb. 2.1–2.31). Dazu gibt es die Möglichkeiten eines „emotionalen" und eines systematischen Einstiegs.

● **Der emotionale Einstieg in die Umwelterkundung** bezieht sich auf die Herausarbeitung von Gegebenheiten und Besonderheiten, die zunächst „nur" subjektiv empfunden werden und keineswegs im Sinne einer Bestandsaufnahme vollständig sind. Der Aufenthalt im Entwurfsgebiet sollte sich deshalb bewußt auf ungezielte Beobachtungen und das Herbeiführen von Empfindungen über den Ort beschränken. Zeichnungen und Fotos sind geeignete Mittel zur nachträglichen Aufarbeitung der Eindrücke, die später „am Zeichentisch" zu ersten Situations-, aber auch Konzeptansatzskizzen verdichtet werden sollten. Damit wird die Unsicherheit der Anfangsphase beim Entwerfen weitgehend überwunden, denn es wird erkennbar, welche erforderlichen Beschäftigungsfelder sich aus der Entwurfsaufgabe ergeben. Diese bewußte Herbeiführung einer „Arbeitsfähigkeit" kann dazu beitragen, die anfängliche „Entwurfsblokkade" zu überwinden. Das Erkunden, das immer systematischer wird, geht schrittweise zum eigentlichen Entwerfen über.

● **Der systematische Einstieg in die Umwelterkundung** baut auf Erfahrungen bei der Erfassung von Gegebenheiten und Besonderheiten der örtlichen Situation auf. Der „Routinier" weiß bereits, welche Aspekte bei einer Umwelterkundung von Bedeutung sind, und legt deshalb seiner Begehung ein klares Programm zugrunde. Dieses Verfahren ist auch schon dann möglich, wenn der Erfahrungsschatz noch nicht ganz umfassend ist. Dann wird zu Beginn ein Rahmenprogramm festgelegt, das vor Ort, je nach den Erfordernissen, modifiziert werden kann. Auf diese Weise wird der unsystematische Suchprozeß durch festgelegte Hinweise auf die Aspekte, die in jedem Fall Gegenstand einer Erkundung sein sollen, abgekürzt. Eine Ausweitung des Wahrnehmungsumfangs wird aber nicht verhindert, wenn man für Dinge, die man ohne Ortskenntnisse nicht vorhersehen konnte, offen ist. Die „klassischen" Aspekte einer Bestandsaufnahme in einem Planungsgebiet, nach denen man Ausschau halten sollte, sind z. B. Bebauung, Nutzung, Erschließung, Freiflächen, naturräumliche Gegebenheiten usw.
Die städtischen Räume bei einer Umwelterkundung können unterschiedlich groß sein, so daß auch die Betrachtungsschärfe verschieden sein kann und muß. Die erste Ebene der Erkundung ist die Makro-Struktur, der Stadtgrundriß einer Stadt oder eines Stadtgebiets. Die Zuordnung von bebauten und freigehaltenen Flächen sowie ihre gestalterische Ausprägung sind hierbei die Gesichtspunkte, nach denen bei der Erkundung „gesehen" werden sollte. Die nächste Ebene bei der Erfassung der örtlichen Situation ist die der Sub-Strukturen, der größeren Teile eines Stadtgrundrisses, die das Siedlungsmuster prägen. Die Art und die Verknüpfung der Stadträume, z. B. Straßen, Plätze und Freiflächen, können sehr unterschiedlich sein und müssen deshalb in ihrer Cha-

Eine Umwelterkundung – Stadtkirche und Umgebung in Schorndorf

Erfassen einer räumlichen und baulichen Situation in einer Altstadt
Verfasserinnen: Ute Oehring und Diana Patzak

Die Stadtkirche liegt im westlichen Teil der Altstadt von Schorndorf (siehe Übersichtsplan Abb. 2.1) und ist in einen von Gebäuden gebildeten Platzraum frei hineingestellt, ohne daß dadurch ein von der Größe her dominierender Platz gebildet wird. Selbst der Kirchplatz auf der Südseite ist eher eine Aufweitung einer Gasse. Auch eine direkte Zuordnung zum langgestreckten Marktplatzbereich in der Nähe ist nicht vorhanden.

Aufgabenstellung für die Erkundung

Nach einem Überblick über die geschichtliche Entwicklung sollte eine Analyse der Nutzungen und Raumproportionen erfolgen. Dabei waren folgende Gesichtspunkte zu berücksichtigen: Einfügung eines wesentlich größeren Baukörpers in den Stadtgrundriß und das Zusammenwirken mit der angrenzenden Randbebauung. Nutzungswandel und Einwirkungen auf die Gebäude. Gestaltung der Straßen- und Freiräume im Wandel der Zeiten sowie deren Nutzung, deren „Aneignung“ durch die Bürger ...

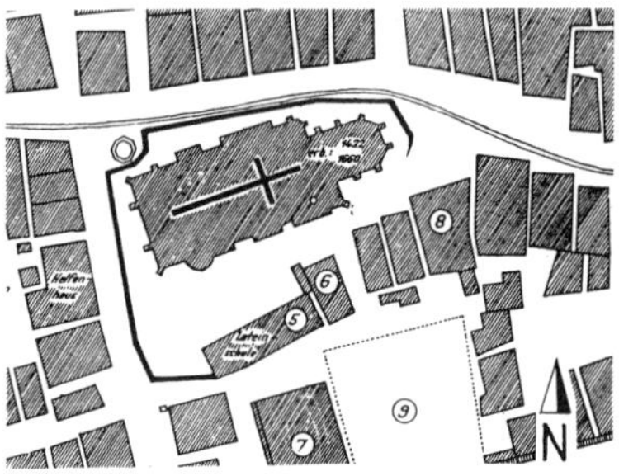

Abb. 2.2 Bauliche Situation um die Stadtkirche 1743

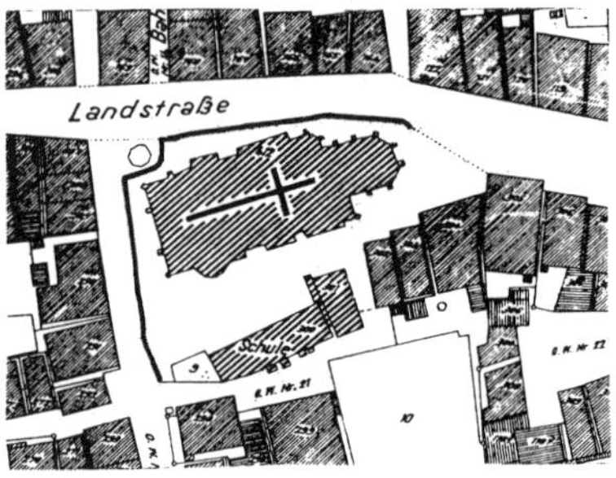

Abb. 2.3 Bauliche Situation um die Stadtkirche 1832

Geschichtliche Entwicklung des Gebiets um die Stadtkirche

Vor dem Stadtbrand 1743 ist die Kirche und der Kirchplatz fast ganz von einer Mauer umgeben (Abb. 2.2). Es gibt nur zwei Zugänge, am Chor, etwas von der damaligen Landstraße und heutigen Gottlieb-Daimler-Straße abgewandt, und zwischen den Gebäuden am Kirchplatz (heute Nummer 5 und 7). Das mag damit zusammenhängen, daß der Kirchplatz bis 1525 Kirchhof und danach Vorplatz für eine Lateinschule (Nr. 9) sowie für die Deutsche Schule (Nr. 7) war. Die eingeschränkte Zugänglichkeit entsprach dem eher halböffentlichen Charakter in der damaligen Zeit.
Der Plan von 1832 zeigt einen zur Landstraße hin freigelegten

Abb. 2.4 Die Stadtkirche von Osten um 1900

Chorbereich (Abb. 2.3 u. 2.4). Nach 1866 wurde die Mauer an der Schlichtener Straße (links von der Kirche) bis zum Westportal der Stadtkirche durch eine Treppenanlage ersetzt, der Kirchplatz wurde öffentlich. Ein Foto von 1908 (Abb. 2.5) zeigt diese Situation und verdeutlicht die Nutzung als öffentlicher Platz. Nach 1908 wird die Treppenanlage wieder verkürzt und die Mauer teilweise wieder hergestellt. 1937 wird der Treppenaufgang um die südliche Ecke herum erweitert.
Auf dem Plan von 1985 ist neben einer abermals reduzierten Mauer an der Schlichtener Straße ein neuer Treppenaufgang an der Gottlieb-Daimler-Straße

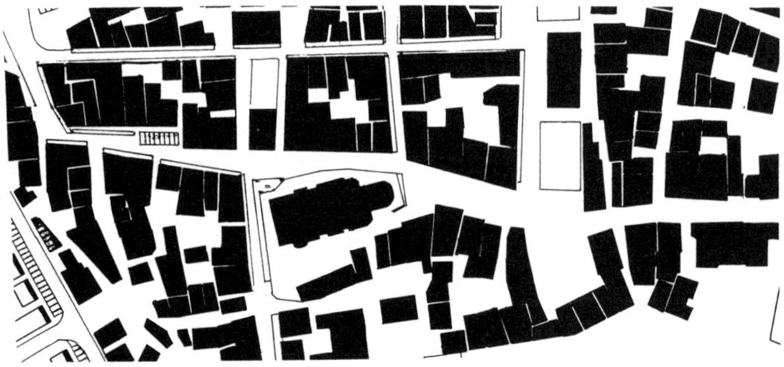

Abb. 2.1 Übersichtsplan Stadtkirche Schorndorf und Umgebung

Abb. 2.5 Treppenanlage an der Westseite der Stadtkirche 1908

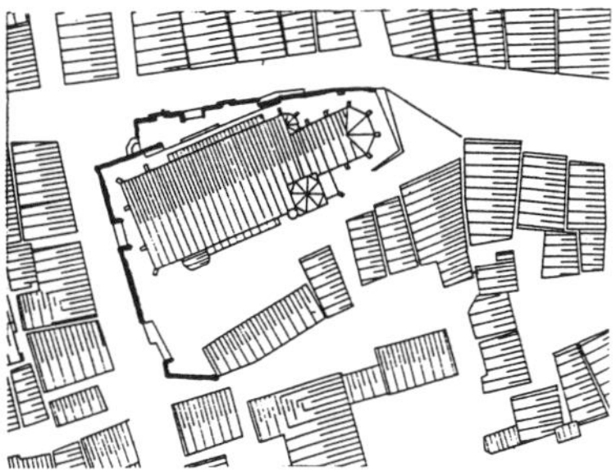

Abb. 2.10 Heutige Freiraumsituation um die Stadtkirche

Abb. 2.11 Planung 1985

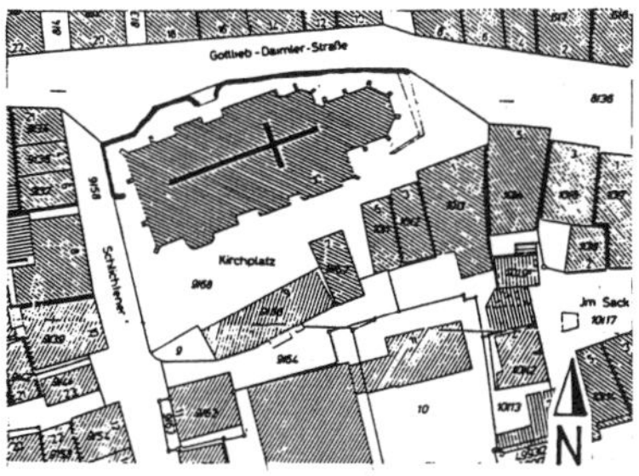

Abb. 2.6 Bauliche Situation um die Stadtkirche 1985 vor der Umgestaltung

Abb. 2.7 Nördliche Kirchenumführung an der Gottlieb-Daimler-Straße 1985

Abb. 2.8 Stadtkirche von Osten 1985 vor der Umgestaltung

Abb. 2.9 Östlicher Vorbereich mit Parkplatznutzung 1985

Abb. 2.12 Gottlieb-Daimler-Straße mit Stadtkirche heute

zu erkennen (Abb. 2.6–2.9.). 1986 wurde im Bereich um die Kirche eine „fußgängerfreundliche" Neugestaltung vorgenommen (Planung: ASPLAN, Stuttgart).

Die heutige Situation zeigt im Norden an der Gottlieb-Daimler-Straße, die zur Fußgängerzone geworden ist, zusätzliche Treppen zur besseren Anbindung und eine „mittlere Ebene", um

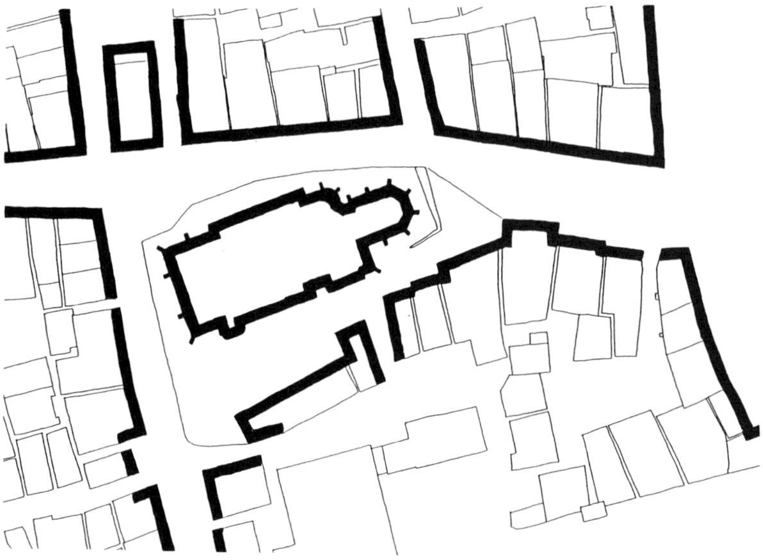

Abb. 2.13 Raumkanten im Gebiet um die Stadtkirche

Abb. 2.15 Kirchplatz an der Südseite als ruhiger „Rückzugsort“

Abb. 2.16 Kirchplatz als „Veranstaltungsort“

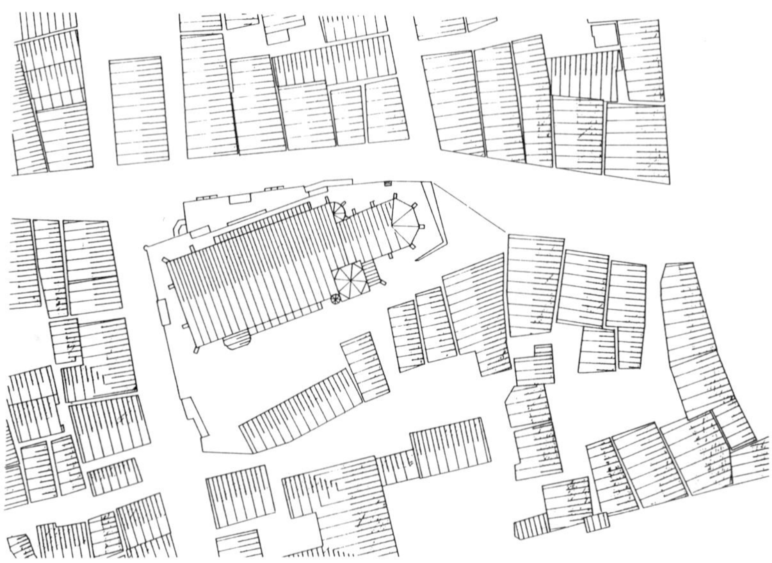

Abb. 2.14 Dachformen der Gebäude an der Stadtkirche

Bebauungs- und Raumcharakter

Die Raumkanten der Randbebauung (Abb. 2.13), die den Kirchenbau umgeben, sind einerseits geschlossen, zeigen aber andererseits eine klare Verknüpfung zweier Straßenverbindungen. Die Gottlieb-Daimler- und die Schlichtener Straße treffen im Nordwesten der Stadtkirche

einen besseren Übergang vom Straßen- zum Kirchenniveau zu erreichen (Abb. 2.10–2.12, Perspektive: Asplan, Stuttgart). Im Westen wurde die Mauer wiederhergestellt, allerdings mit zwei Treppen, die eine bessere Zugänglichkeit gewährleisten. Pflasterungen und „Möblierungen“ sollen die Bereiche um die Stadtkirche in ihrem Aufenthaltscharakter verbessern. Im ganzen ist aber festzustellen, daß die Neugestaltung wesentlich kleinteiliger und differenzierter ist, als es die historischen Vorbilder erkennen lassen.

Abb. 2.17 Negativdarstellung der öffentlichen und privaten Freiräume

Abb. 2.18 Verschiedene Schnitte zur Darstellung der Raumproportionen

Abb. 2.19 Nordseite der Stadtkirche mit Gottlieb-Daimler-Straße

Abb. 2.20 Blick von der östlichen Gottlieb-Daimler-Straße zur Stadtkirche

aufeinander. Durch diese Wegbeziehungen und durch eine unterschiedliche Höhenlage, unterstrichen durch Mauern und Treppenanlagen, wird die Kirche und der Kirchplatz räumlich der südlichen Randbebauung zugeordnet. Der Kirchplatz wird zu einem ruhigen, in seiner Öffentlichkeit reduzierten Platzraum.
Die Dachaufsicht (Abb. 2.14) verdeutlicht die räumliche Dominanz der Gottlieb-Daimler-Straße durch die giebelständigen Häuser. Die Traufständigkeit der Gebäude in der Schlichtener Straße unterstreicht diesen Eindruck und macht diese Richtung zu einer untergeordneten Wegbeziehung.
Durch die nähere Betrachtung und durch die Analyse der Raumwirkungen wird der erste Eindruck des Lageplans, die Stadtkirche sei frei in einen „Dreiecksplatz" hineingestellt (Abb. 2.17) revidiert. Höhenunterschiede und Bebauungscharakter der angrenzenden Gebäude bewirken eine räumliche Einbindung der Kirche in die südliche Randbebauung. Dadurch wird der eigentliche Kirchplatz werktags zum ruhigen „Rückzugsort" und an den Wochenenden zum „offenen" Vorbereich für den Kirchenraum, genutzt von Hochzeitsgesellschaften und als Festplatz bei zahlreichen Anlässen (Abb. 2.15 u. 2.16).

Unterschiedliche Raumproportionen rund um die Stadtkirche

Durch verschiedene Raumprofile (Schnitte der Abb. 2.18) werden die Proportionen der unterschiedlichen Stadträume rund um die Stadtkirche verdeutlicht. Der große und hohe Baukörper der Stadtkirche fügt sich recht harmonisch in die umgebende Raumstruktur ein. Ein wesentlicher Grund dafür ist die starke Differenzierung der Baumasse, so daß jeweils in den Straßen- und Platzräumen angenehme Raumproportionen entstehen.
Die giebelständigen Häuser im Ostteil der Gottlieb-Daimler-Straße bilden durch das Aufweiten des Straßenraumes eine künstliche, bühnenartige Perspektive, in deren Hintergrund sich der Chor der Kirche befindet (Schnitte 1 u. 2).
Die Schnitte 3 und 4 durch den Chorbereich zeigen zwei unterschiedlich breite Straßenprofile, wobei das schmalere auch noch angehoben ist. Dadurch ist eine eindeutige Wegführung Richtung Gottlieb-Daimler-Straße gegeben. Der schmale Chor bestimmt zwar den aufgeweiteten Straßenraum, wirkt aber einerseits durch seine „Zierlichkeit" und andererseits durch sein schräges Dach, das die in Erscheinung tretende Bauhöhe reduziert, auch bezüglich der seitlichen Raumproportionen keineswegs erdrückend.
Der Turm der Stadtkirche befindet sich seitlich im Süden (Schnitt 5), so daß das Hauptschiff mit seinem geneigten Dach in der Gottlieb-Daimler-Straße einen Übergang bildet.
Die Straßenprofile 6 und 7 verdeutlichen, daß die beiden Räu-

Abb. 2.21 Fassadenabwicklung der nördlichen Gottlieb-Daimler-Straße

me zwischen Kirche und gegenüberliegender Randbebauung ähnlich proportioniert sind. Die Baumasse der Kirche und die Höhe des Kirchturms wirken auf den Straßenraum ein, erdrücken ihn aber andererseits nicht. Die größere Gebäudetiefe der Kirche an der Westseite korrespondiert mit einer Aufweitung der Straßenräume beidseits der Kirche, so daß auch hier die Raumproportionen räumlich angemessen erscheinen.

In der Schlichtener Straße dagegen stehen sich ganz unterschiedlich hohe Raumkanten gegenüber (Schnitt 8 und Perspektive). Hier dominiert eindeutig die Baumasse der Stadtkirche, was noch durch eine Anhebung des westlichen Vorbereichs gegenüber der Straße unterstrichen wird. Dadurch entsteht eine räumliche Spannung, die diesem Straßenraum, trotz seiner im Stadtgrundriß geringeren Bedeutung, eine besondere Prägung gibt.

Die Perspektiven der Vorort-Erkundung vermitteln einen Eindruck von den unterschiedlichen Raumeindrücken an der Gottlieb-Daimler-Straße, von Westen (Abb. 2.19) und von Osten (Abb. 2.20) aus gesehen.

Platzwände und Nutzung der Randgebäude

Die Platzwände um die Stadtkirche herum werden durch Gebäude mit unterschiedlichem Charakter gebildet. Die Nord- und die Südseite sollen beispielhaft erläutert werden.

An der Gottlieb-Daimler-Straße stehen Gebäude eines einheitlichen Typs, der in vielfältiger Weise variiert wird (Abb. 2.21). Die gerade Bauflucht und die Mansard-Dächer sind deutliche Hinweise auf die Entstehungszeit nach dem Brand von 1743. Alle Häuser sind giebelständig, wobei allerdings die steilen Dächer verschiedene Formen und Höhen aufweisen. Das resultiert auch aus der stark voneinander abweichenden Hausbreite. Einheitlichkeit und Differenziertheit stehen so in einem spannungsreichen Kontrast, der dem vorgelagerten Platzraum seinen eigenständigen Ausdruck verleiht.

Dem öffentlichen Charakter des Raumes entsprechend werden die Erdgeschosse auch gewerblich genutzt. Läden und andere gleichartige Nutzungen haben aber stark auf die Fassadengestaltung der Gebäude eingewirkt. Die ehemals auf die Gestaltung der gesamten Hausfassade abgestimmte Ausformung des Sockelgeschosses ist einer „Einheitsgestaltung" durch großflächige Schaufensterbänder bei fast allen Gebäuden gewichen. Der funktionale „Zeitgeist" der 60er und 70er Jahre hat hier seine wenig einfühlsame „Duftnote" hinterlassen. Gegenwärtig sind Bestrebungen zu beobachten, den früheren Zustand wieder herzustellen. Ein einheitliches Farbkonzept für die Fassadengestaltung hat sich in dieser Hinsicht bereits positiv ausgewirkt.

Ganz anders, aber dem Raumcharakter entsprechend, ist die südliche Begrenzung des Kirchplatzes durch die Gebäudegestaltung und -nutzung ausgebildet (Abb. 2.22). Dem ruhigen Platzcharakter angemessen ist das langgestreckte, traufständige Gebäude der ehemaligen Lateinschule. Zwei Zwerchgiebel setzen lediglich kleine gestalterische Akzente, die auch das Sichtfachwerk über dem steinernen Sockelgeschoß in angemessener Weise betonen. Der Ruhe des Platzes und des Gebäudes entspricht die jetzige Nutzung des Gebäudes als Heimatmuseum, wodurch historische Anklänge an die ehemalige Zweckbestimmung ermöglicht werden.

Die Beispiele zeigen eine schöne Entsprechung von Raumwirkung, wie weiter oben bereits beschrieben, Ausbildung der Platzwände und Gebäudenutzung.

Umnutzung, Umgestaltung und Rückbau

Das bis 1978 kirchlich genutzte Gebäude Kirchplatz 1 (Abb. 2.23 u. 2.24) mit einem steinernen Erdgeschoß und darüber befindlichem Fachwerkaufbau sollte nach einer Planung aus dem Jahre 1969 total verändert werden. Die radikale Neuplanung (Abb. 2.25 u. 2.26) sah eine Fassadenverkleidung vor, die auf die vorhandene Struktur von Wand, Öffnung und Konstruktion nicht eingeht. Obwohl die innere Struktur, Mittelgang mit seitlich angeordneten Zimmern, die als Läden ausgewiesen waren, im wesentlichen beibehalten werden sollte, hätte

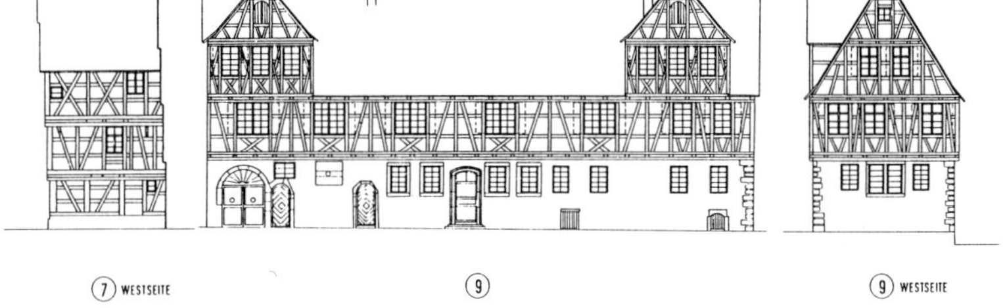

Abb. 2.22 Fassaden an der Südseite des Kirchplatzes

Abb. 2.23 Gebäude Kirchplatz 1, Fassade (Mitte) mit angrenzenden Gebäuden

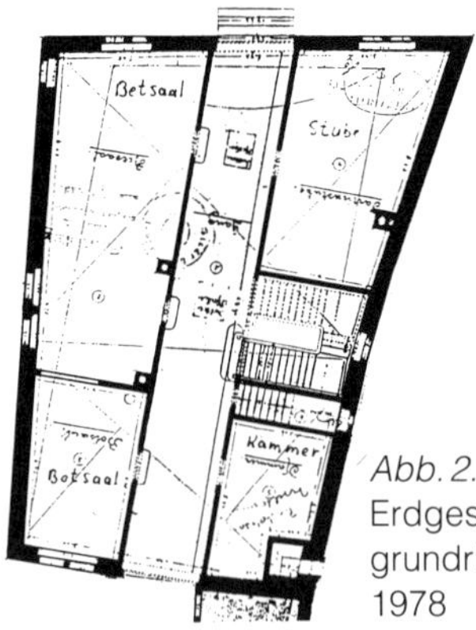

Abb. 2.24 Erdgeschoßgrundriß bis 1978

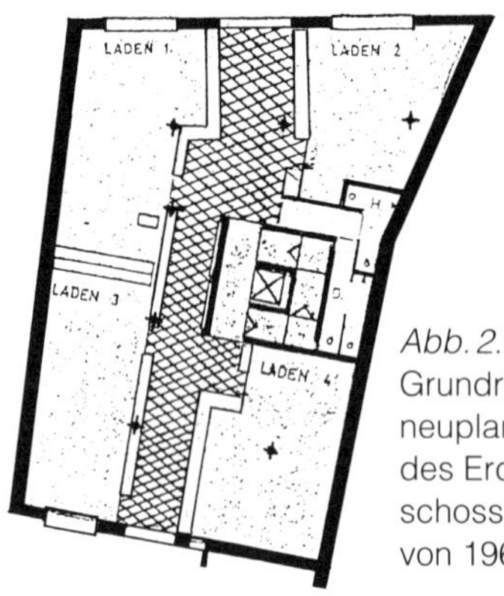

Abb. 2.26 Grundrißneuplanung des Erdgeschosses von 1969

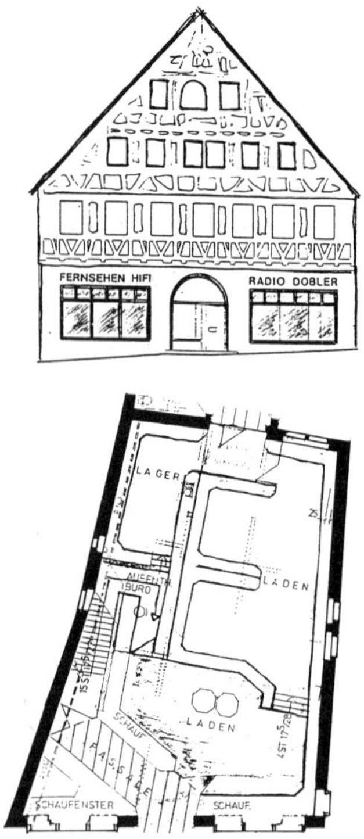

Abb. 2.27 Fassade und Grundriß des tatsächlich durchgeführten Umbaus

Abb. 2.25 Fassade der Neuplanung von 1969 für Kirchplatz 1

Abb. 2.28 Heutiger Zustand des Gebäudes Kirchplatz 1

sich der äußere Eindruck völlig verändert.
In einem langjährigen Kampf gelang es, den Belangen des Denkmalschutzes zum Durchbruch zu verhelfen. Die Fachwerkfassade bleibt erhalten und auch das Sockelgeschoß ist in seiner wesentlichen Struktur erkennbar (Abb. 2.27 u. 2.28). Obwohl das Prinzip der „Lochfassade" erkennbar bleibt, im Gegensatz zur früher beabsichtigten „Fensterbandfassade", sind die doch erheblich vergrößerten Schaufenster ein Zugeständnis an wirtschaftlich für erforderlich gehaltene Veränderungen.
Auf der anderen Seite verändert die ausgeführte Planung das Innere des Hauses total. Nur durch eine wesentlich veränderte Statik und Konstruktion ist die beabsichtigte Zuordnung der Läden möglich geworden. Hierdurch entsteht eine Diskrepanz von äußerem und innerem Eindruck, die bei der Umplanung von 1969 gerade entgegengesetzt war. Stimmte damals das historische Innere nicht mehr mit dem zeitgeschmäcklerischen Äußeren überein, so ist heute das erhaltene äußere Bild nicht mehr mit dem neuen „Innenleben" in Einklang zu bringen.

Das unwesentlich Wesentliche – Impressionen um Details

Das Umsichschauen bei der Vorort-Erkundung vermittelt zusammen mit dem Studium von

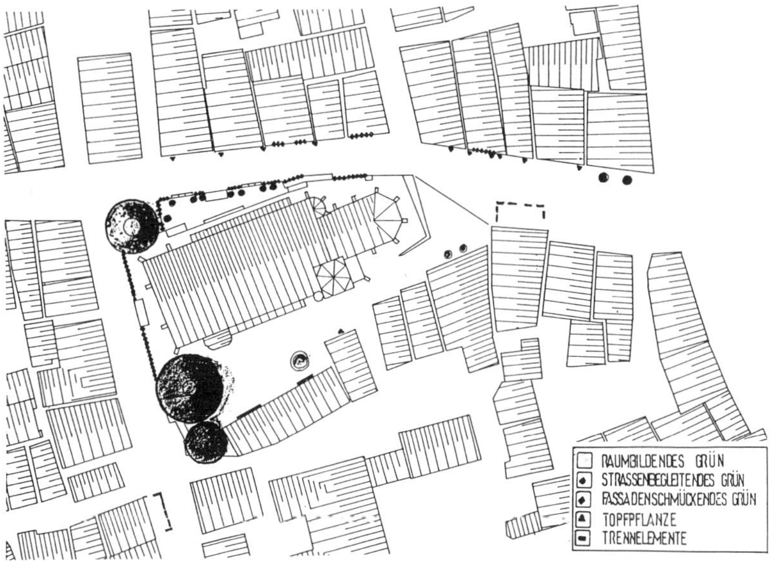

Abb. 2.29 Vegetationselemente im Bereich um die Stadtkirche

Abb. 2.31 Studentin im „Ausguck" bei der Stadtkirche

Materialien und Quellen einen schärferen Blick für städtebauliche Strukturen und Raumeindrücke. Gleichzeitig eröffnet es auch das Erkennen, das Entdecken von Einzelheiten, die für sich unwesentlich sind, aber in ihrem Zusammenwirken zu wesentlichen Elementen einer städtebaulichen Situation werden. So ist die Vegetation, in ihren unterschiedlichsten Formen, ein wichtiges stadtbildprägendes Element (Abb. 2.29). Treppen, Sitzmöglichkeiten, Geländer, Bodenbeläge, Kandel und viele andere Details (siehe die nachfolgenden Skizzen der Abb. 2.30) wollen entdeckt werden bei der ... „Erkundung vor Ort: Überblick behalten!" (Abb. 2.31)

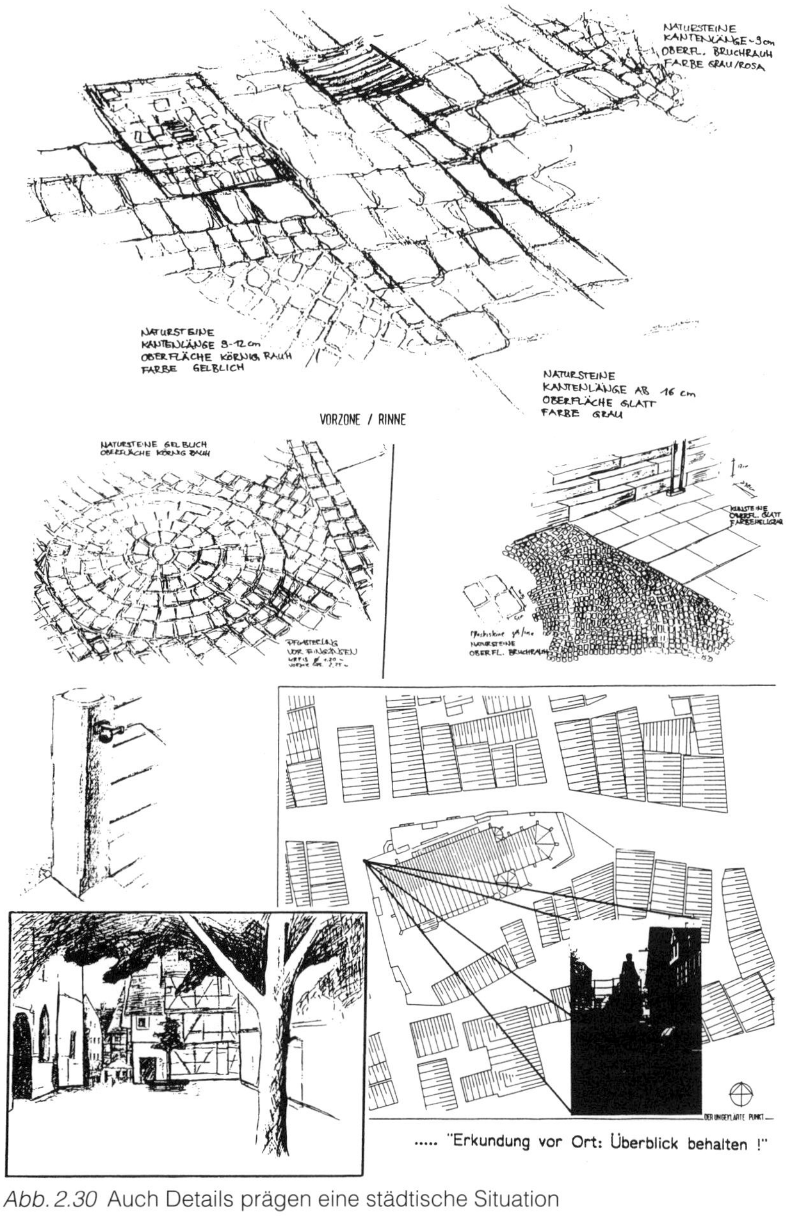

Abb. 2.30 Auch Details prägen eine städtische Situation

Weitere Beispiele für Umwelterkundungen sind enthalten in: „Die alte Stadt", Heft 1/1990, Studienheft 1, Dietmar Reinborn, Dietrich Kautt, „Schorndorf – Erkundung und Gestaltung in der Altstadt".

rakteristik erfaßt werden. Schließlich müssen noch Einzelelemente, als dritte Ebene der Erkundung, wahrgenommen und festgehalten werden. Zu diesen gehören z. B. die Vegetation, die technischen Elemente und die „Möblierung“, die für den Raumeindruck einer Straße oder eines Platzes mitbestimmend sind.

2.4 Bestandsaufnahme und Analyse

Eine Bestandsaufnahme ist die rationale Erkundung und systematische Dokumentation einzelner Inhaltsaspekte über ein Plangebiet. Dabei ist ein sinnvolles Verhältnis von Aufwand und Ergebnis anzustreben. Was so einleuchtend klingt, ist aber keineswegs immer gängige Praxis, denn zu häufig ist eine übergroße Diskrepanz zwischen der Bestandsaufnahme für eine planerische Aufgabe bzw. ein Planungsproblem und den dann für ein Planungskonzept verwertbaren Informationen festzustellen. So wurden in den 70er Jahren z. B. bei Stadterneuerungsplanungen sehr umfangreiche Bestandsaufnahmen, „Vorbereitende Untersuchungen“ genannt, gemacht, die mit ihren Daten, Plänen und Interpretationen dicke Bücher und die Kassen von Planungsgesellschaften füllten. Dabei hätte eigentlich bekannt sein müssen, daß allein die Dauer des gesamten Planungsprozesses – nicht selten viele Jahre – in kürzester Zeit die Informationen zu Makulatur machen würde, was dann auch in den meisten Fällen geschah.
In einem Perfektionsdrang wurde dabei außerdem übersehen, daß sich ein Planungsraum auch bei differenziertester Betrachtung und Erfassung niemals umfassend beschreiben und darstellen läßt. Deshalb muß sich der Umfang und die Art der Bestandsaufnahme an den Planungsproblemen orientieren. In diesem Sinne sollen nachfolgend einige Formen der Bestandsaufnahme charakterisiert werden, von denen in der Praxis meistens Kombinationen zur Anwendung kommen:

● **Die problemorientierte Bestandsaufnahme** begrenzt die Fülle möglicher Informationen entsprechend der Bedeutung für die Lösung eines Problems, so daß die optimale Verwendbarkeit des gesammelten Materials dabei im Vordergrund steht. Durch Begehung und Bestandskartierung sowie durch Sammlung von Daten und bestehenden Rahmenbedingungen (Planungen, technische Einrichtungen, rechtliche Festsetzungen usw.) werden Informationen zusammengetragen, die, gemessen an der Planungsaufgabe, einen Beitrag zur Entwicklung eines Konzeptes zu leisten versprechen.

Darüber hinausgehende Informationen sollten nur dann erfaßt und gesammelt werden, wenn diese ohne großen Mehraufwand, quasi „von allein“, zu bekommen sind. Das sind z. B. Gebäudenutzung oder Gebäudeart mit einzelnen typischen Ausprägungen, wie Dachformen o. ä., die sich vor Ort schnell erfassen lassen, am Zeichentisch aber schon bald nicht mehr aus dem Gedächtnis rekapituliert werden können. Es muß verhindert werden, ein „Datengrab“ zu erzeugen, das den Blick auf das Wesentliche verstellt, und deshalb auf den Entwurfsprozeß behindernd wirken kann.

● **Die analysierende Bestandsaufnahme** stellt bereits zu einem frühen Zeitpunkt den Einstieg in die entwerferische Arbeit dar. Jede Bestandsaufnahme, die den Umfang der zu erhebenden Informationen begrenzt, beinhaltet bereits eine Analyse, da vorab eine Bewertung erfolgen muß, welche der möglichen Informationen einen Beitrag zur Problemlösung leisten kann und welche nicht. Das Planungsproblem wird deshalb zu Beginn dahingehend analysiert, welche Informationen für eine sachgerechte und erfolgversprechende Entwurfsarbeit erforderlich ist. Der nächste analytische Schritt ist dann das Herausarbeiten von Grundzügen des Bestandes, das textliche und zeichnerische „Überzeichnen“ von Elementen der örtlichen Gegebenheiten. Das können Bereiche gleicher Nutzung oder ähnlicher Bauweisen oder auch Ansätze von Freiraumzonen sein. Vor Ort sollten diese Ansätze bereits skizziert und damit als Grundlage von Analyseplänen festgehalten werden.

● **Die schrittweise Bestandsaufnahme** geht von der Tatsache aus, daß der Entwurfsprozeß auch immer ein Prozeß der Problemkonkretisierung ist (siehe Kapitel 2.5). So wie es erforderlich ist, Entwurfsalternativen im Planungsgebiet mehrmals durch die eigene Anschauung zu „simulieren“ und zu bewerten, wird es auch öfter notwendig sein, ergänzende Informationen über den Bestand zu erfassen. Planungskonzepte werfen zumindest in Teilbereichen neue Fragen auf, z. B. der Machbarkeit (Kann ein bestehendes Gebäude durch ein neues ersetzt werden oder welche Konsequenzen hat eine Grundstückserweiterung? usw.), die vor Ort oder bei zuständigen Stellen abgeklärt werden müssen. Deshalb sollte der Umfang der „ersten“ Bestandsaufnahme möglichst „entwurfs-ökonomisch“ gehalten werden, denn der weitere Informationsbedarf wird wesentlich vom Entwurfsprozeß bestimmt.

● **Die „emotionale“ Bestandserhebung** oder die Erfassung der örtlichen Besonderheit des Planungsgebietes, des „genius loci“, ist ein wesentlicher Teil des beginnenden Entwurfsprozesses. Diese „Um-

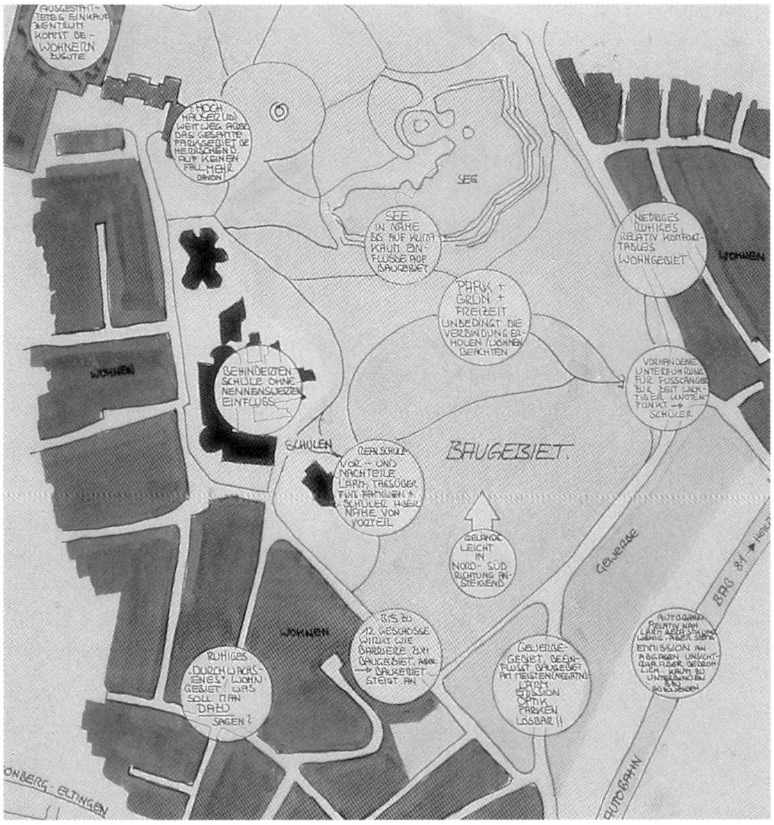

Abb. 2.32 Zwingende und wichtige Vorgaben

Zwingende und wichtige Vorgaben (siehe Abb. 2.32) müssen ermittelt werden, damit bei der Formulierung von Entwurfszielen und Arbeitsprogrammen auch bestehende Konflikte berücksichtigt werden können. Außerdem werden Probleme und Vorteile eines vorgegebenen Planungsgebiets durch eine Bestandsanalyse erfaßt und fixiert (siehe Abb. 2.33). Eine entsprechende Dokumentation ermöglicht den Rückgriff auf diese Informationen beim Entwerfen. (Christoph Sigel)

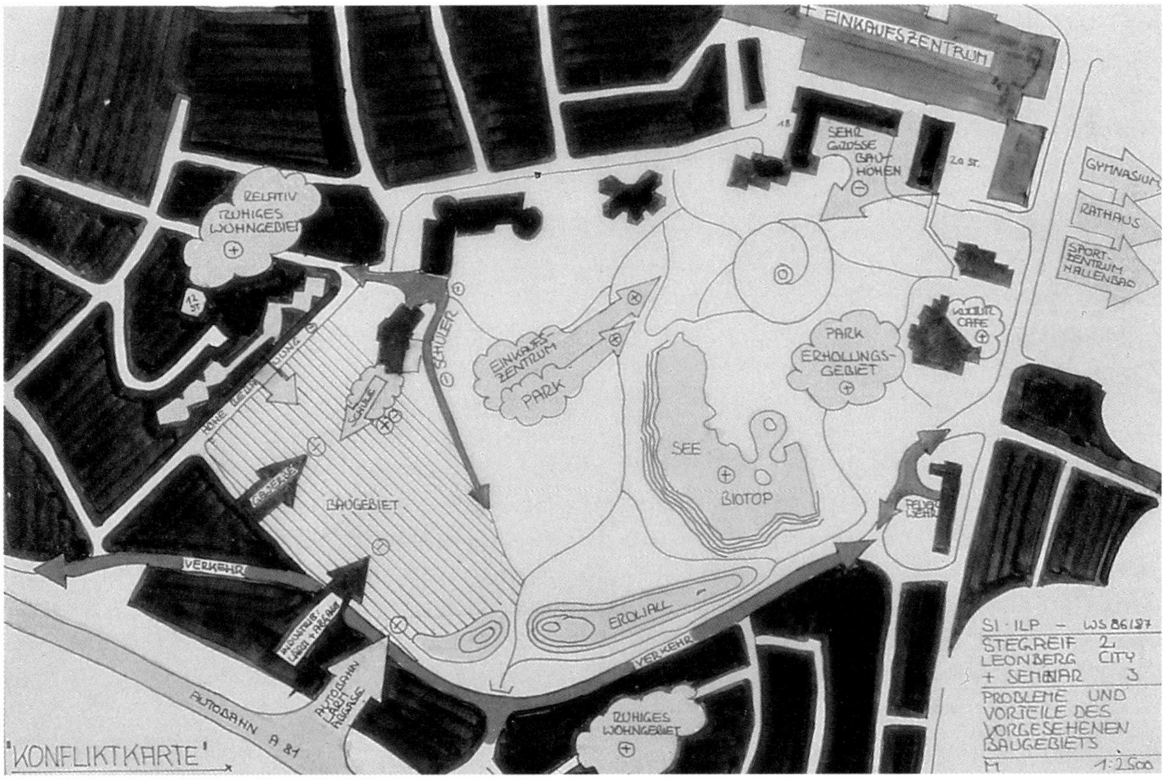

Abb. 2.33 Beispiel einer Bestandsanalyse für einen Entwurf in Leonberg

welterkundung" (siehe Abb. 2.32, 2.33 sowie Kapitel 2.3) ist von großer ideen-produzierender Bedeutung, denn die Wahrnehmung, das in sich Aufnehmen von komplexen Eindrücken, die ein „Image" von dem Planungsraum bilden, geht weit über das Erfassen von nüchternen Fakten und Informationen hinaus. Die Person des Entwerfers ist dabei der bestimmende Faktor, der auch die aus einer emotionalen Bestandsaufnahme entwickelten Konzeptionsansätze prägt.

Die gefühlsmäßige Erfassung räumlicher und atmosphärischer Gegebenheiten sollte deshalb nicht durch zu viele Informationen zu Beginn erschwert werden, die eine anfängliche Unbefangenheit stört und die „Schere im Kopf" wirksam werden läßt. Die Einschränkung von Ideen und Konzepten erfolgt ohnehin im Laufe des Entwurfsprozesses durch die zunehmende Durchdringung des Planungsproblems. Dieses Vorgehen ist in der Regel einfacher als das bewußte Freimachen oder Verdrängen vorhandener Informationen, um zu neuen Ideen und Entwurfsansätzen zu kommen („Querdenken" oder laterales Denken, siehe Kapitel 3).

Bestandsaufnahmen und Analysen umfassen üblicherweise planerische Vorgaben, soziale und wirtschaftliche Gegebenheiten, städtebauliche sowie gebäudebezogene Informationen, die hier als knappe Übersicht (vgl. Kissel, Prinz u.a.) aufgelistet werden sollen:

- **Übergeordnete Planungsvorgaben** aus der Landes- und Regionalplanung, der Flächennutzungs- und Fachplanung (z. B. Verkehrs-, Umweltgutachten u. ä.) usw.
- **Soziale und wirtschaftliche Gegebenheiten** wie Bevölkerungszahlen und -entwicklung, Alters- und Sozialstruktur, Haushaltsstruktur, Einwohnerdichte, Erwerbs- und Einkommensstruktur, Eigentumsverhältnisse usw.
- **Städtebauliche Bedingungen** wie historische Entwicklung und natürliche Grundlagen (Topografie, Vegetation, Klima, Böden, Wasser u. a.) Nutzungsverteilung (Wohnen, Arbeiten, Freizeit, Infrastruktur u. a.) und Nutzungsschwerpunkte, Verkehrsstruktur (Straßenhierarchie, öffentlicher Verkehr, Fuß- und Radwege u. a.) und deren Auswirkungen, Stadtgestalt und Stadtbild (Stadträume mit ihren Raumkanten, Blick- und Wegebeziehungen, Orientierungspunkte, stadtbildprägendes Grün u. a.), Grundstücksverteilung usw.
- **Gebäudesituation** wie Art und Nutzung der Gebäude, Gebäudealter und -zustand, Denkmalschutz und Ensemblewirkung, Wohnungsstandard und Besitzverhältnisse, Veränderungsabsichten usw.

Analysen zu diesen einzelnen Aspekten der Bestandsaufnahme sollten in einem **Negativ-Plan**, mit Problemen und Mängeln, und einem **Positiv-Plan**, mit Erhaltenswertem und Entwicklungsansätzen, zusammengefaßt werden. Sie bilden dann eine wichtige Grundlage für die Erarbeitung von Lösungsansätzen und Konzepten im weiteren Entwurfsprozeß.

2.5 Logik des Entwurfsprozesses

Der Entwurfsvorgang, das Entwerfen, kann einerseits als innerer Ablauf von Gedanken und Emotionen beim Entwerfer beschrieben werden, woraus sich dann Anregungen und praktische Hinweise für andere Entwerfer ergeben können. Andererseits ist es aber auch erforderlich, den Vorgang rational zu analysieren, um daraus allgemeingültige Erkenntnisse abzuleiten. Diese „Verwissenschaftlichung" des Entwurfs- bzw. Planungsprozesses (beide Begriffe werden anschließend synonym verwendet) kann einen wichtigen Beitrag zur Reflexion über das entwerferische Handeln leisten (vgl. zu den nachfolgenden Ausführungen auch: Reinborn – *Kommunale Gesamtplanung*)

Grundsätzlich ist der Planungsvorgang eine mehr oder weniger systematische Überführung eines nicht zufriedenstellenden Ist-Zustandes in einen erwünschten Soll-Zustand. *Man kann den Planungsvorgang als Prozeß der Bildung eines „Images" über das Problem und seine Lösung verstehen. Er stellt ein schrittweises Herantreten an das Problem dar, und mit zunehmender Kenntnis und Konkretisierung des Problems zeichnet sich auch die Richtung der Problemlösung ab.* (Rittel (1), S. 22)

Dabei sind Beschaffung und Analyse von Informationen zu einem Planungs- bzw. Entwurfsproblem – wie bereits vorher erwähnt – keineswegs nur objektbezogen oder wertfrei. Information und Analyse bilden vielmehr eine Einheit, die *als Sammeln, Klassifizieren und Vergleichen dieser Informationen, wobei der Grad der Vollständigkeit vom Entwerfer abhängig ist,* interpretiert werden kann (Luckman, S. 35). Außerdem wird dieser Teil des Planungsprozesses auch von der Konzeptionierung, von einer Problemlösung beeinflußt. *Problemformulierung geht Hand in Hand mit der Entwicklung eines Lösungsvorschlags; Information kann man nur dann sinnvoll sammeln, wenn man an einem Lösungsprinzip orientiert ist, und ein Lösungsprinzip kann man nur in dem Maße entwickeln, wie man über das Problem informiert ist, usw.* (Rittel (1), S. 17)

Diese Dialektik des Entwurfsprozesses ist die wesentliche Schwierigkeit, mit der sich der Entwerfer konfrontiert sieht. Sie positiv aufzubrechen, erfordert die Schaffung einer neuen Qualität in Form einer Konzeption, einer Idee oder wie immer man dies bezeichnen will. *Während dieses Vorgangs des Sichtens und Ordnens* vollzieht der Entwerfer den *kreativen Sprung, der den Entwerfer auf die nächste Stufe der Synthese führt … Es muß betont werden, daß nur in Verbindung mit Kreativität oder Originalität von einem Entwurfsprozeß gesprochen werden kann. Sofern alternative Lösungen ausschließlich rechnerisch ermittelt werden können, handelt es sich nicht um einen Entwurfsprozeß.* (LUCKMAN, S. 34, 35)

Die Lösungen, die sich beim Planungsprozeß auf Grund eines Entwurfsprozesses ergeben haben, können in bezug auf ihre Problemlösungsqualität keine Gültigkeit an sich beanspruchen. Sie müssen vielmehr einer Bewertung unterzogen werden, die in einem Ziel-Lösungs-Vergleich erfolgt. Dadurch wird der Planungsprozeß zu einem iterativen Kreislauf, der die Schritte Information/Analyse-Synthese-Bewertung (vgl. Abb. 2.34) des Planungsprozesses mehrmals durchläuft. Die Häufigkeit hängt unter anderem von dem vorhandenen Problem und den Planungsbeteiligten ab.

Beim Durchlaufen des iterativen Kreislaufes wird es nicht immer notwendig sein, einzelne Planungsschritte nacheinander zu vollziehen, vielmehr muß der Entwerfer *wie ein guter Schachspieler mehrere folgende und zurückliegende Schritte überblicken, wobei er das Verfahren abkürzt und häufig die Durchführbarkeit eines Konzepts einer Ebene* (bzw. Stufe) *an Konzepten anderer Ebenen* (bzw. Stufen) *überprüft* (LUCKMAN, S. 37). Der Planungsprozeß besteht also aus mehreren Konkretisierungsstufen *und entwickelt sich von sehr allgemeinen Überlegungen schließlich bis zur Ausarbeitung bestimmter Einzelheiten.* Jede Stufe *ist also gleichbedeutend mit einem Teilproblem innerhalb des Gesamtproblems, wobei eine Reihe von verknüpfenden Entscheidungen getroffen werden muß.* (LUCKMAN, S. 34/35)

Der Zyklus von Analyse, Synthese und Bewertung wird solange wiederholt, bis eine Ebene (bzw. Stufe) *durch Akzeptieren einer oder mehrerer bewerteter Lösungen abgeschlossen ist und der Übergang zu einer neuen Ebene* (bzw. Stufe) *des Gesamtproblems vollzogen werden kann* (LUCKMAN, S. 36/37). Da der Städtebau verschiedene Aufgabenebenen (siehe Kapitel 2.6) umfaßt, von der Regional- bis zur Bebauungsplanung sowie von der Verkehrsstruktur- bis zur Straßenbauplanung, ist es sinnvoll, eine Unterscheidung in zielorientierte und maßnahmenorientierte Planungsabschnitte auf jeder Stufe des Planungsprozesses zu unterscheiden. Die Verknüpfung der Zielplanung und Operationsplanung auf einer Stufe des Planungsprozesses (siehe Abb. 2.35) läßt sich, in Anlehnung an ein Modell von MANNING, zu einem Schema eines Planungsprozesses vervollständigen (siehe Abb. 2.36).

Der Entwurfs- bzw. Planungsprozeß läuft aber keineswegs immer von oben nach unten, also deduktiv, vom Allgemeinen zum Speziellen. Vielmehr zeigt die Praxis, daß die Planung häufig auf unteren Stufen beginnt und damit Auslöser für Veränderungsprozesse

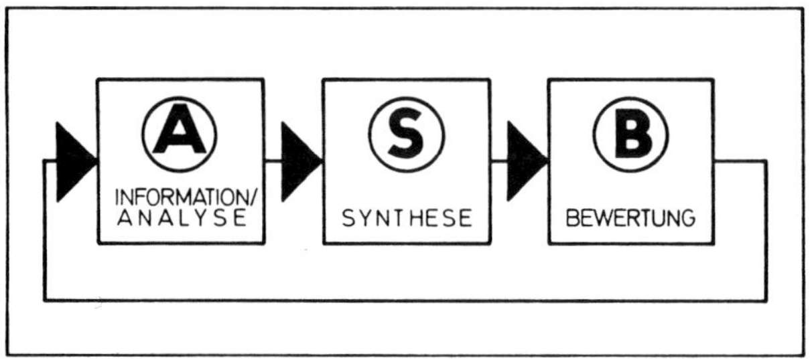

Abb. 2.34 Schritte beim Entwurfsvorgang

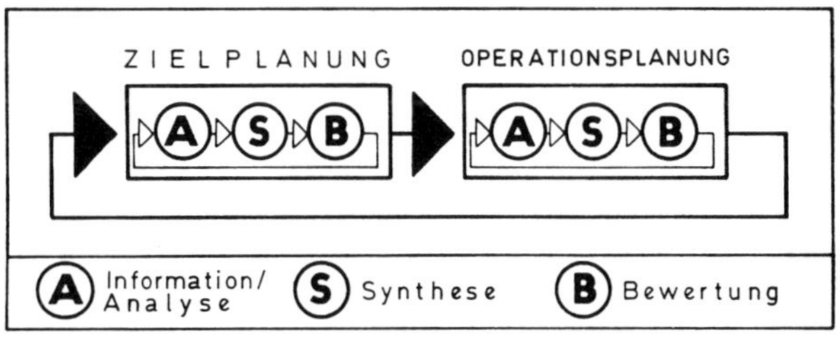

Abb. 2.35 Eine Stufe des Entwurfsprozesses

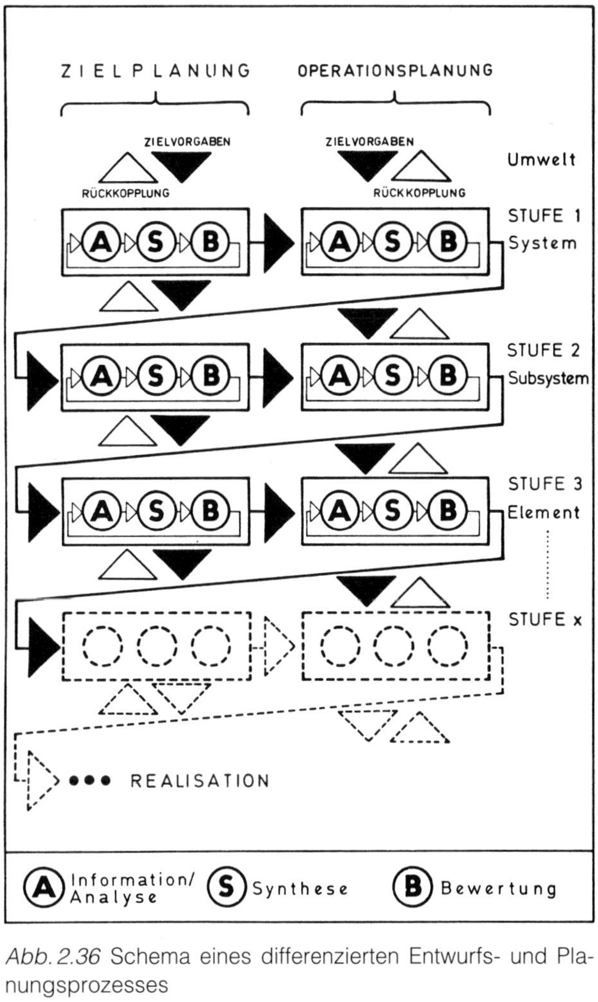

Abb. 2.36 Schema eines differenzierten Entwurfs- und Planungsprozesses

auf oberen Stufen ist. So ist z. B. die konkrete Durchplanung eines Wohngebiets schon fast regelmäßig mit einer Änderung des Flächennutzungsplans verbunden. Dieses hängt mit der Tatsache zusammen, daß bereits durchgängig planerische Festlegungen vorhanden sind, die „umgeplant" werden müssen, damit etwas anderes entstehen kann.

Denn in Wirklichkeit wird nicht geplant, sondern stets umgeplant, etwas Geplantes wird neu geplant, neue Aspekte treten hinzu, andere werden manipuliert. Umplanen heißt Konflikte hinausplanen. Man hört in Diskussionen über Planung oft den Satz, daß man niemals beim Nullpunkt anfangen könne, aber schon die Tendenz, möglichst nahe dort anfangen zu wollen, ist ein unbegründbarer Luxus, den man aufgeben sollte, da er im Prozeß des Umplanens hinderlich und nicht förderlich ist. (MASER, S. 13).

Planung ist zudem nicht nur ein rationaler, sondern in weiten Bereichen ein irrationaler Prozeß, so daß Planungsmethoden und Planungstechniken lediglich einen Beitrag zu einer größeren, aber nie zu einer endgültigen, im strengen Sinne verbindlichen Rationalität leisten können.

Man weiß ziemlich sicher, daß das menschliche Gehirn mit Regelung operiert. Folglich ändert es beim Planen angesichts zwingender Faktoren, auf die es unterwegs trifft, sowohl seine Prämissen als auch seine Schlüsse. Oft tut es dies auf sehr irrationale und unorganisierte Weise, und wir wünschen zu Recht, den Prozeß zu rationalisieren, nicht nur, um unser Denken zu verbessern, sondern auch, um es mit externen Hilfsmitteln wie der formalen Logik und dem Rechenautomaten zu unterstützen. Möglicherweise wird keine Rationalisierung jemals die Intuition zu ersetzen vermögen oder das Bedürfnis nach dem, was andere den „schöpferischen Sprung" nennen, zerstören. Sicherlich ist Intuition zum großen Teil Mutmaßung und der schöpferische Sprung ein Sprung im Dunkeln. (MORTLOCK, S. 29)

2.6 Verschiedene Aufgabenebenen

Das Aufgabenfeld des Städtebauers kann sich von der Region bis zum Einzelgebäude erstrecken. Selbstverständlich ergeben sich aus der jeweiligen Aufgabenebene unterschiedliche Anforderungen an das entwerferische Vorgehen. Die verschiedenen räumlichen Größenordnungen zeigen einen planerischen Weg vom Allgemeinen zum Besonderen auf, womit aber keineswegs ein deduktives Vorgehen verknüpft ist, das durch eine großräumige Vorgabe die Ausprägung der Details bestimmt. Die regionalplanerische Festlegung einer bebauten Fläche muß auf der nächsten Aufgabenebene in ihrer Größenordnung und Nutzung gesondert bestimmt werden. Wenn dies in Form einer Wohnbaufläche geschehen ist, sagt dies wiederum noch nichts über eine spezielle Bebauungsart und -dichte aus. Ist diese Festlegung dann getroffen, müssen auf einer weiteren Ebene die Gebäude, Straßenräume und Freiflächen in Art und Gestaltung fixiert werden.
Der planungsrechtliche Rahmen gibt in dieser Hinsicht drei Ebenen vor, die Regionalplanung für die Regionen, die in den einzelnen Bundesländern unterschiedlich festgelegt sind, sowie die Flächennutzungs- und Bebauungsplanung, als vorbereitende und verbindliche Bauleitplanung für die Kommunen, die Städte und Dörfer. Eine stadträumliche Differenzierung führt aber zu weiteren Zwischenstufen, die Aufgabenebenen darstellen. Sie sollen nachfolgend kurz als Beispiele erläutert werden, wobei in der Praxis die Unterteilungen auch anders erfolgen können.

● **Die Region** umfaßt den Raum, für den eine Stadt der wirtschaftliche, versorgungsmäßige, kulturelle und verwaltungspolitische Mittelpunkt ist (siehe Abb. 2.37). Durch die Landesplanung ist die Bedeutung der Stadt entsprechend ihrer Größenordnung für das Umland, die Region, gegenüber den benachbarten Gemeinden und Regionen abgegrenzt. Dabei sind nicht die Verwaltungsgrenzen, sondern in erster Linie die Einzugsbereiche für Arbeitsplätze, Infrastruktureinrichtungen (Bildung, Kultur, Sport, Verkehr usw.) und private und öffentliche Versorgung (Geschäfte, Dienstleistungen, Verwaltung usw.) bestimmend.

Abb. 2.37 Stadt in der Region

Die Regionalplanung hat dabei die Aufgabe, den funktionalen Zusammenhängen eine räumliche Verteilung zuzuordnen. Von der Größe des Raumes her geschieht dies in einem eher „abstrakten" planerischen Rahmen durch Festlegung von Siedlungsflächen, Grünräumen und infrastrukturellen Standorten. Aber bereits diese Aufgabe erfordert entwerferische Fähigkeiten, die nicht nur auf rationalen Erwägungen basieren, sondern durchaus auf Kreativität angewiesen ist.

● **Die Gesamtstadt** wird durch die kommunalen Grenzen des Stadtgebiets festgelegt, innerhalb derer die Gemeinde die sogenannte Planungshoheit hat (siehe Abb. 2.38). Das heißt, die Stadt oder das Dorf bestimmt im Rahmen der Gesetze und der übergeordneten Planungen ihre räumliche Entwicklung in eigener Verantwortung. Im Rahmen einer Stadtentwicklungsplanung können für das Gesamtgebiet die Entwicklungsmöglichkeiten und -notwendigkeiten ermittelt und als planerische Ziele programmatisch festgehalten werden. Meistens geschieht dies aber nur in Teilprogrammen, wie einem Schulentwicklungsplan, einem Generalverkehrsplan usw. Dabei spielen auch direkt angrenzende Gemeinden, die im sogenannten „Verflechtungsbereich" liegen, eine Rolle bei den planerischen Überlegungen.
Als rechtlich festgelegte Planungsaufgabe ist nach dem Baugesetzbuch (BauGB) die Flächennutzungsplanung zu nennen: *Im Flächennutzungsplan ist für das ganze Gemeindegebiet die sich aus der beabsichtigten städtebaulichen Entwicklung ergebende Art der Bodennutzung nach den voraussehbaren Bedürfnissen der Gemeinde in den Grundzügen darzustellen.* (§ 5) Ergänzende Pläne, z. B. ein Landschaftsplan, und ein Erläuterungsbericht werden beigefügt.

Abb. 2.38 Gesamtstadt in kommunalen Grenzen

● **Stadtgebiete bzw. Stadtbezirke** werden nicht immer in ihrer Ausdehnung festgelegt. Ihre Begrenzung ergibt sich vielmehr aus ihrer Funktion für die Gesamtstadt, wie z. B. die Innenstadt oder ein zusammenhängendes Wohngebiet (siehe Abb. 2.39). Vielfältige aneinandergrenzende Nutzungsbereiche für Einrichtungen des Handels, der Verwaltung, der Freizeit, der Kultur, der Bildung, der Wirtschaft und für Wohngebäude legen es nahe, planerische Festlegungen in Stadtteilentwicklungsplänen oder ähnlichen Programmen zu treffen. Gestalterische Aussagen können sich auf die verschiedenen Siedlungs- und Bebauungsmuster beziehen.

Abb. 2.39 Stadtgebiete bzw. Stadtbezirke

● **Kernbereiche von Stadtgebieten** sind zentrale Zonen einer Stadt oder von Stadtteilen, die für diese Mittelpunkts-Funktionen übernehmen (siehe Abb. 2.40). Sie sind durch eine starke Mischung der Nutzungen auf engem Raum gekennzeichnet, was hohe Anforderungen an eine differenzierte Planung stellt. Die „Städtebauliche Rahmenplanung" (vgl. KISSEL) oder entsprechende Planungsmethoden haben sich hierfür als Planungsstufe zwischen Flächennutzungs- und Bebauungsplanung als geeignet erwiesen.

● **Baugebiet bzw. Baublock** sind Bereiche in Stadtgebieten, die durch räumliche Grenzen, wie Straßen oder Grünzüge o. ä., klar begrenzt werden (siehe Abb. 2.41). Die bauliche Entwicklung dieser Gebiete wird durch den Bebauungsplan planungsrechtlich

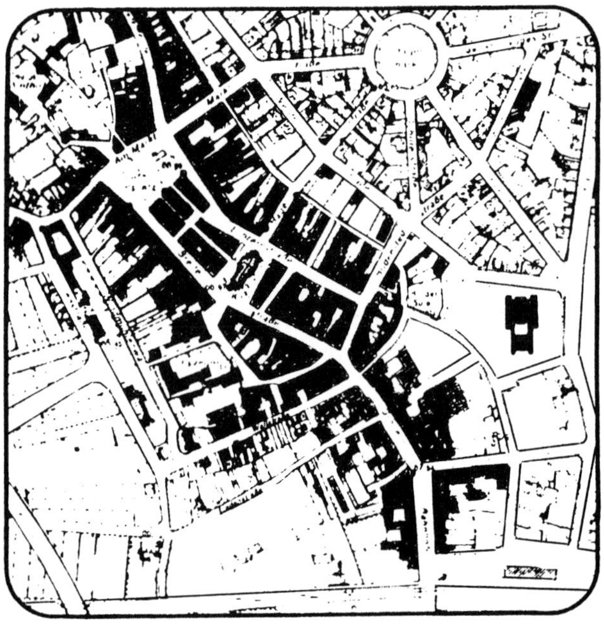

Abb. 2.40 Kernbereiche von Stadtgebieten

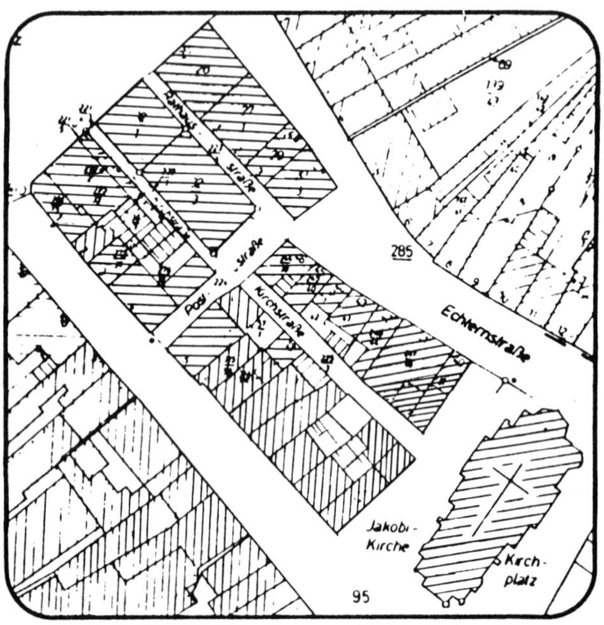

Abb. 2.41 Baugebiet bzw. Baublock

festgelegt. Der *Bebauungsplan enthält die rechtsverbindlichen Festsetzungen für die städtebauliche Ordnung* (§ 8 BauGB). Im Bebauungsplan sind vielfältige Inhalte festgesetzt, wie die Art und das Maß der baulichen Nutzung (vgl. Baunutzungsverordnung, BauNVO); die Flächen für Gemeinschaftseinrichtungen, Grünzonen, Verkehr, Versorgungsanlagen und anderes (§ 9 BauGB). Welche Bedingungen den einzelnen Bauwilligen auferlegt werden, hängt von der Bedeutung für die Gesamtstadt ab. So sind in der Innenstadt stärkere Festlegungen der Bebauung notwendig als in Einfamilienhausgebieten. Diese Differenzierungen entsprechen auch dem vorgeschalteten Entwurfsprozeß.

- **Einzelgebäude** haben eine doppelte Funktion, eine Gemeinschaftsfunktion und eine Funktion für ihre Eigentümer und Nutzer. Sie sind die Einzelgebilde, aus denen das Gesamtgebilde einer Stadt mit ihren stadt- und freiräumlichen Ausprägungen geschaffen ist (siehe Abb. 2.42). In dem Spannungsfeld zwischen den vielfältigen Anforderungen des Gemeinschaftslebens und dem Freiheitsspielraum des Einzelnen werden die baulichen und gestalterischen Festlegungen getroffen. Der Entwurfsprozeß wird davon entscheidend geprägt.

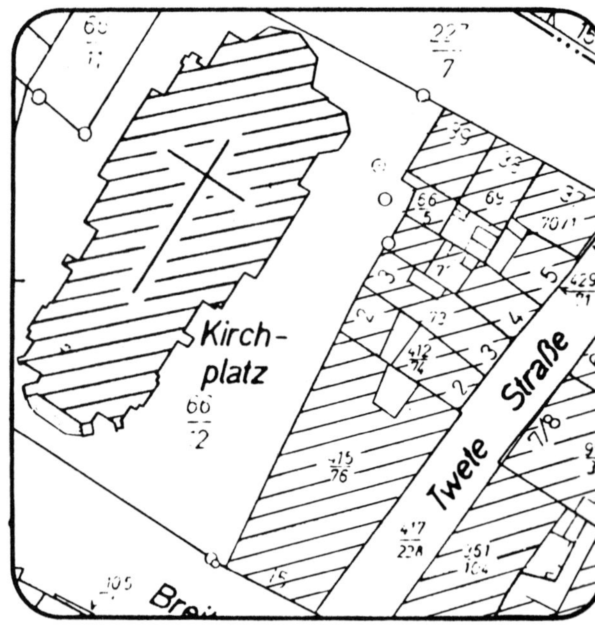

Abb. 2.42 Einzelgebäude

Innerhalb dieser räumlichen Differenzierung der Aufgabenebenen beim Entwerfen gibt es jeweils noch unterschiedliche inhaltliche Aufgabenaspekte (vgl. Kapitel 2.4). Diese Fachplanungen beziehen sich neben den gebäudeplanerischen Gesichtspunkten z. B. auf die Grünflächen, den Verkehr, die Infrastruktureinrichtungen und die Stadttechnik.

2.7 Einfälle – Ausfälle – Chaos

Man quält sich, schiebt es heraus, aber dann kommt es und endet genau auf dem Punkt. Ich kann es jedem empfehlen ... oder davon abraten. Loriot

Was Loriot in einer Fernsehsendung 1989 über seine künstlerische Arbeit gesagt hat, trifft auch sehr genau die Situation beim Entwerfen. Eine Planungskonzeption oder eine Problemlösung entwickelt sich in einem schwierigen, ja häufig zähen Prozeß im Wech-

sel von Einfällen und Ausfällen aus einem gedanklichen und konzeptionellen Chaos. Die „gestaltlose Urmasse", die Bedeutung des griechischen Wortes „Chaos", muß so bearbeitet werden, daß sich daraus eine Idee und eine Gestalt ergibt. Dabei müssen einzelne Ideen geordnet und strukturiert sowie Überflüssiges und Belastendes weggelassen werden.
Dieser Prozeß ist, wie beschrieben wurde, mit mannigfaltigen Schwierigkeiten verknüpft, die es beim Entwerfen zu überwinden gilt. Der Entwerfer muß sich darüber im klaren sein, daß zu Beginn der Arbeit an einem Problem ein mögliches, befriedigendes Ergebnis in weiter Ferne und meistens sehr im Dunkeln liegt. In anderen Zusammenhängen sprechen Mathematiker und Naturwissenschaftler von „chaotischen Systemen, wenn deren Entwicklung nicht determiniert, nicht vorhersagbar ist". Analog dazu kann man beim Entwerfer von einem chaotischen System der Ideen und Gedanken zu einer Planungsaufgabe sprechen.
Der Entwerfer muß diese „kreative Grundstimmung" beim Entwurfsprozeß mehr als akzeptieren. Dieses Pendeln zwischen Intuition, den konzeptionellen Einfällen, und Reflexion darüber, was zu Ausfällen und zum Verwerfen von Ideen führen kann, darf ihn nicht irritieren. Der Zustand einer „gestaltlosen Urmasse" von Gedanken und Ideen wird von einem kreativ „Schöpfenden" darüber hinaus sogar als angenehm empfunden. Das Wohlfühlen in einer diffusen Entwurfssituation ist dann der Ansporn, unbedingt eine oder auch mehrere Lösungsansätze finden zu wollen. Dieser entwerferische Ehrgeiz, der sich bis zur „entwerferischen Besessenheit" steigern kann, darf aber nicht zu „blindem Aktionismus" ausarten. Verschiedene Entwurfsmethoden und technische Hilfsmittel, die nachfolgend vorgestellt und diskutiert werden (siehe Kapitel 5 und 7) ermöglichen einen kreativen Weg zwischen Irrationalität und Rationalität, der in der Rückschau auf den Entwurfsprozeß nicht selten als „logisch" empfunden wird.

3. Denkprozesse: Kreativität – Ideenbildung – Problemlösung

Zum Entwerfen gehören Kreativität und Intuition, um vorhandene Informationen und Kenntnisse in Planungskonzepte umzusetzen. Kreative Fähigkeiten sind die Voraussetzung für produktives Denken, das die Definition von Problemstellungen und die Entwicklung von entsprechenden Lösungen ermöglicht. Die Denkprozesse verlaufen dabei aber in der Regel nicht systematisch und nach einem festgelegten Muster, sondern recht sprunghaft und intuitiv ab. Die Intuition, als spontanes geistiges Erfassen von Informationen und plötzliche Verknüpfung zu neuen Zusammenhängen, ist bei der Wahrnehmung der Umwelt und der kreativen Umsetzung zu neuer Realität für den Entwerfer unabdingbar.

Die Schwierigkeiten beim Entwerfen zwischen Erkennen eines Problems und dem Gestalten eines Lösungsansatzes sind in der Ausprägung unseres Denkapparates begründet. Während die linke Hirnhälfte das analytische, rationale und logische Denken bewirkt, ist der rechte Teil für die Verknüpfung von komplexen, räumlich-bildlich geprägten Denkstrukturen bei der Ideenbildung eingerichtet. Beide Funktionen bedingen sich, wobei aber die linke, rationale Hirnhälfte durch unsere Erziehung eine dominante Rolle bekommen hat. Das entwerferische Vermögen hängt deshalb davon ab, ob es gelingt diese Funktion zu unterdrücken und die kreativen Eigenschaften der rechten Hälfte „einzuschalten".

Für die Ideenbildung ist es erforderlich, sich von vorgegebenen Grundmustern des Denkens zu lösen und nach neuen Sichtweisen zur Findung von Lösungen zu suchen. Diese Ergänzung des logischen und rationalen („vertikalen") Denkens durch eine ganzheitliche und vernetzte Betrachtungsweise („laterales" oder „Querdenken") ist eine wichtige Voraussetzung bei der Suche nach Alternativen. Die Erzeugung einer Vielfalt („Varietät") von verschiedenen Lösungsansätzen kann vom Entwerfer in unterschiedlicher Weise vorgenommen werden. Das Ideenspektrum ist von den Erfahrungen und den Intentionen des Entwerfers abhängig, der auch die Aufgabe einer „Reduktion der Varietät" zu bewältigen hat, um zu einer umsetzbaren Lösung zu kommen.

Die Entwicklung von Ideen und Lösungsansätzen darf beim Städtebau aber nicht allein mit gedanklichen Mitteln („Kopfgeburten") erfolgen. Das Skizzieren ist dabei eine wichtige Form der „Speicherung von Gedankenskizzen" außerhalb des Verstandes. So entwickelt sich eine Arbeitsteilung zwischen Denken und Skizzieren, denn die grafische Fixierung von Ideen schafft neue kreative Voraussetzungen für eine Problemlösung. Das Problemelösen beinhaltet aber immer auch die Problemdefinition, die ein genaues Erkennen einer vorhandenen Situation voraussetzt.

Dabei stößt der Entwerfer meistens auf vorgegebene Bedingungen, die als unumstößlich angesehen werden. Diese sogenannten Sachzwänge sind aber keine objektiven Tatbestände, sondern Sollvorstellungen. Damit diese stillschweigenden Prämissen nicht zu „Kreativitätstötern" werden, muß man die Vorgaben überprüfen und sich über ungerechtfertigte hinwegsetzen. Die Grenzen der Machbarkeit können dadurch ausgeweitet werden.

3.1 Zum Begriff Kreativität

Kreativität und Originalität sind für das Entwerfen von entscheidender Bedeutung, da dies ein schöpferischer Prozeß ist. Lösungen eines Planungsproblems ergeben sich, wie bereits ausgeführt wurde (siehe Kapitel 2.4), nicht einfach durch eine rechnerische Ermittlung oder als zwangsläufiges Ergebnis einer Analyse, und sei sie auch noch so ausführlich und gründlich.

Kreativität ist die *Fähigkeit, produktiv zu denken und die Ergebnisse dieses Denkens, vor allem originell neue Verarbeitung existierender Informationen, zu konkretisieren (etwa in Form einer Erfindung oder eines Kunstwerks). Die verschiedenen Stadien der Kreativität sind: Aufspüren von Problemen oder von Mängeln, Lücken und Unstimmigkeiten (z. B. in theoretischen oder praktischen Systemen) und Definieren entsprechender Problem- und Fragestellungen, Formulieren von Hypothesen und Suche nach Lösungen, schließlich Mitteilen der gewonnenen Erkenntnisse sowie der Wille, sie gegenüber bereits etablierten Vorstellungen durchzusetzen.* (Meyers Neues Lexikon, 1979)

Diese Definition beinhaltet entscheidende Merkmale des Entwurfsprozesses. Die Verarbeitung von vorhandenen Informationen muß originell sein, damit die Umsetzung der Ergebnisse des Denkens dem Anspruch an Kreativität entspricht. Aber bereits das Definieren der Probemstellung ist in diesem Prozeß ein Vorgang, der kreativ sein kann. Die dabei stattfindenden Denkprozesse sind einem Such- und Findungsprozeß vergleichbar, der nach einem nicht vorher festgelegten Muster abläuft. Das Vorhandene, im Gedächtnis Gespeicherte wird neu und, manchmal sogar für den Entwerfer selbst, überraschend kombiniert. Diese Ideenbildung, die nicht selten sehr plötzlich sein kann, wird als Intuition bezeichnet. Sie bildet beim Entwerfen mit der Kreativität ein geistiges Geschwisterpaar.

Intuition ist ein *spontanes geistiges Erfassen, eine auf Wissen und Erfahrung beruhende plötzliche Erkenntnis; ein Moment wissenschaftlichen Forschens und künstlerischen Gestaltens. In irrationalistischen Erkenntnistheorien (besonders der Lebensphilosophie) ist Intuition eine nicht auf Erfahrung beruhende Erkenntnis, sondern wird gefühlsmäßig durch „innere Eingebung" erzeugt. In der phänomenologischen Philosophie bilden Intuition („Anschauung") und Evidenz „(Einsicht") den Anfang der Begründung von Wissenschaft.* (Meyers Neues Lexikon, 1979)

Das „Gefühl" ist beim Entwerfen in zweierlei Hinsicht von Bedeutung, einmal als die Empfindung, einer (Teil-)Lösung nahe zu sein, und zum anderen als die Begeisterung an dem Prozeß selbst, die sich manchmal bis zu einer „Besessenheit" steigern kann. Aber das ergibt sich nicht von allein, denn die Fähigkeit zur Intuition braucht auch „geistige Nahrung", Wissen und Erfahrung. Das „Schöpfen aus sich heraus" geht nur solange, wie etwas vorhanden ist. Deshalb ist die intensive Beschäftigung mit einem Planungsproblem in inhaltlicher und örtlicher Hinsicht eine Voraussetzung für Kreativität und Intuition. Die allgemeine Auseinandersetzung mit einer Planungsaufgabe, ihren Grundproblemen, Zusammenhängen, prinzipiellen Lösungsansätzen und – besonders wichtig – das Studieren von Beispielen mit ähnlichen Problemkomponenten gehören in diesen Komplex des Entwerfens.

Die Unterscheidung zwischen der Wahrnehmung der Umwelt („Erkennen", siehe Umwelterkundung, Kapitel 2.3) und der kreativen Umsetzung dieser Wahrnehmungen in Pläne oder neue Realität („Gestalten") hängt mit der Funktion des Denkapparates, des Gehirns zusammen. Betty Edwards beschäftigt sich in ihrem Buch „Garantiert Zeichnen lernen" auch mit den Unterschieden der beiden Hälften des Gehirns und besonders mit dem „Geheimnis der rechten Hirn-Hemisphäre und der Befreiung unserer schöpferischen Gestaltungskräfte" (S. 40ff). Sie schildert die Ergebnisse von wissenschaftlichen Forschungen, die ergaben, daß die beiden Seiten (Hemisphären) des Gehirns verschiedene, von einander getrennte Funktionen haben.

Untersuchungen ergaben, daß die linke Hemisphäre verbal und analytisch, die rechte hingegen auf eine nonverbale, ganzheitliche Weise mit Sinneswahrnehmungen umgeht. Außerdem konnte Jerre Levy ... nachweisen, daß die Verarbeitung der rechten Hirnhälfte blitzschnell in einer komplexen, ganze Strukturen räumlich-bildlich aufnehmenden Weise abläuft – ein Modus, der sich zwar von dem der linken Gehirnhälfte grundlegend unterscheidet, ihr jedoch hinsichtlich seiner Komplexität durchaus gleichwertig ist. Darüber hinaus stieß Jerre Levy auf Anzeichen dafür, daß sich die beiden Verhaltensweisen leicht gegenseitig überlagern und stören und dadurch ihre Leistungsfähigkeit beeinträchtigen. (Edwards, S. 44)

Die linke Hemisphäre analysiert, abstrahiert, zählt, mißt Zeit, plant schrittweise Operationen, formt in Sprache um und macht rationale, logisch begründete Feststellungen. Sie geht analytisch, verbal, rechnerisch, folgerichtig, linear und objektiv vor. Mit der rechten Hemisphäre *„sehen" wir Dinge, die imaginär sind, also nur vor unserem „geistigen Auge" existieren, und Dinge, die tatsächlich vorhanden sind oder waren und die wir uns in unsere Erinnerung zurückrufen. Wir sehen, wie die Dinge im Raum existieren und wie sich ihre Teile zu einem Ganzen zusammenfügen. Wenn wir uns der rechten Hemisphäre bedienen, können wir Bilder verstehen, träumen, neue Ideenverbindungen herstellen.* (Edwards, S. 50)

Die Funktionsbeschreibungen der beiden Hirnhälften machen den Zusammenhang mit dem Vorgang beim Entwerfen deutlich. Sie zeigen aber auch auf, warum wir besonders beim Lernen des Entwerfens und später bei jeder neuen Entwurfsaufgabe anfangs große Schwierigkeiten haben oder haben können, den Einstieg zu bewältigen. Das entwerferische Vermögen hängt nämlich davon ab, ob man es schafft, *den Zugang zu den Fähigkeiten der durch unsere Erziehung in eine untergeordnete Rolle gedrängten rechten Gehirnhälfte* zu bekommen, ob man in der Lage ist, *die dominante, verbale linke Hemisphäre „aus-" und die rechte „einzuschalten". Es sieht so aus, als ob das rechte Hirn visuelle Informationen auf die Weise aufnimmt und verarbeitet, die notwendig ist, um sehen und zeichnen zu können, während das linke Hirn die Außenwelt auf eine Weise wahrnimmt, die dem Zeichnenkönnen zuwiderläuft.* (Edwards, S. 47)

Hier sei angemerkt, daß nicht wenige gute Entwerfer zum Entwerfen einem „guten Tropfen" benötigen oder zumindest nicht verabscheuen. Bekanntlich unterdrückt der Alkohol das rationale und logische Denken, weswegen Stammtischgespräche auch durch ungewöhnliche Argumentationen gekennzeichnet sind. Durch die „Abschaltung" oder „Dämpfung" der linken Hirnhälfte scheint der rechten Hemisphäre zum Durchbruch verholfen zu werden.

Das „bewußte Umschalten" von der linken auf die rechte Hirnhälfte ist ein entscheidender Vorgang, der gelernt und dann weiterhin immer wieder trainiert werden muß. Dieses geschieht aber nicht erstmalig, denn bereits während der Kindheit hat der umgekehrte Vorgang stattgefunden. So ist zu beobachten, daß kleine Kinder, bevor sie in die Schule kommen, meistens sehr kreativ und beim Zeichnen von starker Aussagekraft sind. Kinder produzieren keine genauen Ab-Bilder, sondern haben die Gabe, wesentliche Merkmale der Gegenstände in abstrakter, aber gut erkenntlicher Form zu zeichnen oder zu modellieren.

In den ersten Jahren der Kindheit sind die Hirn-Hemisphären noch nicht auf gesonderte Funktionen spezialisiert ... Erst im Alter von etwa zehn Jahren ist die Lateralisierung vollständig ausgebildet. Dieser Moment fällt mit einer Periode zusammen, in der das Kind beim Zeichnen ständig in Konflikte gerät: Sein Symbolsystem scheint in dieser Entwicklungsphase die Oberhand über die Wahrnehmung zu gewinnen und die erscheinungsgetreue Abbildung der Wahrnehmungen zu behindern. (Edwards, S. 75)

Die Schule bildet vorwiegend die linke Hälfte des Gehirns mit rationalen Aufgabenstellungen aus, so daß die ursprünglich vorhandenen Fähigkeiten wieder geweckt und trainiert werden müssen. Dieser Vorgang des Umschaltens ist die wichtigste Lern- und Lehraufgabe der Architektur- und Städtebauausbildung. Die Darstellung der anatomischen Zusammenhänge begründet auch gleichzeitig die Richtigkeit der Grundthese dieses Buches: Entwerfen ist erlernbar! Aber auch die Lehrbarkeit des Entwerfens läßt sich dadurch aufzeigen, indem Anregungen und Methoden zur Beschleunigung des Umschaltprozesses gegeben werden. Damit können die vorhandenen Fähigkeiten des Gehirns voll erschlossen und geübt werden.

Eine der wunderbarsten Fähigkeiten der rechten Hirn-Hemisphäre ist die Vorstellungskraft – die Fähigkeit, ein imaginäres Bild vor dem geistigen Auge zu sehen. Das Gehirn hat die Kraft, ein Bild heraufzubeschwören und es dann „anzuschauen", es zu „erblikken", als wäre es real. Die Fachausdrücke für diese Fähigkeit, Visualisation und Imagination, bedeuten fast das gleiche. (Edwards, S. 53)

3.2 Querdenken zur Ideenbildung

Es ist kein Individuum ohne Standpunkt. Er ist Voraussetzung für Individualität, Ideen sind Urquellen! Eine Idee ist an und für sich schon eine Leistung; Ursprünglichkeit des Denkens die wünschenswerteste aller menschlichen Eigenschaften.
Frank Lloyd Wright

Das Haben von Ideen, oder besser gesagt, das Schöpfen von Ideen ist ein Vorgang, der mit Kreativität und Intuition verbunden ist, wie bereits vorher ausgeführt wurde. Die Ideenbildung ist ein essentieller Bestandteil des Entwerfens und bereitet, besonders wenn es um neue Ideen geht, größte Schwierigkeiten.

Den meisten Menschen fällt während ihres Lebens keine einzige neue Idee ein, Warum?
Ist Kreativität eine so schwierige Sache?
Ist Kreativität ein Geschenk des Zufalls, um das man nur beten kann?
Kann man Kreativität nicht überlegt fördern?
Ist Kreativität die Gabe einer guten Fee, die nur wenige beschenkt?
Oder ist Kreativität eine Art des Denkens, die in der herkömmlichen Erziehung nicht ausgebildet, ja sogar untersagt wird? (Edward De Bono, S. 7)

In den vorausgehenden Ausführungen wurden bereits einige Antworten auf diese Fragen gegeben, die hier noch etwas ausgeführt werden sollen. Die Aussagen von De Bono in seinem Buch behandeln die Denkprozesse, die zur Bildung von neuen Ideen führen. Diese sind allgemein gültig, treffen aber besonders auch auf das Entwerfen zu:

Unter „Kreativität" verstehe ich die Fähigkeit, aus dem Gefängnis der alten Ideen auszubrechen und neue zu entwickeln. Diese Art zu denken nenne ich „laterales Denken". ... Laterales Denken ist eng ver-

wandt mit Intuition, Kreativität und Humor. ... Kreativität bedeutet sowohl eine Geisteshaltung als auch die Anwendung bestimmter Techniken. ... Die Erziehung erzieht zur Sachkompetenz, nicht zur Kreativität. Sie übermittelt feste Vorstellungen, ohne zu lehren, wie wir Vorstellungen und Ideen verändern. ... Um die Kreativität einzusetzen, muß man sie von der Aura der Mystik befreien und sie begreifen als eine Art, den Verstand zu gebrauchen – als eine Art, mit Informationen umzugehen. ... Am wirkungsvollsten werden Ideen nicht durch Widerspruch von außen, sondern durch einsichtiges Neuanordnen der vorhandenen Informationen von innen heraus verändert. (DE BONO, S. 10–13)

Das „Querdenken", das hier als laterales Denken (lateral=seitlich) bezeichnet wird, soll aber das logische, das rationale („vertikale") Denken nicht ersetzen, sondern ergänzen. Erst die gemeinsame Anwendung beider Denkarten eröffnet Chancen neuer Ideenbildung. Die Logik des „vertikalen" Denkens setzt einen Denkprozeß in klaren „aufeinanderfolgenden Schritten" voraus, ein Schritt folgt zwingend aus dem vorangegangenen. Damit konzentriert sich die Aufmerksamkeit auf die jeweils aktuellen Stufen des Denkens, wodurch es einen „selektiven" Charakter innerhalb eines linearen Vorgangs erhält.
Dagegen steht eine ganzheitliche („generative") Betrachtungsweise beim lateralen Denken, das innerhalb eines vernetzten Systems auch sprunghaft vorgehen kann (siehe Kapitel 1.3). Hier sei an die Feststellung von C. ALEXANDER erinnert, „die Stadt ist kein Baum", also kein sich verzweigender linearer Zusammenhang. Beim städtebaulichen Entwerfen muß deshalb dem Charakter der Stadt als vernetztem System, als „Halbverband", Rechnung getragen werden. Ein Veränderungsvorschlag im städtischen Zusammenhang ist deshalb nur ein Vorschlag unter gegebenenfalls vielen anderen.

3.3 Alternativen und Varianten

Das Denken, auch beim Entwerfen ist von vorgegebenen Grundmustern der Betrachtungsweise über Gegebenheiten und der Veränderungen des Bestehenden geprägt. Das Naheliegende wird leicht akzeptiert und unterdrückt so den Findungsprozeß bei der Suche nach anderen Sichtweisen (wie sie bei der Umwelterkundung bewußt gemacht werden sollen) und nach Lösungsansätzen für Probleme (wie sie durch das Entwurfstraining entwickelt werden sollen).

Das laterale Denken baut auf dem Prinzip auf, daß jede bestimmte Art der Anschauung von Dingen nur eine von vielen möglichen Arten ist ... Die übliche Suche nach Alternativen stellt man ein, wenn man einen vielversprechenden Zugang zu einem Problem gefunden hat. Bei der lateralen Suche nach Alternativen nimmt man den vielversprechenden Zugang zur Kenntnis und kommt vielleicht später auf ihn zurück, entwickelt aber weitere Alternativen. ... Man sucht nicht nach dem besten Zugang, sondern nach so vielen verschiedenen wie möglich. (DE BONO, S. 70/71)

Dieses ist ein sehr wichtiger Teil beim Vorgehen des Entwerfers im Planungsprozeß, der als „Erzeugung von Varietät" bezeichnet werden kann, dem die „Reduktion von Varietät" auf dem Wege zur Problemlösung folgen muß. *Wann immer eine problematische Situation auftritt, d. h. eine, aus der man spontan keinen Ausweg weiß, muß man zunächst mindestens eine Idee als Kandidaten für die Lösung finden, also „Varietät erzeugen". Hat man mehr als einen Kandidaten für die Lösung, muß man nach Gründen suchen, um alle bis auf einen auszuschließen, also „Varietät reduzieren"* (RITTEL (1), S. 19). Dieser Prozeß kann in unterschiedlicher Weise ablaufen. Die Strategie des Vorgehens hängt vom Planer, bzw. Entwerfer und vom zu lösenden Problem ab. RITTEL ((1), S. 19–22) unterscheidet dabei:

● **Der Routine-Vorgang** (Abb. 3.1) vollzieht sich linear als Bewältigung einer in Art und Methode bekannten Aufgabe. *Der Routinier, der „große Meister", verrichtet seine Aufgaben aufgrund seiner Erfahrung und mit Hilfe individueller Heuristiken* (=Erfindungskunst) *nach dem Motto: „Stil ist Redundanz". Er kennt keine Probleme.* (RITTEL (1), S. 19)

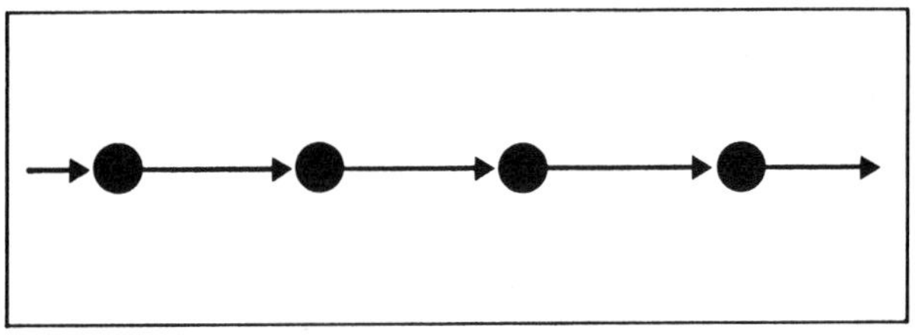

Abb. 3.1 Routiniertes Entwerfen

● **Der Abtast-Vorgang** („Scanning Process") (Abb. 3.2) beruht auf einer gewissen „Vertrautheit" mit dem Problem. Durch Abtasten eines in der Struktur bekannten Problemlösungsfeldes wird versucht die beste Lösungsmöglichkeit zu finden. *Man versucht, ein Problem mit der erstbesten Lösung, die einem einfällt, zu lösen. Stellt sich heraus, daß diese Lösung nicht zu dem gewünschten Ergebnis führt oder daß sie die Lösung anderer Probleme verhin-*

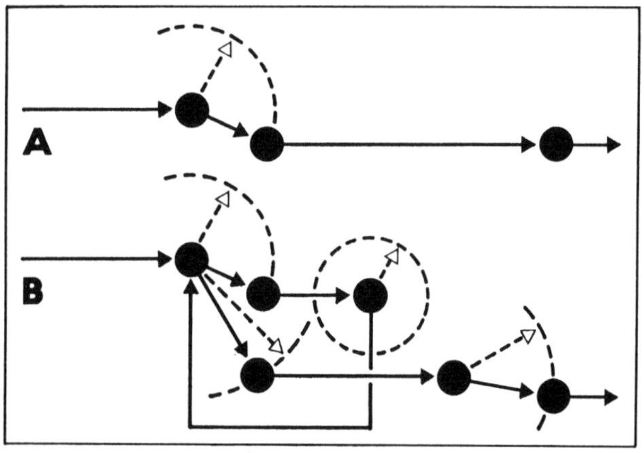

Abb. 3.2 Einfacher (a) und komplexer (b) Abtast-Vorgang beim Entwerfen

dert, kehrt man zum Ausgangspunkt zurück und versucht es wieder mit einer anderen Lösungsmöglichkeit. Diese Strategie beruht darauf, daß der Problemlöser bewährte Lösungen zuerst assoziiert. (Rittel (1), S. 19)

● **Der Vorgang der Alternativenbildung** (Abb. 3.3) baut auf der anfangs erwähnten „Erzeugung von Varietät" auf. Zu einem Problem werden möglichst viele Lösungsalternativen entwickelt und nach den relevanten Aspekten bewertet. Diese „Bewertungsfilter" (gestrichelte Linien) reduzieren die im Rennen ver-

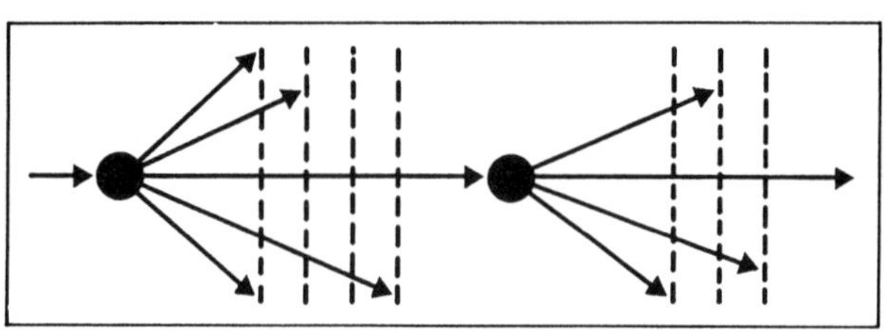

Abb. 3.3 Alternativenbildung beim Entwerfen mit Bewertungsfiltern

bleibenden Lösungen („Reduzierung von Varietät"), *bis (hoffentlich) eine und nur eine Lösung, d. h. die „beste" Lösung, ermittelt ist.* Dieser Reduktionsprozeß wird aber nicht vom Entwerfer allein vorgenommen.
Andere Beteiligte am Entwurfs- und Planungsprozeß werden meistens daran teilhaben, wobei eine politische Entscheidung für eine Lösung – was bekannt ist – nicht immer eine Entscheidung für die beste Lösung sein muß. Aber auch das Selektieren einer Lösung kann mit Unzufriedenheit behaftet sein, so daß diese Lösung der Ausgangspunkt für weitere Alternativen ist, die dann gegebenenfalls mit abgeschwächten Bewertungsfiltern beurteilt werden. Das größte Problem bei der Lösungsfindung aber ist, *es fallen einem keine Alternativen ein. Das bedeutet, daß man zum Ausgangspunkt zurückkehrt und versucht, das Problem zu vermeiden.* (Rittel (1), S. 20)

● **Der Vorgang der mehrstufigen Alternativenbildung** (Abb. 3.4) bedeutet eine besonders hohe Varietätserzeugung. Zu den einzelnen Alternativen werden „Unteralternativen" oder Varianten gebildet bevor diese zusammen verschiedenen Bewertungsfiltern unterworfen werden. *Gewöhnlich ist diese Strategie für die Gesamtplanung aufgrund der ungeheuren Vielzahl von Lösungsmöglichkeiten nicht praktikabel, sondern nur in einzelnen Planungsphasen zur Lösung von Teilproblemen sinnvoll.* Wie bei der „einfachen" Alternativenbildung kann dieser Prozeß auch noch in verschiedenen Stufen der inhaltlichen Konkretisierung ablaufen. (Rittel (1), S. 21)

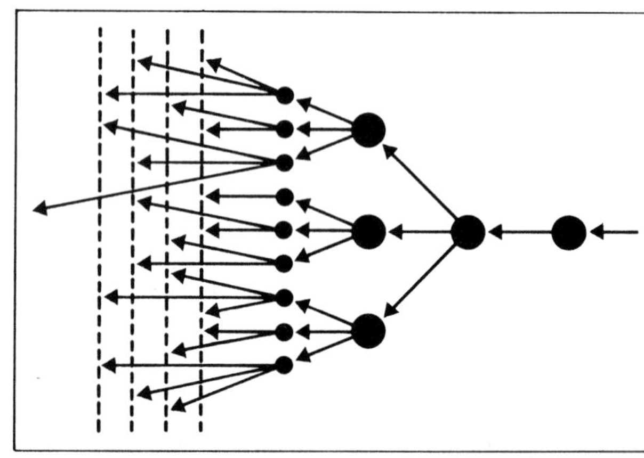

Abb. 3.4 Mehrstufige Alternativenbildung beim Entwerfen mit Varianten

Mit zunehmender Erfahrung beim Entwerfen wird die Alternativenbildung eine veränderte Rolle für den Entwerfer einnehmen. Einerseits wird die Neigung zunehmen, ein „routiniertes Vorgehen" anzuwenden, weil meistens die Zeit drängt und außerdem zu wenig Geld für eine Planungsaufgabe zur Verfügung steht. Andererseits ist aber auch die Fähigkeit, genügend Alternativen zu bilden, mit der fachlichen und methodischen Erfahrung verknüpft. Dann ist die Alternativenbildung auch ein Verfahren zur Optimierung des Entwurfsprozesses, indem durch die systematische Ausgrenzung von Alternativen ein erfolgversprechender Lösungsweg mit größerer Sicherheit weiter verfolgt werden kann.
Für den Entwurfs-Anfänger ist es dagegen sehr schwer, überhaupt Alternativen zu bilden, da er sehr stark von den eigenen Lebensbedingungen „vorgeprägt" ist. Diese ersetzen dann häufig die Routine und führen zu dem linearen Vorgehen, das eingangs beschrieben wurde. Die Bildung von Alternativen setzt aber ein breiteres Spektrum von Kenntnissen voraus, die sich ein Anfänger erst aneignen muß.

Das „Schöpfen aus sich heraus" hat zu Beginn der „Entwurfs-Karriere" sehr enge Grenzen, die durch Informationen über Lösungen anderer Planungsprobleme und durch eigenes Entwurfstraining ausgeweitet werden können.

3.4 „Kopfgeburten" – Denken und Skizzieren

Die Fähigkeit der rechten Hirn-Hälfte zur Visualisierung imaginärer Vorstellungen einer veränderten Umwelt (siehe Kapitel 3.2) sind die Voraussetzungen für „Kopfgeburten" von Lösungsansätzen zu Planungsproblemen. Dazu bedarf es genauer Kenntnisse der örtlichen Gegebenheiten und der konzeptionellen Ansatzpunkte, die sich aus der vorhandenen Situation ergeben. Ferner müssen verschiedene Lösungsmuster gedanklich gespeichert sein, damit sie in neuer Konstellation einen Beitrag zur Lösung des aktuellen Planungsproblems leisten können. Dabei besteht allerdings die Gefahr, daß bekannte und bewährte Lösungen die Überhand gewinnen oder daß eine Reduzierung der Varietät, eine Auswahl der Alternativen allein im Kopf geschieht.
Die Bevorzugung von etablierten Lösungsansätzen hängt ebenfalls mit der Funktion unseres Denkapparates und der Art der Speicherung von Kenntnissen in ihm zusammen. Der Verstand *ist ein musterbildendes System,* dabei sortiert er *Informationen jedoch nicht aktiv. Der Verstand ist passiv. ... Die Zone oder das Muster, die sich am leichtesten aktivieren lassen, sind die vertrautesten, die am häufigsten benutzt werden und die meisten Spuren auf der Erinnerungsoberfläche hinterlassen haben.* De Bono vergleicht den Erinnerungsvorgang des Verstandes mit einem flachen Teller Gelee, auf dessen Oberfläche etwas heißes Wasser auftrifft und beim Abfließen eine flache Vertiefung zurückläßt. Es entstehen je nach Häufigkeit des Vorgangs viele unterschiedliche Vertiefungen, die das Muster der Erinnerungsoberfläche bilden. *Das zufällige Muster hängt davon ab, wohin und in welchen zeitlichen Abständen das Wasser gegossen wurde. Dies entspricht dem einlaufenden Informationen und der Reihenfolge ihres Eintreffens.* (De Bono, S. 33–36)
Durch diese Wirkungsweise des Verstandes ergeben sich einerseits *die Vorteile Schnelligkeit beim Erkennen und dadurch Schnelligkeit beim Reagieren. Weil man das, was man sucht, erkennen kann, kann man auch die Umwelt wirksam erforschen.* (siehe Umwelterkundung, Kapitel 2.3) Aber es gibt auch Nachteile, denn *die Muster neigen dazu, sich immer mehr zu verfestigen, und es ist außerordentlich schwierig, Muster zu verändern, wenn sie sich erst einmal verfestigt haben.* Da also der Verstand ein System ist, *das Denkklischees hervorbringt und einsetzt,* muß der Entwerfer bewußt versuchen, diese Mechanismen durch Querdenken zu überwinden. (De Bono, S. 42, 44)
Die Entwicklung von Ideen und Lösungsansätzen allein mit gedanklichen Mitteln, also als „Kopfgeburten", birgt die Gefahr in sich, daß keine intensive Auseinandersetzung mit den möglichen Alternativen erfolgt. Mit dem Verstand werden, wie beschrieben, neue Ansätze, die allein gedanklich konstruiert werden, leicht von den gängigen Erinnerungsmustern überdeckt und ausgeschieden. Deshalb ist es erforderlich, gerade diese „Gedankenskizzen" zu speichern, und zwar außerhalb des Verstandes in Form von gezeichneten Skizzen. Damit wird ein Dialog zwischen Denken und Zeichnen in Gang gesetzt, der alle Möglichkeiten einer Problemlösung ausschöpft. Aber auch der umgekehrte Weg ist durchaus möglich. Als Skizze wird z. B. ein grafisches Muster entwickelt, das zunächst nicht inhaltlich überprüft wird. Die fertige Skizze muß dann aber einem gedanklichen, verstandesmäßigen Test unterzogen werden, wodurch sich meistens Modifikationen ergeben.
Da beim Skizzieren aber der Verstand nicht abgeschaltet wird – er sollte es wenigstens nicht – ergeben sich meistens viele Gesichtspunkte für eine bestimmte Lösung, aber auch dagegen. Die Vor- und Nachteile einzelner Alternativen oder auch Varianten sind in dem Moment, in dem man sich damit beschäftigt, immer gegenwärtig. Da die Beschäftigung mit anderen Alternativen wieder neue Gesichtspunkte ins Kalkül zieht, gehen die alten aber meistens schnell verloren. Deshalb ist es ratsam, neben den zeichnerischen Skizzen auch textliche Skizzen, quasi in einem „Entwurfstagebuch" (siehe Kapitel 7.7), festzuhalten.
Auf diese Weise werden schematische Skizzen, spontane Detailüberlegungen, dreidimensionale Illustrationen und Texterläuterungen für die Weiterbearbeitung festgehalten. Bei späteren Entwurfsstadien ist es oft hilfreich, darauf zurückzugreifen, um zu rekapitulieren, welche Grundannahmen und Konzeptideen zu dem aktuellen Stand beim Entwerfen geführt haben. Vielleicht hat man sich von dem eigentlichen Problem zu weit entfernt, so daß man Gefahr läuft, eine Lösung zu formulieren, die eine Antwort auf die falsche Frage gibt.

3.5 Probleme und Lösungsansätze

Sich mit Problemen zu beschäftigen, ist für sich schon problematisch, denn wer hat schon gerne Probleme. Deshalb geht immer die Problemverdrängung voraus, bevor eine Planungsaufgabe in Angriff genommen wird. Es ist daher wichtig, sich darüber klar zu werden, was überhaupt ein Problem ist. *Ein Problem ist einfach der Unterschied zwischen dem, was man hat, und dem, was man will* (De Bono, S. 65). Der Wille zur Veränderung ist also das Hauptmotiv, ein Problem zu erkennen und damit auch eine Lösung dafür zu finden. De Bono unterscheidet **drei Problemtypen**:

- *Der erste erfordert zu seiner Lösung mehr Informationen oder bessere Techniken im Umgang mit Informationen.*
- *Der zweite erfordert keine neuen Informationen, sondern eine Neuanordnung der bereits vorhandenen – also eine intuitive Umstrukturierung.*
- *Der dritte ist das Problem, daß kein Problem existiert. ... Das Problem ist nun, zu erkennen, daß ein Problem existiert und daß etwas verbessert werden kann.* (De Bono, S. 66)

Beim dritten Problemtyp wird noch einmal aufgegriffen, daß jede Problemlösung sich auch mit der Problemfindung oder -definition beschäftigen muß. Nur so läßt sich das Spektrum von Veränderungsmöglichkeiten ausweiten. *Normalerweise wird einem beigebracht, so lange über etwas nachzudenken, bis man zu einem befriedigenden Ergebnis kommt. Sobald man eine befriedigende Lösung gefunden hat, hört man mit dem Denken auf* (De Bono, S. 298). Dieses voreilige Vorgehen wird noch durch vorhandene typische Lösungsmuster, die rationell und ohne großes Überlegen eingesetzt werden können, begünstigt.

Sammlungen von Lösungstypen und Richtmaßsysteme (...) bergen indessen die Gefahr in sich, zu „Phantasiemördern" zu werden, da ihre allgemein geübte Anwendung dazu verführt zu glauben, die angegebenen Maße müßten so sein. Obwohl sie nur exemplarisch gemeint sein sollten, wird ihnen normative Gültigkeit unterstellt. Statt dessen sollte betont werden, daß es keine objektiv besten Lösungstypen, geschweige denn absolut optimale Maße für Planungs- und Entwurfsaufgaben gibt. Es sollte ermutigt werden, übliche Lösungsmuster immer wieder systematisch in Frage zu stellen. Mindestens sollten die Maßangaben und dergleichen in Sammlungen von prototypischen Lösungen als variable und nicht als präskriptive Konstanten verstanden werden. (Rittel (1), S. 22)

Eine sehr wichtige Grundlage für eine Problemlösung ist, wie bereits mehrmals festgestellt wurde, das Erkennen einer vorhandenen Situation. Dazu ist es erforderlich, diese zu beschreiben, in schriftlicher und zeichnerischer Form, wobei nicht *Exaktheit der Beschreibung* verlangt wird. *Auf den Unterschied zwischen den verschiedenen Beschreibungen und auf die Anwendung neuartiger Beschreibungsmethoden kommt es an.* Die Umwelterkundung ist deshalb bereits das erste Anwendungsfeld für das „Querdenken" oder das „laterale Denken" (siehe Kapitel 3.2). Eine Problemlösung steht in direktem Zusammenhang mit dem Erkennen einer Situation, sie wird daraus entwickelt, wenn auch der Lösungsweg nicht immer geradlinig daraus abgeleitet werden kann. *Bei der Beschreibung blickt man zurück auf das, was man hat. Beim Lösen eines Problems richtet man seinen Blick nach vorn auf das, was man bekommen kann.* (De Bono, S. 300, 303)

De Bono stellt das Entwerfen als eine Sonderform des Problemlösens dar, wodurch ein bestimmter Mißstand abgestellt oder etwas Neues zustande gebracht werden soll. *Aus diesem Grunde ist das Entwerfen offener als das Problemelösen, es verlangt mehr Kreativität. Ein klar definiertes Ziel soll nicht mit einer klar definierten Ausgangsstellung verbunden werden (wie beim Problemelösen), sondern man steuert von einer allgemeinen Position aus ein allgemeines Ziel an* (De Bono, S. 306). Beim Entwerfen sind in dieser Hinsicht folgende Aspekte zu beachten:

- **Der Vergleich** unterschiedlicher Entwürfe verdeutlicht, *daß es Alternativmöglichkeiten gibt, um eine Funktion zu erfüllen.* Da aber die Kapazitäten eines einzelnen Entwerfers, Alternativen zu entwickeln, begrenzt sind, sind Gruppen von „Erfindern" von Lösungen, wie bei einem Wettbewerb, von Vorteil. *Eine große Zahl von „Erfindern" wird auch eine große Zahl von unterschiedlichen Lösungsvorschlägen erarbeiten.* Das ist nicht nur für den Findungsprozeß einer Lösung besser, sondern auch für den einzelnen Entwerfer, der dadurch in seiner Kreativität bei zukünftigen Aufgabenstellungen angeregt wird.

- **Die Klischee-Einheiten** sind übliche Techniken beim Entwerfen, *die nicht die besten zu sein brauchen.* Man sollte deshalb versuchen, gängige Lösungen zu hinterfragen und eigene zu entwickeln. Aber das ist leichter gesagt als getan, denn: *Beim Entwerfen muß man die Phase der Klischee-Einheiten durchlaufen, ehe man zu eigenen Lösungen gelangt.* Es ist wichtig, dies zu verinnerlichen, damit man beim Entwerfen nicht gleich mit dem Anspruch beginnt, alles anders und womöglich besser machen zu wollen. Um diesen häufigen Fehler von Anfängern zu vermeiden, sollte man mit bewährten und gängigen Lösungen beim Entwerfen beginnen, wohl wissend, das es nicht die besten Ansätze sein müssen. Aus dieser kritischen Grundhaltung entwickelt sich dann eine eigene Originalität bei den anschließenden Lösungsvorschlägen.

● Beim **Zurückschneiden und Zerlegen der Klischee-Einheiten** werden diese *allmählich auf den Teil reduziert, der wirklich nötig ist.* Dadurch wird das Grundprinzip einer gängigen Lösung aufgedeckt, und es lassen sich daraus wieder eigenständige, komplexere Lösungen entwickeln. Dieser Vorgang kann auch mit *Abstrahieren und Extrahieren* umschrieben werden, wobei die Unterschiede hauptsächlich im Vorgehen liegen. Das Zerlegen geschieht schrittweise, während das Abstrahieren als mehr sprunghafter Prozeß des Herausarbeitens des wesentlichen Teils einer Lösung zu sehen ist.

● **Das Kombinieren** nimmt *Klischee-Einheiten aus verschiedenen Quellen und setzt sie so zusammen, daß sie eine neue Einheit ohne Vorbild ergeben.* Dieses Puzzle- oder Collage-Entwerfen ist ein übliches Vorgehen bei Architekten und Städtebauern. Egon Eiermann hat das einmal drastisch ausgedrückt: „Der beste Architekt ist der, der am besten klauen kann." Dabei wollte er das Vorgehen nicht etwa anprangern, sondern andeuten, daß Entwerfer immer auch darauf angewiesen sind, andere Ideen zur Kenntnis zu nehmen und zu verwenden. Es kommt dabei aber darauf an, die richtigen und guten Ideen bei der eigenen Problemlösung richtig und gut einzusetzen. (Vorangegangene Zitate: De Bono, S. 307–312)

3.6 „Sachzwänge" als Kreativitätstöter

Die Möglichkeiten unkonventionelle Lösungsansätze zu entwickeln werden für den Entwerfer in vielen Fällen durch vorgegebene Bedingungen beschränkt. Diese „Kreativitätstöter" werden im politischen Sprachgebrauch als „Sachzwänge" bezeichnet. Gerade das Aufbrechen von vermeintlichen Sachzwängen ist ein wichtiges Betätigungsfeld beim „Querdenken". Es ist deshalb naheliegend, sich mit dem Wesen und der Wirkung von Sachzwängen auseinanderzusetzen, um daraus Ansatzpunkte zu deren Bloßstellung zu entwickeln.

Sachzwänge werden in Planung und Politik mit Vorliebe als etwas Objektives hingestellt, aber *Sachzwangsargumente beruhen immer auf stillschweigenden Prämissen (Voraussetzungen). Mit anderen Worten: Die Entscheidung ergibt sich nicht aus den Fakten, sondern aus der Vorliebe des Akteurs ... für seine Sollvorstellungen. Der Sachzwang ist ein Trugschluß, eine Selbsttäuschung oder eine Vernebelung. Eine gute Strategie zur Entlarvung von Sachzwängen besteht darin, die stillschweigenden Prämissen aufzuspüren, sie laut und ausdrücklich auszusprechen und gegenzuhalten.* (Rittel (2), S. 6–8)

Dieses Vorgehen ist aber für den Entwerfer keineswegs immer einfacher, denn das Akzeptieren von Sollvorgaben im Mantel von Sachzwängen entledigt den Entwerfer der notwendigen Argumentation. Das Infragestellen von Sollvorgaben erfordert dagegen eine inhaltliche Auseinandersetzung und eine zumeist anstrengende Überzeugungsarbeit. Auf der anderen Seite werden durch das Aufbrechen von vermeintlichen Sachzwängen neue Lösungsansätze ermöglicht. Die bei Sachzwängen unterstellten Sollvorgaben – Rittel nennt sie in Ermangelung einer passenden Übersetzung des englischen „constraint" (etwa „Zwang") „Konstriktion" – können sehr unterschiedlich sein. Logische, physische, ökonomische, rechtliche, kulturelle, politische und ethische Konstriktionen *sind aber nicht natürlich, objektiv und selbstverständlich gegeben – gewissermaßen von außen aufgezwungen. Vielmehr sind sie das Produkt persönlicher Entscheidung. Sie werden „subjektiv" gesetzt.* (Rittel (2), S. 9, 10, 12)
Kreativität beim Entwerfen setzt auch voraus, daß man sich über ungerechtfertigte Vorgaben hinwegsetzt oder die Vorgaben zumindest überprüft. Im Sinne der zuvor angesprochenen Notwendigkeit der Reduktion von Varietät (siehe Kapitel 3.3) können Konstriktionen auch als Mittel eingesetzt werden, sie sollten aber nicht kritiklos hingenommen werden. *Damit ergibt sich eine weitere Strategie gegen die Sachzwänge: Man decke die Konstriktionen auf und ziehe sie in Zweifel. Nichts muß so sein, wie es ist. Die Kunst des Entscheidens* (Anmerkung: aber auch des Entwerfens) *beruht darauf, nicht zu früh zu wissen, wo man sich die Konstriktionen setzt. Dadurch wird das Entscheiden* (Anm.: Entwerfen) *zwar nicht einfacher, aber dafür werden die Grenzen der Machbarkeit ausgeweitet. Zweifel macht frei.* (Rittel (2), S. 13)

4. Ziel: Entwurfsobjekt – Stadtstruktur – Elemente – Planebenen

Möglichst weitgehende Kenntnisse vom Entwurfsobjekt Stadt sind eine wichtige Grundlage für das Entwerfen, das Entwickeln von Entwurfsideen und -konzepten. Die Fähigkeit, aus Vorhandenem Neues abzuleiten und es als Voraussetzung für die Umsetzung zu einer neuen Wirklichkeit aufzubereiten, muß an der bestehenden Situation ansetzen. Aber auch das Wissen um Veränderungsprozesse, die in der Vergangenheit abgelaufen sind, eröffnet neue Möglichkeiten und bereitet das Feld für die Gestaltung der Zukunft. Der einzelne Beitrag jedes Entwerfers wird dabei nur sehr begrenzt sein, aber trotzdem muß sich dieses Stückchen „Schöpfung" an dem vorhandenen Ganzen orientieren.

Mit diesen Ausführungen über das Entwurfsobjekt lassen sich nur wesentliche Zusammenhänge aufzeigen, die für den Entwurfsprozeß bedenkenswert und häufig bestimmend sind. Ausführlichere Darstellungen sind in zahlreichen speziellen Publikationen (siehe auch das Literaturverzeichnis) enthalten, auf die teilweise eingegangen wird. Insofern ergänzen sich die Intentionen dieses Buches, die in erster Linie auf die Aspekte des Entwurfsvorgangs und die damit zusammenhängenden Gesichtspunkte abheben, und die Zielrichtung von Veröffentlichungen, die überwiegend „Handwerkszeug" für den Entwerfer und gestalterische Hinweise vermitteln.

In diesem Sinne sollen hier nur die verschiedenen inhaltlichen Ebenen der Stadt aufgezeigt und in ihren Verknüpfungen verdeutlicht werden. Bauliche, technische und soziale Komponenten der Stadt bestimmen die Struktur einer Stadt und lassen die jeweiligen Besonderheiten deutlich werden. Die Unverwechselbarkeit einer Stadt, ihr eigenständiger Stadtcharakter wird durch den Stadtgrundriß und die Stadtsilhouette geprägt, die wiederum Ausdruck der Bebauung und ihrer Anordnung in der Topografie und der Landschaft sind. Eine Stadt wird aber selten als Ganzes für ihre Bewohner und Besucher erlebbar.

Das Stadtbild entwickelt seine Wirkungen für die Menschen überwiegend in Teilgebieten mit spezifischer baulicher Ausprägung, der Zuordnung verschiedenster Funktionen und Nutzungen, sowie den nichtsichtbaren Wirkungsgrößen, wie Verwaltungseinheiten, Raumgliederungen und historische Entwicklungen. Dieser Wirkung der vorhandenen Bedingungen auf die Menschen und die verschiedenen sozialen Gruppen steht gleichzeitig der Gestaltungsvorgang vergangener Generationen gegenüber, die mit ihren Planungen, Entscheidungen und Handlungen diese gegenwärtigen Bedingungen geschaffen haben.

So sind verschiedene Grundrißmuster, vom Baublock über die Hauszeile bis zum Gebäudesolitär, entstanden, die in unterschiedlicher räumlicher Anordnungen das Gesamtbild einer Stadt oder eines Stadtgebiets bilden. Für den Entwerfer sind diese baulichen und Vegetationselemente, die sich mit ihren Elementen zu einzelnen stadt- und freiräumlichen Strukturen gruppieren, das „Entwurfsmaterial" für die weitere Entwicklung. Das Vorhandene dokumentiert sich in verschiedenen „Ab-Bildern" der Stadt, in unterschiedlichen Planebenen und -darstellungen von konkret-bildhaft bis abstrakt-technisch, die als „Entwurfsfelder" für das Entwerfen in Frage kommen.

4.1 Stadt und Bebauung

Eine Stadt wird durch die Art und das Maß seiner Bebauung geprägt. *Gleich einem einzelnen Werk der Architektur ist auch die Stadt ein Baugefüge im Raum, jedoch in großem Maßstab – sie ist etwas, was erst im Verlauf ausgedehnter Zeitabschnitte zu erfas-*

sen ist. Sie ist *das Produkt vieler Baumeister, die ihre Struktur ständig ändern. Während die Stadt in ihren Hauptzügen im großen und ganzen für einige Zeit stabil bleibt, ändert sie sich doch ständig in Einzelheiten. Über ihr Wachstum und ihre Form kann nur eine Teilkontrolle ausgeübt werden. Es gibt kein Endresultat – nur eine dauernde Aufeinanderfolge von Phasen.* (LYNCH, S. 10/11)

Die Einzelgebäude sind also die „Bausteine" der Stadt, die zu „Baumustern" zusammengefügt, die „Entwurfsmaterialien" für den Städtebauer darstellen. Seine räumlich begrenzte Tätigkeit sollte sich am Ganzen orientieren, obwohl sich die Veränderung von Teilen nur in langen Zeiträumen darauf auswirkt. Der Stadttyp oder das Image einer Stadt wird aber nicht nur von seinen baulichen Besonderheiten und Attraktivitäten bestimmt. Das Wechselverhältnis von Bebauung und „Nichtbebauung", die Frei- und Landschaftsräume, ist ein wesentliches Merkmal für eine Stadt. Schließlich sind nicht nur die Anordnung und Zuordnung verschiedener Bebauungsformen für eine Stadt bedeutsam, sondern auch deren Verwendung, deren Nutzung und funktionale Verflechtung. LYNCH umschreibt diesen Gesamtzusammenhang mit den drei Komponenten *Identität, Struktur und Bedeutung,* die das Vorstellungsbild von der Umwelt bestimmen.

- **Identität:** *Ein brauchbares Bild erfordert zunächst die Identifizierung eines Gegenstandes, die es möglich macht, ihn von anderen Gegenständen zu unterscheiden und als separates Wesen zu erkennen. Wir nennen dies „Identität" – nicht im Sinn der Übereinstimmung mit irgend etwas anderem, sondern im Sinn von „Individualität" oder „Ganzheit".*

- **Struktur:** *Zweitens muß das Bild eine räumliche und strukturelle Beziehung des Gegenstands zum Beobachter und zu anderen Gegenständen enthalten.*

- **Bedeutung:** *Und schließlich muß der Gegenstand für den Beobachter irgendeinen Sinn haben – entweder praktisch oder gefühlsmäßig. Sinn ist ebenfalls eine Beziehung, die sich aber ganz und gar von räumlichen und strukturellen Beziehungen unterscheidet.* (LYNCH, S. 18)

Das Bild der Stadt und seine Wirkung auf den Nutzer und Betrachter ist also ganz wesentlich von der Gesamtwirkung seiner Einzelteile, ihrer gegenseitigen Zuordnung und ihrem Verwendungszweck abhängig. Mit dieser strukturhaften Sicht ist aber auch der gestalterische Aspekt verbunden, denn es ist bedeutsam, wie die Einzelteile, die Elemente eines Systems beschaffen sind, welche städtischen Raumsituationen sie bilden und wie sie aussehen. Die einzelnen Teile einer Stadt, aber auch die verschiedenen Stadtgebiete, sind damit einem Ordnungssystem unterworfen. *Ein minimaler Zusammenhang zwischen den Teilen, ein gewisses Maß an Einheitlichkeit, ist immer erforderlich. Ist dem nicht so, so haben wir kein Ganzes mehr, sondern Chaos. Andererseits kann zuviel Einheit zu Monotonie führen.* (GRÜTTER, S. 231)
In diesem Spannungsfeld bewegt sich auch der Entwerfer bei seiner Gestaltungsaufgabe. Die Konzeption muß eine funktionale und gestalterische Struktur bilden, die klar ablesbar und begreifbar sein sollte. Aber auch die formalen Ansprüche und die Nutzbarkeit des einzelnen Gebäudes müssen von der städtebaulichen Planung gewährleistet werden. In jüngster Vergangenheit wurden Festlegungen für Einzelteile der Bebauung getroffen, die nur auf das jeweilige Objekt bezogen waren, so daß Gestalt-Verluste für das Ganze, für die Struktur der Stadt festzustellen sind.

Aus der Geschlossenheit eines alten Stadt-Objektes mit seinen vielschichtigen Zusammenhängen wird mehr und mehr ein zusammenhangloses Nebeneinander isolierter Teilfunktionen, die zwar jede in sich optimiert und höchst spezialisiert werden (wie z. B. Verkehr), aber gerade dadurch den Zerfall der Ganzheit verursacht haben. ***Immer besseres Funktionieren der Teile auf Kosten einer immer weniger funktionierenden Ganzheit.*** *Wie in allen Lebensbereichen, so können wir auch im Städtebau die Auflösung gewohnter Zusammenhänge, d. h. den Verlust von Gestalt-Qualität, beobachten – als Folge einer einseitigen Optimierung von Teilen und einer mangelnden Sicht für das Ganze.* (WIENANDS, S. 11)

4.2 Stadt und Bewohner

Die Bewohner und Besucher einer Stadt „benutzen" sie, ihre Gebäude, ihre Freiflächen sowie ihre technischen und sozialen Einrichtungen. Diese „Aneignung" der Stadt beinhaltet auch einen Veränderungsprozeß des Vorhandenen, denn die Bewohner werden davon nicht nur in ihren Handlungen beeinflußt, sondern sie beeinflussen auch die Gegebenheiten. *Die beweglichen Elemente einer Stadt – insbesondere die Menschen und ihre Tätigkeiten – sind genauso von Bedeutung wie die stationären physischen Elemente. Wir sind nicht einfach Beobachter dieses Schauspiels – wir spielen selber mit und bewegen uns auf der Bühne gemeinsam mit den anderen Spielern.* (LYNCH, S. 10)
Auch der Entwerfer von Teilen der Stadt ist ein Akteur in der betreffenden oder einer anderen Stadt, so daß

er immer auch seine speziellen Erfahrungen und gesellschaftlichen Vorprägungen in den Entwurfsprozeß einbringt (vgl. Heide Berndt – *Das Gesellschaftsbild bei Städteplanern*). Beim städtebaulichen Entwerfen geht es aber darum, die Interessen und Bedürfnisse vieler verschiedener Menschen zu berücksichtigen. Der Städtebauer als „Anwalt der Betroffenen" ist deshalb ein vielfach gebrauchtes Schlagwort in den sechziger und siebziger Jahren, bevor erkannt wurde, daß die Betroffenen sich doch besser selber artikulieren sollten. Die „Bürgerbeteiligung" in vielfältiger Form führte dann sogar dazu, daß den Betroffenen ein „Anwalts-Planer" als sachkompetente Person hilfreich zur Seite gestellt wurde. Überspitzt könnte man sagen, daß seine Aufgabe darin bestand, nicht nur ihre Interessen durchsetzen zu helfen, sondern auch die Betroffenen vor dem Städtebauer und den Baugesellschaften zu schützen. Daran wird deutlich, daß der Städtebauer seine Rolle zwischen verschiedenen Interessen hat, so daß er zwangsläufig Interessenkonflikten unterworfen ist.

Wenn wir uns mit Städten befassen, befassen wir uns mit dem Leben in seiner komplexesten und intensivsten Form. Und weil dies so ist, besteht von vornherein eine grundsätzliche Einschränkung in ästhetischer Hinsicht: ***eine große Stadt kann niemals ein reines Kunstwerk sein.*** *... Die Städtebauer sollten statt dessen zu einer Methode zurückkehren, die beides, Kunst und Leben, veredelt, die das Leben in der Stadt versinnbildlicht und dazu beiträgt, klärend auf die innere Ordnung einzuwirken.* (Jacobs, S. 192/193)

Ein wesentliches Merkmal der inneren Ordnung einer Stadt ist die Verschiedenheit der räumlichen Ausprägung und deren Benutzung. Hans Paul Bahrdt hat für dieses Phänomen den Begriff der Polarität von Öffentlichkeit und Privatheit geprägt. Dadurch wird zum Ausdruck gebracht, daß die Bewohner an die Stadt verschiedene Nutzungsansprüche stellen, die den baulichen Gegebenheiten entsprechen sollten. Seine These lautet: *Eine Stadt ist eine Ansiedlung, in der das gesamte, also auch das alltägliche Leben die Tendenz zeigt, sich zu polarisieren, d. h. entweder im sozialen Aggregatzustand der Öffentlichkeit oder in dem der Privatheit stattzufinden. Es bilden sich eine öffentliche und private Sphäre, die in engem Wechselverhältnis stehen, ohne daß die Polarität verlorengeht.* (Bahrdt, S. 60)
Auf diese Weise ist *das Gesamtfeld der „Stadt" von vornherein und grundsätzlich aufgeteilt: hier „privater Raum" mit der Familie, und da „öffentlicher Raum", beide deutlich voneinander abgegrenzt; beide sind als zwei verschiedene, räumlich und qualitativ durchaus andersartige Felder aufzufassen.* Das Verhalten in der Öffentlichkeit ist durch folgende Merkmale gekennzeichnet: *Flüchtigkeit des Kontaktes, Offenheit, Unabgeschlossenheit des Beziehungsfeldes bei hohem Anpassungsgrad mit gleichzeitiger Fähigkeit, eigene Bedürfnisse in einem System von Regeln zur Geltung zu bringen.* (Lorenzer, S. 64/65)
Bei der räumlichen Trennung von Privatheit und Öffentlichkeit gibt es vielfältige „Übergangsbereiche", die für das Verhalten der Menschen von großer Bedeutung sind. So ist zum Beispiel eine scharfe Trennung von öffentlicher Straße und direkt angrenzender Wohnung nicht sehr erwünscht, da sich eine Störung der privaten Sphäre durch die Fenster ergeben kann. Ein Vorgarten als Übergangszone kann da Abhilfe schaffen. Dieser beispielhafte Gesichtspunkt von Bedürfnissen der Bewohner der Stadt muß vom Entwerfer auch in gestalterischer Hinsicht in Planungskonzepten bedacht werden. Veränderte Ansprüche an die Stadt, nicht nur beim Wohnen, haben für uns alle sichtbar zu neuen Siedlungsstrukturen geführt, die als „Zeitringe" die Veränderungen der Verhaltensweisen im Stadtgrundriß abbilden.

4.3 Stadtstruktur und Stadtgrundriß

Eine Gemeinde ist ein sozial und physisch raumgebundenes Gebilde, das je nach verwaltungsrechtlicher Einstufung und Einwohnerzahl als Dorf oder Stadt bezeichnet wird. Sie ist die unterste Stufe im Verwaltungsaufbau und weist ein Mindestmaß an sozialer, wirtschaftlicher, kultureller und räumlicher Integration auf. Dabei ist in der Regel eine starke Verflechtung mit den übergeordneten Stufen – Region, Land, Bund – gegeben. Über diese weitgehend rechtliche Sichtweise hinaus wird die Stadt in zahlreichen Publikationen als dynamisches System mit einer physischen Struktur betrachtet. Die Systemtheorie sieht dabei aber nicht den jeweiligen Zustand und versucht diesen zu begründen, sondern zeigt die Interdependenzen zwischen dem System und einer wechselhaften, sich verändernden Umwelt auf. Die Stadt wird so als Prozeß angesehen, der auch gerade die physische Struktur, die sichtbaren Gegebenheiten wie Gebäude und die dadurch gebildeten Räume, unterworfen ist.
Ein deutliches Abbild der Stadtstruktur ist der Stadtgrundriß. Obwohl wir fast ständig mit dem Stadtgrundriß in Form von Stadtplänen umgehen, hat dieser Begriff bei den Forschern bisher kaum Beachtung gefunden. Lediglich Teilaspekte dazu wurden untersucht: Die städtischen Grundfunktionen und deren Verteilung, die Ablesbarkeit und Einprägsamkeit der physischen Umgebung und schließlich die Veränderungsphasen der Stadtlandschaft.

● **Die städtischen Grundfunktionen**, als unterschiedliche Nutzungsbelegung der Stadtfläche, wurden in der Charta von Athen aus dem Jahr 1933 (siehe Le Corbusier) mit Wohnen, Arbeiten, Erholung und Verkehr benannt. Diese „Funktionen des Gemeinschaftslebens" sind in der Zwischenzeit um weitere Kategorien ergänzt worden: Gemeinbedarf, Freiflächen und Versorgung. Die Einrichtungen des Gemeinbedarfs, auch als „punktuelle Infrastruktur" bezeichnet, umfassen dabei Bildung, Jugendpflege, Sozial- und Gesundheitsfürsorge, Kirchen, Verwaltung, Spiel und Sport. Die Freiflächen haben unterschiedliche Nutzungszuweisungen, vom Spielplatz über Grünanlagen und Parks bis hin zur freien Landschaft mit Wiesen, Wäldern und Gewässern. Die Versorgung umfaßt Einrichtungen, die zusammen mit dem Verkehr auch als „lineare Infrastruktur" bezeichnet werden, der Wasserver- und -entsorgung, der Energieversorgung, der Telekommunikation und der Abfallbeseitigung.

Im Stadtgrundriß haben die Grundfunktionen entweder Bedeutung in bezug auf ihre Standorte oder auf ihre Eigenschaften als Verknüpfungselemente, wie es beim Verkehr sehr deutlich wird. Aber auch die Mischung der Funktionen im Stadtgrundriß, so in den Haupt- und Nebenzentren, ist für die Stadtstruktur von gestaltgebender Bedeutung.

● **Die Ablesbarkeit und Einprägsamkeit** (Lynch) der Stadtstruktur sind für die Bewohner und Besucher einer Stadt wichtige Orientierungsmerkmale. Der Grundriß einer Stadt hat in der Regel ganz unterschiedlich ausgebildete Teile, die in dieser Hinsicht sehr verschieden sind. Die dichten Bereiche der Altstadt und der Gründerzeitviertel mit ihren zumeist klaren Grundrissen bei homogener Bauhöhe, aus der einzelne markante Gebäude herausragen, bieten gute Orientierungsmöglichkeiten. Der Zusammenhang zwischen Erschließungs- und Bebauungsstruktur läßt sich leicht ablesen und einprägen. Dagegen sind die bewegten Grundrisse und stark variierenden Gebäudehöhen der Stadtrandsiedlungen meistens wesentlich schwerer zu erfassen. Außerdem führt die Loslösung der Straßen von der räumlichen Ausprägung der Bebauung zu erheblichen Orientierungsschwierigkeiten, die durch zahlreiche Schilder zur Wegweisung dokumentiert werden.

Kevin Lynch (S. 21) formuliert seine Anforderungen an die Stadtstruktur: *Eine in diesem Sinn bild- und vorstellungsprägekräftige (sichtbare, ablesbare, greifbare) Stadt müßte wohlgeformt, ausgeprägt, bemerkenswert sein; sie müßte Auge und Ohr zu größerer Aufmerksamkeit und Teilnahme anregen. ... Die Sinne des wahrnehmenden und bereits vertrauten Beobachters könnten neue Eindrücke aufnehmen, ohne daß sein Grundbild zerstört würde, und jeder neue Eindruck könnte eine Reihe bereits vorhandener Elemente berühren. Der Besucher wäre gut orientiert und könnte sich mit Leichtigkeit in seiner Umgebung bewegen.*

● **Die Veränderungsphasen der Stadtlandschaft** haben auch ein Auseinanderfließen des Stadtgrundrisses bei gleichzeitiger baulicher Verflechtung der Stadt mit seinem Umland mit sich gebracht. Olaf Boustedt hat dieser Entwicklung mit seinem Modell der „Stadtregionen" Rechnung getragen. *Der Anlaß zur Schaffung dieses Modelles war vor allem die Tatsache, daß die ursprüngliche Identität der Stadt als Siedlungseinheit und als verwaltungsrechtliche Gebietskörperschaft in zunehmendem Maße schwand. ... Es entstand ein neues Siedlungsgebilde, in dem verschiedene Übergangsformen städtischen und ländlichen Daseins zu einer neuen Form der Stadt verschmolzen. Es entstanden Siedlungsräume städtischer Einwohner in ländlichen Gebieten, ohne daß diese sich in städtische Siedlungen im engeren Sinne umwandelten: Der frühere Agglomerationsprozeß wurde durch den Metropolisationsprozeß abgelöst.* (in: Handwörterbuch ..., Spalte 3207 ff)

Nach verschiedenen statistischen Merkmalen wurden Gebiete der Stadt und seines Umlandes abgegrenzt (siehe Abb. 4.1). Dem „Kerngebiet" mit „Kernstadt" und „Ergänzungsgebiet" folgen danach ringförmig ins Umland die „verstädterte Zone" und die „Randzone", in der sich auch „Trabanten" befinden können. Von besonderer Bedeutung bei dieser Ver-

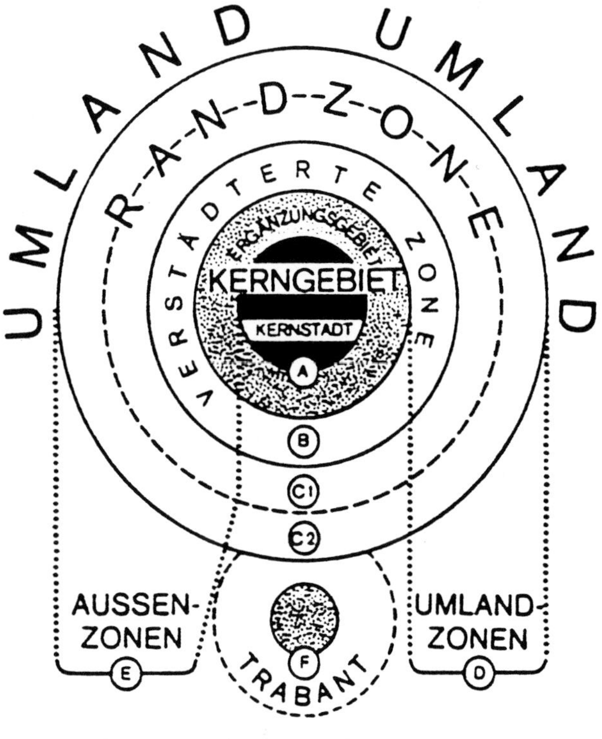

Abb. 4.1 Schema der Stadtregionen nach Boustedt

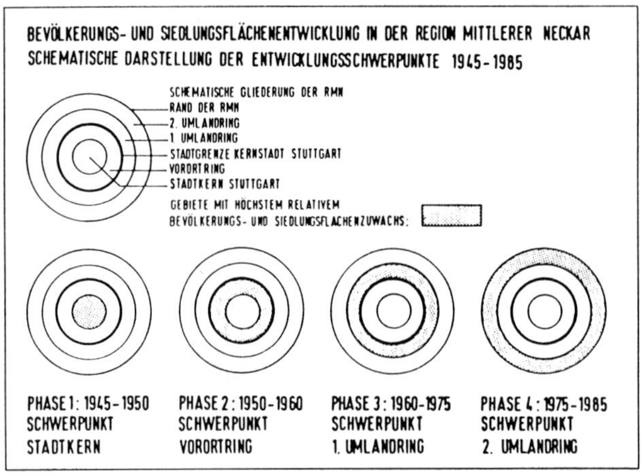

Abb. 4.2 Entwicklungsschwerpunkte von Bevölkerung und Siedlungsflächen 1945–1985

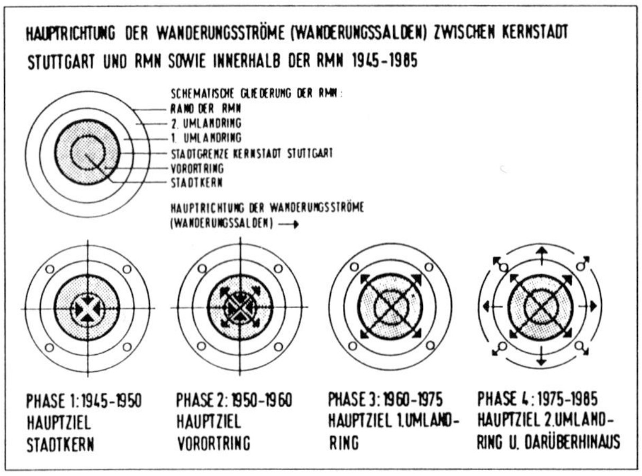

Abb. 4.3 Hauptrichtung der Bevölkerungs-Wanderungsströme 1945–1985

änderung der Stadtlandschaft ist die Bevölkerungsentwicklung und die gewandelte Verteilung der Wohnbevölkerung in den einzelnen Zonen der Stadtregion. Georg Hecking, Stefan Mikulicz und Andreas Sättele (S. 34) haben diesen Prozeß für Stuttgart und seine Region (Mittlerer Neckar) beispielhaft aufgezeigt. Sie unterscheiden dabei vier Phasen, in denen vom Stadtkern bis zum 2. Umlandring jeweils die Schwerpunkte des höchsten relativen Bevölkerungs- und Siedlungsflächenzuwachses liegen (Abb. 4.2). Die Hauptrichtung der Bevölkerungswanderungsströme (Wanderungssalden) führte, nach einer Rückwanderungswelle nach 1945 in den Stadtkern, kontinuierlich in das Umland hinaus (Abb. 4.3).
Für den städtebaulichen Entwerfer ist eine Übersicht über die Stadtstruktur und den Stadtgrundriß wichtig, damit er die Anforderungen an seine Entwurfsaufgabe „verorten" kann. Die Neukonzeption eines Wohngebiets oder die Erneuerung eines Teils eines Altbaugebiets verlangt grundlegende Kenntnisse der stattgefundenen Strukturveränderungen und erfordert eine Einschätzung des weiteren Entwicklungspfades. Wird sich der Vorort, der noch ländlich strukturiert ist, zu einem städtischen Bezirk ausweiten, in dem bald bäuerliche Bauformen der Vergangenheit angehören werden? Erfordern Landschafts- und Freiraumbedingungen eine angepaßte und zurückhaltende Bauweise, die auf städtische Dichten verzichtet? Der aktuelle Lösungsvorschlag muß auch Antworten beinhalten, die sich auf solche Fragen beziehen.

4.4 Teilstrukturen und Strukturelemente

Die „Duftmarken der Geschichte" im Stadtgrundriß, wie die mittelalterlichen Stadtkerne, die barocken Ursprünge oder die Gründerzeitviertel (siehe Mumford – Die Stadt), sind im Zuge des Ausuferns und Zusammenwachsens der Städte zu Teilstrukturen innerhalb der gesamten Stadtstruktur zurückgestuft. Es sind bemerkenswerte Stadtgebiete, aber auch „anonyme" Stadtteile, die zusammen die Gesamtstadt bilden und prägen. Diese „formalen Strukturen" sind untereinander mit „funktionalen Strukturen" verknüpft. Die Beziehung der Teile untereinander sieht Kevin Lynch (S. 60–62) unter dem Gesichtspunkt der Einprägsamkeit durch fünf Elemente einer „Orientierungsstruktur" gewährleistet:

- **Wege** *sind die Kanäle, durch die sich der Beobachter gewohnheitsmäßig, gelegentlich oder möglicherweise bewegt.*
- **Grenzlinien oder Ränder** *sind diejenigen Linearelemente, die vom Beobachter nicht als Wege benutzt oder gewertet werden. Sie sind die Grenzen zwischen zwei Gebieten, lineare Unterbrechungen des Zusammenhangs.*
- **Bereiche** *sind die mittleren bis großen Abschnitte einer Stadt – und zwar werden sie als zweidimensionale Gebiete wahrgenommen, in die der Beobachter „hineingeht" und deren jedes auf Grund seines irgendwie individuellen Charakters erkennbar ist.*
- **Brennpunkte** *sind die strategischen Punkte einer Stadt, die einem Beobachter zugänglich sind; sie sind intensiv genutzte Zentralpunkte.*
- **Merk- oder Wahrzeichen** *stellen eine andere Art von „optischen Bezugspunkten" dar. ... Viele dieser Merkzeichen befinden sich in einiger Entfernung vom Beobachter, sie wirken typisch von verschiedenen Standpunkten aus.*

Innerhalb der Gesamtstruktur hätten die Wege die Funktion, die Brennpunkte miteinander zu verbinden, Zugang und Einblick in die Bereiche zu ermöglichen und auf dieses Erlebnis vorzubereiten. Die Brenn-

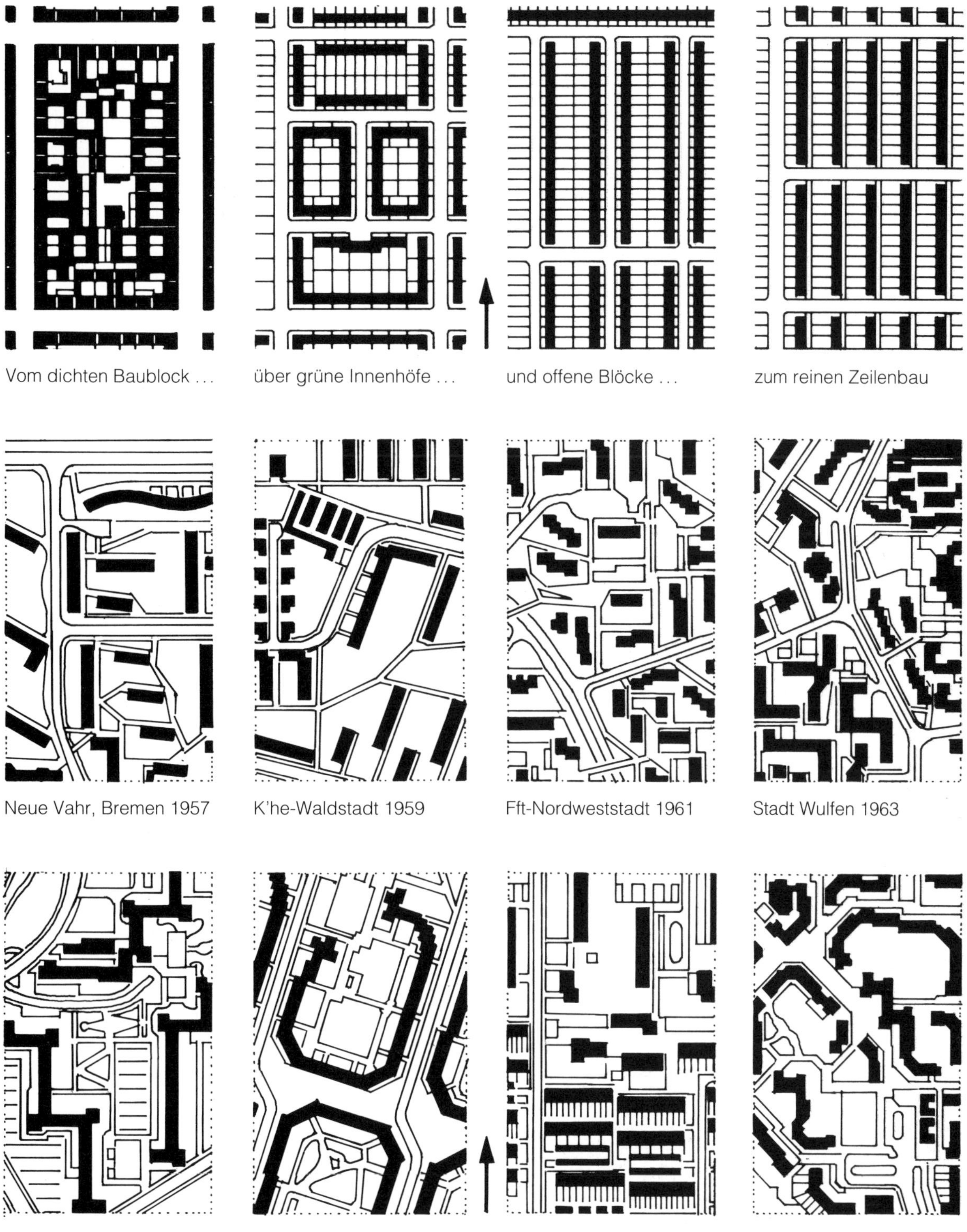

Abb. 4.4 Die katastrophalen hygienischen Verhältnisse in den dichten Baublockquartieren der großen Städte um die Jahrhundertwende führten zum „Zeilenbauschema als konsequente hygienegeleitete Formreduktion" (obere Reihe, „Das Neue Frankfurt" 1930) mit Verbesserung der Belichtung und Belüftung. Dem Städtebau nach 1945 als „Gruppierung von Gebäuden auf der grünen Wiese ohne Raumbildung" (mittlere Reihe) folgte Anfang der 70er Jahre eine „Rückbesinnung zum Stadtraum".

punkte würden die Wege verknüpfen und beenden, während die Grenzlinien die Bereiche begrenzen und die Merkzeichen die Zentren dieser Bereiche andeuten müßten. ... Die fünf Elemente – Weg, Grenzlinie, Bereich, Brennpunkt und Merkzeichen – sollen einfach als praktische, auf Erfahrung fußende Kategorien betrachtet werden. Soweit sie verwendbar sind, können sie zu Bausteinen für den Entwerfer werden. (LYNCH, S. 129)

Die angesprochenen „Bereiche" können innerhalb der Stadt, ja sogar einzelner Stadtteile, sehr unterschiedlich geprägt sein. Je nachdem welche funktionalen und formalen Strukturelemente miteinander verflochten oder auch nebeneinander angeordnet sind, ergeben sich Grundrißmuster mit unterschiedlicher räumlicher Ausgestaltung. Das Spektrum reicht von funktionalen Mischformen mit dichter Bebauung in den zentralen Bereichen über verschiedene Wohngebietsformen zu reinen Gewerbe- und Industriegebieten. Dort gibt es jeweils typische Bauformen und Anordnungsmuster der Gebäude und Freiflächen.
Die Grundrißmuster, verstanden als Teilstrukturen, haben sich aber allein im Laufe dieses Jahrhunderts aufgrund von veränderten Nutzungs- und Freiflächenanforderungen erheblich gewandelt (vgl. Abb. 4.4). Diese Veränderungen der Strukturvorstellungen sind nicht nur allein durch gewandelte Wohnwünsche der Menschen zu erklären, sie beruhen auch auf geänderten Vorstellungen von den Zusammenhängen der Strukturelemente bei den Entwerfern bzw. Planern in verschiedenen Zeitabschnitten. Sie dokumentieren damit deren Sendungsbewußtsein für ein besseres Leben in der Stadt, aber auch deren Vorurteile über die „richtige" Stadtstruktur (vgl. z. B. Liselotte UNGERS).

4.5 Bauliche Elemente – Gebäude, Baugruppe, Ordnungsprinzipien

Die „Bausteine" einer Stadt sind Gebäude und andere bauliche Elemente, die je nach Funktion und Größenordnung eine jeweils verschiedene Rolle innerhalb der Stadtstruktur spielen. Ihre Beziehung zum Ganzen hängt von verschiedenen Faktoren ab: Form, Dimension, Material, Farbe, Funktion oder Inhalt. Diese bestimmen wiederum deren strukturelle Zuordnungsfähigkeit, wobei „Normalelemente" sich leichter einordnen und addieren lassen als „Sonderelemente", die durch ihre besondere Höhe und Breite, aber auch durch ein „Imponiergehabe" oder eine besondere Nutzung eine „solitäre Stellung" beanspruchen.
Je fragmentarischer, unselbständiger ein Teil ist, desto einfacher wird er sich in ein Ganzes einordnen lassen. Ein ganzheitlicher, selbständiger Teil wird seine Ganzheit auch im Verband mit anderen Teilen zu behaupten suchen und gliedert sich deshalb schwerer in eine Gruppe von Teilen ein. ... Die räumliche Beziehung der Teile untereinander und zur Umgebung wird durch ein gemeinsames Ordnungssystem geregelt, das von einfach bis zu sehr komplex reichen kann (GRÜTTER S. 237/238). Die Abbildungen 4.5 und 4.6 verdeutlichen in verallgemeinernder Dar-

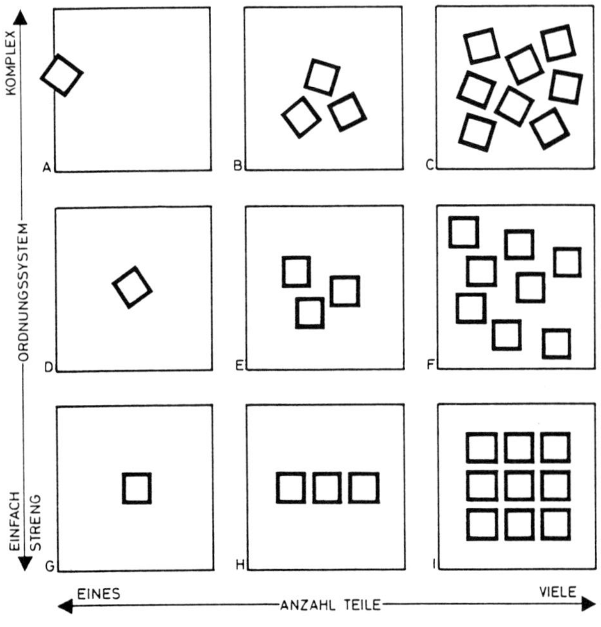

Abb. 4.5 Beziehung zwischen Anzahl der Teile und Ordnungssystem

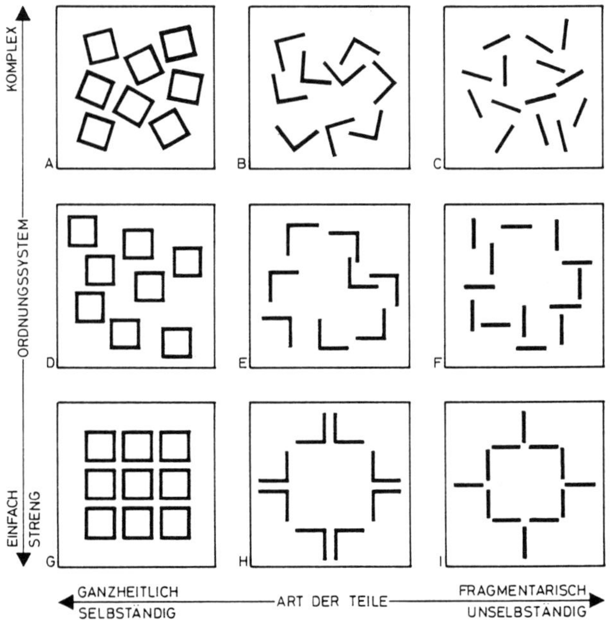

Abb. 4.6 Beziehung zwischen Art der Teile und Ordnungssystem

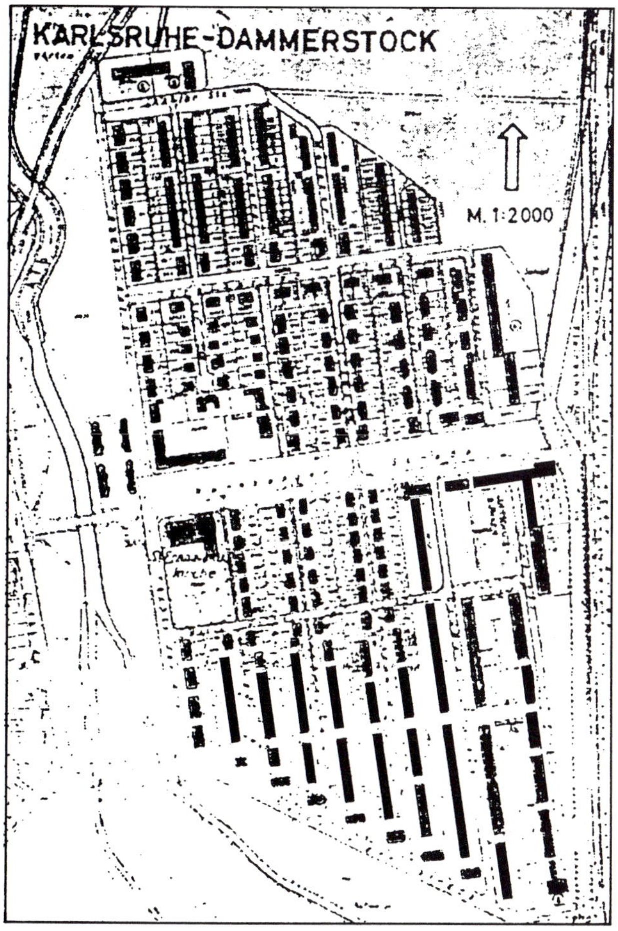

Abb. 4.7 Karlsruhe-Dammerstock – Bebauung 1928/29 (unterer Teil) und nach 1945

Abb. 4.8 Dammerstock-Bebauung der 20er Jahre

Abb. 4.9 Fortführung der Dammerstock-Bebauung nach 1945

stellung die Beziehungen zwischen der Anzahl bzw. der Art der Teile und dem Ordnungssystem.

Die Schemata zeigen, daß die Gruppierung von einzelnen baulichen Elementen in einem komplexen Ordnungssystem beim Entwerfen städtebaulicher Strukturen erhebliche Schwierigkeiten mit sich bringt. Die Bewältigung der Auswirkungen von Komplexität schon zu Beginn des Entwurfsprozesses übersteigt [illegible] die Verarbeitungsfähigkeit des Ent- [illegible] ist es empfehlenswert, mit einfa- [illegible] stemen beim Entwerfen zu begin- [illegible] fe der Bearbeitung steigert sich [illegible] ende Detaillierung auch die Kom- [illegible] sowohl für die Konzeption einer [illegible] ruktur selbst als auch für die grup- [illegible] ente. Das Ordnungssystem sollte [illegible] in, je differenzierter die Einzelele- [illegible] dem ist eine einfache städtebauli- [illegible] r geeignet, sich an wandelnde Ar- [illegible] gen anzupassen.

Das Beispiel der [illegible] iedlung Dammerstock in Karlsruhe [illegible] Gropius) zeigt, wie die 1928/29 be- [illegible] g nach 1945 in ganz anderer Form auf der Grund[illegible] eines städtebaulichen Plans vervollständigt [illegible] ist (Abb. 4.7). Viele mögen es bedauern, daß die architektonische Ausprägung einen gewaltigen formalen Bruch erlebt hat (Abb. 4.8/4.9). Die städtebauliche Struktur hat aber ihre Anpassungsfähigkeit bewiesen, was hier im Vordergrund der Betrachtung steht.

Im Städtebau sind Ordnungssysteme aber noch in einer anderen Hinsicht von großer Bedeutung. Die Zuordnung von Einzelelementen erzeugt unterschiedliche Raumkonfigurationen, die den Charakter von Stadtgebieten oder auch einer ganzen Stadt bestimmen (vgl. Dieter Wieland – *Gebaute Lebensräume*). Enge und Weite in einer Stadt sind wichtige Elemente einer „Erlebnis-Dramaturgie". Die unbeeinflußte und zunächst „ungezielte" Beschäftigung mit einem Stadtgebiet vermittelt Erkenntnisse über unterschiedliche „Erlebnisbereiche" in der Stadt. Straßen, Gassen, Plätze und Winkel bieten verschiedene Möglichkeiten für städtisches Leben, denn die einzelnen Stadträume sind ganz unterschiedlich „öffentlich". Der Stadtraum bekommt seine Prägung durch die angrenzenden Nutzungen, aber auch die Raumfolgen und Raumproportionen begünstigen oder verhindern ihrerseits bestimmte städtische Funktionen. So gibt es zum Beispiel lebendige und ruhige Plätze, unabhängig von der Größe und Raumproportion.

Für das städtebauliche Entwerfen sind das zunächst nur Hinweise auf Bestehendes, das sich der Entwerfer zueigen machen kann, indem er daraus für sich Gestalt-Prinzipien ableitet. Wienands unterscheidet dabei das „Prinzip der Ganzheit“ und das „Prinzip der Prägnanz“.

● **Das Prinzip der Ganzheit** orientiert sich an der Erkenntnis „Das Ganze ist mehr als die Summe seiner Teile“. Nicht nur in der Architektur, sondern besonders auch im Städtebau hat diese Aussage seine entscheidende Bedeutung. *Gestalten sind Gebilde, deren Teile vom Ganzen her bestimmt sind, bei denen alle Teile sich gegenseitig tragen und bestimmen; Gebilde, deren wesentliche Eigenschaften nicht durch die Summierung der Eigenschaften ihrer Teile zu erfassen sind* (Wienands, S. 17). Hiermit wird verdeutlicht, daß die Aneinanderreihung und Gruppierung von Gebäudetypen allein noch kein Städtebau ist, obwohl dieses einer der häufigsten Fehler beim Entwerfen ist.

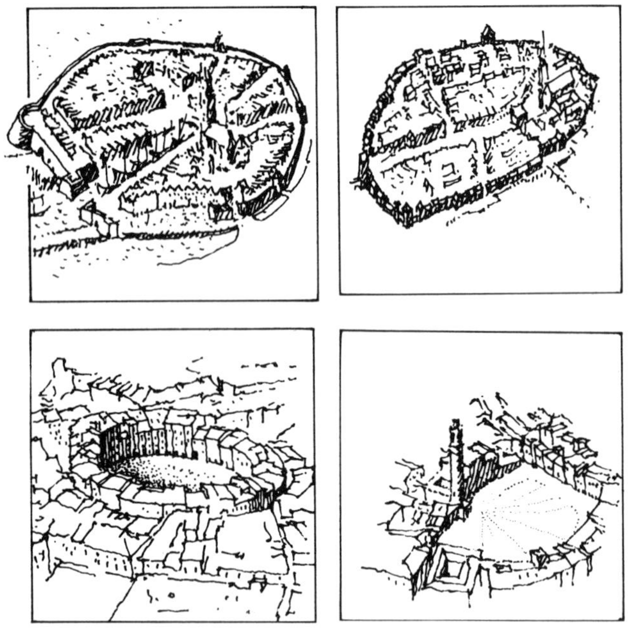

Abb. 4.10 Prägnanz-Prinzip bei alten Städten

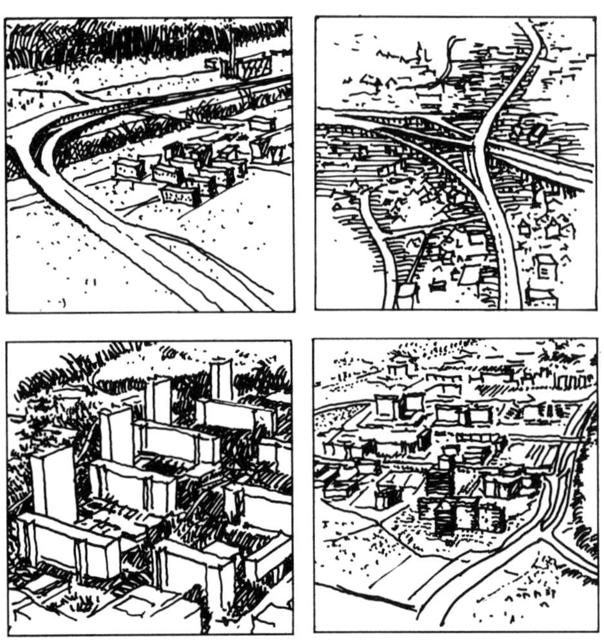

Abb. 4.11 Gestaltverlust im Landschafts-Raum

● **Das Prinzip der Prägnanz** bezieht sich auf die äußere Begrenzung, auf den Umriß von Gestalten. Dabei können die Grenzen eines Stadtbereichs oder auch eines Stadtraumes gemeint sein. *Je klarer, straffer, einfacher und geschlossener die Grenze, die Begrenzung, desto prägnanter ist die Figur oder Gestalt, denn jede Gestalt-Wahrnehmung unterliegt der Tendenz, in einer Erscheinung das Maximum an Regelmäßigkeit, Symmetrie, Geschlossenheit, Einfachheit, Ausgeglichenheit und Knappheit zu finden* (Wienands, S. 47). Eine große Gefahr der Prägnanz ist aber, daß sie zur Monotonie oder zur Banalität abgleitet.

Eine städtebauliche Gestalt sollte deshalb zwar einfach und leicht zu erfassen sein, aber auch gleichzeitig eine gestalterische Differenziertheit in den Details beinhalten. Das zu erreichen ist die Aufgabe des gesamten Entwurfsprozesses, damit nicht schon in frühen Phasen strukturhafte Entwurfskonzepte mit architektonischen Einzelheiten überfrachtet werden. Dieser Entwurfsfehler entsteht aus einer falsch verstandenen Angst vor Monotonie. Deshalb sollte man sich scheuen, zu Beginn des Entwerfens die ersten konzeptionellen Überlegungen mit dem Prädikat „langweilig“ zu verunglimpfen. Der Rückblick auf Vergangenes kann im Laufe des Entwurfsprozesses oft sehr hilfreich sein.

Viele unserer alten Stadt-Objekte zeigen – nicht nur aus Gründen der Verteidigung – trotz ihres locker gewachsenen additiven Ausbaus eine klare Betonung von prägnanten Grenzen nach außen, sowohl im Umriß der Gesamt-Gestalt als auch in den Begrenzungen der Straßen- und Platzräume (siehe Abb. 4.10). *Den Gegensatz dazu bilden die modernen Besiedlungs- und Stadtbaumuster der Nachkriegszeit* (siehe Abb. 4.11). *Die bewußte Verleugnung der klaren Begrenzung in Raum und Zeit im modernen Bau- und Stadtbaugeschehen durch Ideologien, die noch stolz auf das Überwinden von Grenzen sind, sowie größtmögliche Wachstums- und Veränderungsfähigkeit, Lockerheit und Offenheit verherrlichend, ist eine der Hauptursachen für den gewaltigen Verlust an gut definierten öffentlichen Straßen- oder Platz-Gestalten und an prägnant begrenzten Stadt-Objekten bzw. Stadt-Gestalten in unserer Zeit.* (Wienands, S. 47)

4.6 Räumliche Elemente – Straße, Platz, Freifläche

Durch die Anordnung und Zuordnung von baulichen Elementen in der Stadt entstehen unterschiedlich geprägte Räume. Neben dem öffentlichen Raum – Straßen, Plätze sowie Frei- und Grünflächen – wird auch häufig der private Raum als Gestaltungselement im Städtebau erwähnt. Deshalb ist es nicht immer klar, welche Bedeutung dem Begriff „Raum“ unterlegt ist, wenn davon gesprochen wird. Während in den alten Stadtgebieten der öffentliche Raum ein wesentlicher stadtbildprägender Faktor ist und die privaten Räume meistens davon stark abgegrenzte, intimere, höchstens von kleineren Gruppen genutzte Bereiche bilden, reduziert sich der Raumbegriff der Siedlungen nach dem Zweiten Weltkrieg auf die im wesentlichen von Wohngebäuden umschlossenen grünen Bereiche. Straßenräume haben fast ausschließlich Erschließungsfunktionen für die Autos, und Plätze sind häufig nur Flächen in Grünbereichen ohne klare bauliche Begrenzung. Diese andere Bedeutung von Raum in der Stadt bringt Walter SCHWAGENSCHEIDT in seinen ersten Ideen zur „Raumstadt“ zum Ausdruck:

Auf meinen Spaziergängen durch Wälder und Wiesen habe ich gegrübelt, wie man wohl Häuser für Menschen bauen müßte. Wenn ich auf eine Waldwiese hinaustrat oder nur auf eine Schneise, dann empfand ich das als etwas Anheimelndes, Bergendes. Da fiel mir ein, man müßte einfach Häuser im Karree stellen! Von dieser Idee wurde ich augenblicklich gefesselt. Ich zeichnete einen Hof, der einen Raum bildete. Diesen bepflanzte ich mit Obstbäumen. Es entstand eine Obstbaumwiese. Gegenüberliegende Hausreihen sollten einen Raum bilden! 1920 hatte ich so viele Raumgruppen aufgezeichnet, daß ich selbständige Vorträge und Ausstellungen machen konnte: rechteckige, quadratische und auch runde Räume! Ich nannte meine Arbeit: die Raumstadt. (SCHWAGENSCHEIDT, S. 16, Abb. 4.12)

Hier wird deutlich, daß die „moderne“ Stadt nach den Vorstellungen vieler Städtebauer eigentlich eine Anti-Stadt mit Integration von ländlichen Elementen in städtische Bebauung sein sollte. Unter „räumlichen Elementen“ werden hier dagegen die öffentlichen städtischen Räume verstanden: Straßen, Plätze und andere Freiflächen, die von der angrenzenden Bebauung bestimmt werden. Sie bilden einen Gegenpol zu den privaten Bereichen, die sich im Bewußtsein des Stadtbewohners und besonders des Stadtbesuchers meistens als „weiße Flecken“ darstellen.

● **Straßenräume** können durch ihre Form, geradlinig oder geschwungen, den Charakter eines Stadtgebietes mitbestimmen. Eine gerade Straße hat dabei eine stark orientierende Wirkung, sie führt zu etwas hin. Das wiederum ist mit einer Erwartungshaltung, dann auch etwas Besonderes vorzufinden, verknüpft. Die höchsten „Ansprüche“ hat in dieser Hinsicht die „Achse“, die derzeit bei Entwerfern, besonders in städtebaulichen Wettbewerben, sehr beliebt ist. Allerdings wird sie selten gekonnt eingesetzt und gestaltet, denn es mangelt an Gebäuden und Nutzungen, die als Anfangs- oder Endpunkt diese An-

Abb. 4.12 „Raumstadt“ – begrünte Wohnhöfe als Neuinterpretation von Stadträumen

Straßentypen mit verschiedenen Gestaltungselementen

Abb. 4.13

Historische Ortsstraße

Diese Straßen im historischen Ortskern sind durch eine dichte, kleinteilige Randbebauung geprägt. Die häufig durch einige Neubauten ergänzte historische Bausubstanz bildet geschlossene, zumeist enge Straßenräume, die nur bei platzartigen Erweiterungen durch Bäume und Grünelemente zusätzlich differenziert werden. Die häufig gepflasterten Fahrbahnen und Gehwege bilden eine weitgehend einheitliche Fläche von Haus zu Haus.

Abb. 4.14

Stadtstraße mit Mischnutzung

Dieser Straßentyp mit dichter Randbebauung, die geschlossen wirkt, auch wenn die Gebäude mit geringen Abständen aneinandergereiht stehen, findet sich meistens in zentralen Bereichen. Die dort auffindbare Mischnutzung umfaßt Läden und Gaststätten im Erdgeschoß sowie Büros und Wohnungen in den Obergeschossen. In den Blockinnenbereichen befinden sich häufig gewerbliche Kleinbetriebe. Diese Straßen werden durch die Verkehrsfunktion für die Binnenerschließung und die Verbindung zu anderen Stadtteilen in ihrer Gestaltung dominiert. Sie sind daher überhaupt nicht oder nur mäßig durch Bäume oder anderes Grün geprägt.

Abb. 4.15

Stadtstraße mit Wohnnutzung

Das sind beidseits relativ dicht bebaute Straßenzüge mit fast ausschließlich Wohnnutzung, die durch vereinzelte andere Nutzungen ergänzt wird. Sie sind überwiegend durch die Architektur der Randbebauung sowie durch die Asphaltflächen von Fahrbahnen und Gehwegen geprägt. Das Grün einiger Vorgärten und vereinzelte Bäume sind die einzigen Vegetationselemente in diesen Straßenräumen.

Abb. 4.16

Begrünte Sammelstraße

Dieser Straßentyp mit zumeist geradliniger und nicht zu dichter Randbebauung hat bereits einen relativ hohen Grünanteil. Der Straßenzug wird häufig von einer nicht immer vollständigen Baumreihe in einem Grünstreifen oder in einzelnen Pflanzbeeten begleitet. Teilweise öffnet sich der Straßenraum auf einer Seite zu kleineren Grünflächen mit Aufenthaltsbereichen und Spielflächen. Kleinere bis mittelgroße Vorgärten sind meistens prägende Gestaltungselemente. In diesen Straßen mit angrenzender Wohnnutzung fließt der Autoverkehr aus den Anliegerstraßen zusammen, wodurch eine zum Teil beträchtliche Störung (besonders durch zu schnell fahrende Fahrzeuge) hervorgerufen wird.

Abb. 4.17

Ruhige, begrünte Anliegerstraße

Diese zumeist kleineren Straßen sind meistens sehr ruhig und zum Aufenthalt sowie häufig auch zum Spielen geeignet. Die Randbebauung mit vorgelagerten größeren Vor- oder Hausgärten besteht aus Ein- bis Zweifamilien- oder Reihenhäusern. Die Straßenräume werden deshalb überwiegend nicht von den Gebäuden, sondern von den privaten Grünflächen mit großem, verstreutem Baumbestand bestimmt. Die Fahrbahnen dagegen sind durch teilweise zu breite versiegelte Flächen gekennzeichnet, die selten durch einen Straßenbaum gegliedert werden.

Kreuzungen als Verbindungsstellen von Straßenräumen

Die Verbindungsstellen von Straßen, die Einmündungen und Kreuzungen, sind besonders wichtige Teilbereiche der Straßenräume. Dort stoßen unterschiedliche oder gleichartige Straßentypen zusammen, wodurch sich jeweils verschiedene Bedingungen für Funktion und Gestaltung ergeben. Da gerade diese Bereiche für eine Vernetzung der öffentlichen Stadträume von großer Bedeutung sind, müssen sie – vor allem in Wohngebieten – mehr sein als Verkehrsknotenpunkte. Neben der Erschließungsfunktion sollte eine Gestaltung mit baulichen und Vegetationselementen die Aufenthaltsfunktion für Fußgänger begünstigen. Durch Bäume und unterschiedliche Beläge für den „Stadtboden" können die funktionalen Erfordernisse auch gestalterisch zum Ausdruck gebracht werden.

Das Schema der Abb. 4.18 zeigt eine „normale" Kreuzung mit verschiedenen Gestaltungselementen. Der Abschluß jeder einmündenden Straße wird durch zwei Bäume markiert, wodurch sich eine kreisrunde Baumanordnung ergibt (siehe Abb. 4.19). Diese „optische Bremse" wirkt sich „dämpfend" auf die Fahrgeschwindigkeit der Autos aus und trägt damit zur Sicherheit der Fußgänger bei. Durch das

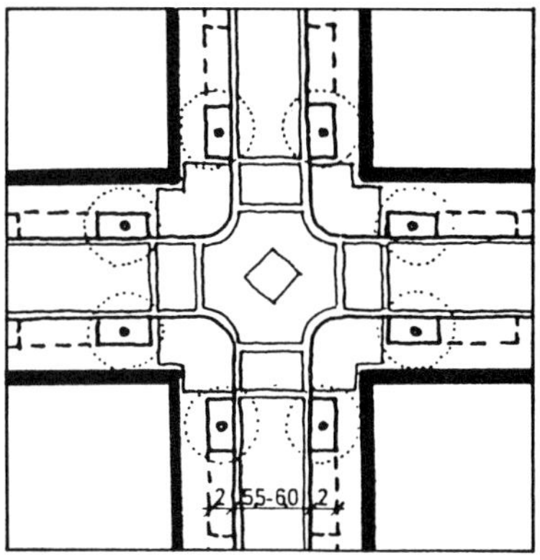

Abb. 4.18 Schema einer Kreuzung

Weiterführen der Fußwegbeläge über die Fahrbahnen hinweg mit gleichartigem Material entsteht ein geschlossenes Wegenetz.

Selbstverständlich sind die verschiedenen Kreuzungsarten jeweils von spezifischen Gestaltungsbedingungen geprägt, die bei einem Umbau, der auch schrittweise erfolgen kann, berücksichtigt werden müssen.

Abb. 4.19 Beispiel einer Kreuzungsgestaltung mit baulichen und Vegetationselementen

sprüche einlösen könnten. Geschwungene oder gekrümmte Straßenräume, wie in vielen mittelalterlichen Stadtzentren, laden dagegen eher zum Verweilen ein, da sich der Betrachter immer in einem „geschlossenen" Raum befindet. Das kann aber auch die Neugierde anregen, wie es denn wohl weitergeht. Besonders bei der Altstadt ist dies ein wichtiger Punkt zur Erklärung unserer Wertschätzung für diesen Teil einer Stadt.

Die Breite von Straßenräumen und deren funktionale Differenzierung ist ein weiterer Aspekt, der zusammen mit der Art und der Höhe der Randbebauung die Besonderheiten von Stadtgebieten zum Ausdruck bringen kann (vgl. PROJEKTGRUPPE STADTGESTALTUNG). So vermittelt ein Straßenraum mit Vorgärten oder Vorbereichen vor den Häusern sofort eher einen vorstädtischen Charakter, besonders wenn er auch noch von einer offenen Bebauung gebildet wird. Dies wird noch von unterschiedlichen Vegetationsanteilen (siehe Kapitel 4.7) in verschiedener Weise beeinflußt. Eine „grüne Straße" wird eher als „Wohnstraße" empfunden als eine „steinerne Straße", die in erster Linie als „Einkaufsstraße" betrachtet wird. Diese Unterscheidungen sind besonders dann von Bedeutung, wenn man sich in einer fremden Stadt befindet. Sehr schnell kann man dann feststellen, wann man sich zum Beispiel vom Zentrum entfernt.

Je nach Beschaffenheit der Straßenräume, ob breit oder eng, gerade oder gekrümmt usw., sind verschiedene Gestaltungselemente vorhanden, können ergänzt oder neu vorgesehen werden. Dadurch kann der Charakter der Straßen unterstrichen oder auch verändert werden. In diesem Sinne lassen sich einzelne Straßentypen unterscheiden (siehe Abb. 4.13–4.19), die häufig in Mischformen vorkommen und durch Sonderformen ergänzt werden. Die einzelnen Straßentypen werden wesentlich durch unterschiedliche Arten der Randbebauung und deren Nutzung bestimmt. Aber auch differierende Gestaltungselemente des Straßenraumes selbst, als gesamter Raum zwischen gegenüberliegenden Gebäuden gesehen, sind wesentliche Bestimmungsfaktoren für den Charakter einer Straße. Von besonderer Bedeutung sind dabei Vegetationselemente, wie Bäume und Grünbereiche, und bauliche Elemente, vom Gartenzaun bis zum Bodenbelag. Häufig wirken dabei Elemente im öffentlichen (Fahrbahn, Gehweg usw.) und im privaten Bereich (Vorgarten, Einfahrt usw.) zusammen; sie ergänzen sich oder konkurrieren miteinander.

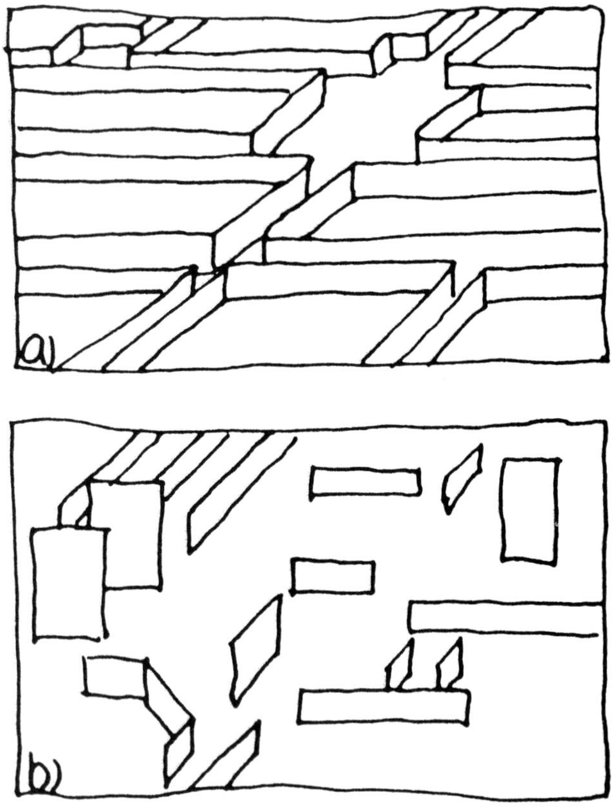

Abb. 4.20 Das traditionelle Stadtraumsystem (a) basiert auf einer klaren Trennung von öffentlichen (Straße, Platz) und privaten Räumen (Blockinnenbereiche). Dagegen besteht die moderne Stadt (b) nur aus Stadtraum-Fragmenten, „umflutet von allen möglichen Funktionsströmen, ohne präzise Erlebnis- und Orientierungsteile. Dies widerspricht der Notation der Stadtarchitektur, wie sie von SITTE definiert wurde, sie ist sozusagen ‚addierter Hausbau'". (KRIER, S. 67)

● Platzräume

Im „modernen" Städtebau – nicht erst seit den 50er, sondern bereits ab den 20er Jahren mit der zunehmenden Verwendung des Zeilenbaus – sind die Platz-*Räume* zu Platz-*Flächen* degeneriert. Ähnlich wie bei den Straßen-Räumen, die zu Straßen-(Erschließungs-)Flächen geworden sind, fehlt meistens das bestimmende Merkmal eines Platzes, nämlich die raumbegrenzende und platzbildende Bebauung sowie die prägende Nutzung. Außerdem sind viele historische Plätze durch das erheblich angewachsene Autoverkehrsaufkommen zu fast reinen Verkehrsknoten verkommen (vgl. Abb. 4.20).

Die Schwierigkeiten beim Entwerfen von neuen Plätzen werden immer dann offensichtlich, wenn eine Fläche auf dem Plan mit dem Schriftzug „Platz" versehen wird, ohne daß eine entsprechende Raumsituation vorgeschlagen wird. Ein Platz definiert sich eben nicht durch eine Beschriftung, sondern nur durch seine Randbebauung und Nutzung. Diese Entwicklung vom Raum zur Fläche wird auch durch die Veränderung der rechtlichen Planungsbegriffe deutlich. Stand früher bei den Fluchtlinien – und auch noch bei den Baustaffelplänen die Begrenzung des öffentlichen Raumes durch Bebauung im Vordergrund, stellen die Rechtsinstrumente Flächennutzungs- und Bebauungsplan, auch schon sprachlich, die Bebaubarkeit von Flächen am stärksten heraus.

Deshalb ist es nicht verwunderlich, wenn es Städtebauern leicht fällt, auf Anhieb eine Reihe von historischen Plätzen, häufig italienischen, mit ihren jeweiligen charakteristischen Merkmalen zu benennen. „Moderne" Plätze sind dagegen kaum im Bewußtsein der Planer, allenfalls im Zusammenhang mit Einkaufszentren der Trabanten-Vorstädte aus der Nachkriegszeit (siehe Abb. 4.21). Das Platz-Erlebnis der Menschen wird deshalb außer in unseren, zumeist mittelalterlichen Altstädten auch schon als theaterhafte Kulisse in Vergnügungsparks befriedigt. Eine „original italienische Piazza" im Europa-Park (siehe Abb. 4.22) macht deutlich, wie unsere „Platz-Kultur" zu einem kitschigen Schaugeschäft geworden ist.

In dieser Situation ist es schwierig, Ansatzpunkte für das Entwerfen von Plätzen zu finden und entsprechende Hilfen aufzuzeigen. Die vielfältigen Beispiele von historischen Plätzen, die Camillo Sitte bereits Ende des 19. Jahrhunderts zusammengetragen und analysiert hat, können in dieser Hinsicht nur begrenzt verwendet werden (Abb. 4.23 zeigt Beispiele). Aber auch die umfangreichste Beispielsammlung dieser

Abb. 4.21 Europaplatz als zentrales Einkaufszentrum in Stuttgart-Fasanenhof (erbaut 1960–65)

Abb. 4.22 „Italienische Piazza" im Europapark bei Freiburg

Art von Rob Krier, der weit über 300 reale und fiktive Platzfiguren, jeweils nach Grundtypen und daraus abgeleiteten Varianten unterschieden, zusammengetragen hat (Abb. 4.24 mit einem Auszug daraus), macht für den Entwerfer nur deutlich, daß Plätze grundsätzlich jede Form haben können.

Deshalb reicht es unter formalen Gesichtspunkten wohl aus, beim Entwerfen von Plätzen einige wenige Grundprinzipien zugrundezulegen, wie sie z. B. Dieter Prinz zusammengestellt hat (vgl. Abb. 4.25–4.28 mit Beispielen). Die einfachen geometrischen Grundformen der Plätze werden dabei nach ihren Achsenbeziehungen, zentralen Bezugspunkten sowie nach möglichen innerräumlichen Modifikationen unterschieden. Damit ergeben sie ein geeignetes „Spielmaterial" für Entwerfer.

Plätze und ihre Gestaltung sind aber nicht nur ein räumlich-künstlerisches Problem (vgl. „Projektgruppe Stadtgestaltung – *Grundlagen des stadtgestalterischen Entwerfens*). Die Nutzung und der Gebrauch von Plätzen ist ein wesentlicher Gesichtspunkt, der mit darüber entscheidet, ob ein Platz „funktioniert" oder nicht. Die „Platzfunktion" bestimmt den Charakter des jeweiligen Stadtraumes, der auch von der Zuordnung innerhalb der funktionalen und räumlichen Stadtstruktur abhängt. Ein „Wohnplatz" innerhalb eines Wohngebietes funktioniert anders als ein Marktplatz im Stadtzentrum. Von der einfachen verkehrlichen Verknüpfungsfunktion kleinerer Plätze bis hin zu der monumentalen Geste großer Plätze gibt es eine Fülle von Variationen. Plätze können bestimmte Nutzungen begünstigen oder sie behindern. Es gibt Plätze, die in unterschiedlichen Zonen, von geschäftig bis ruhig, eingeteilt sind. Andere wiederum haben einen ganz einheitlichen Charakter.

Insofern kann es keine generellen Grundregeln für schöne oder weniger schöne Plätze geben. Oft geben vermeintlich „unpassende" Gebäude oder Nutzungen einem Platz ein unverwechselbares Gepräge und begünstigen einen hohen Grad an Öffentlichkeit. Der unscheinbare und in seinen Elementen ausgewogene Platz dagegen kann wegen seiner Abgeschiedenheit für Bewohner der Nachbarschaft seine große Bedeutung haben. Die unterschiedlichen Funktionen von Plätzen lassen sich aber keinesfalls an bestimmten Platzformen festmachen. Das veranlaßte Hans Aminde zu der provokanten Frage:

Wenn Platzformen von Gebrauch und Bedeutung unabhängig sind, besteht dann nicht die Gefahr, daß sie als Stadtraumkulissen nur Bühnenbilder einer Inszenierung bleiben – austauschbar und auswechselbar, die den Sozial- und Verhaltensraum einer Stadt nicht treffen? Seine Antwort darauf lautet: *Es ist der alte Streit bis weit in die 20er Jahre hinein: Zwischen einem vorrangig künstlerisch verpflichteten Städtebau, der sich nur stadträumlich versteht, und einem*

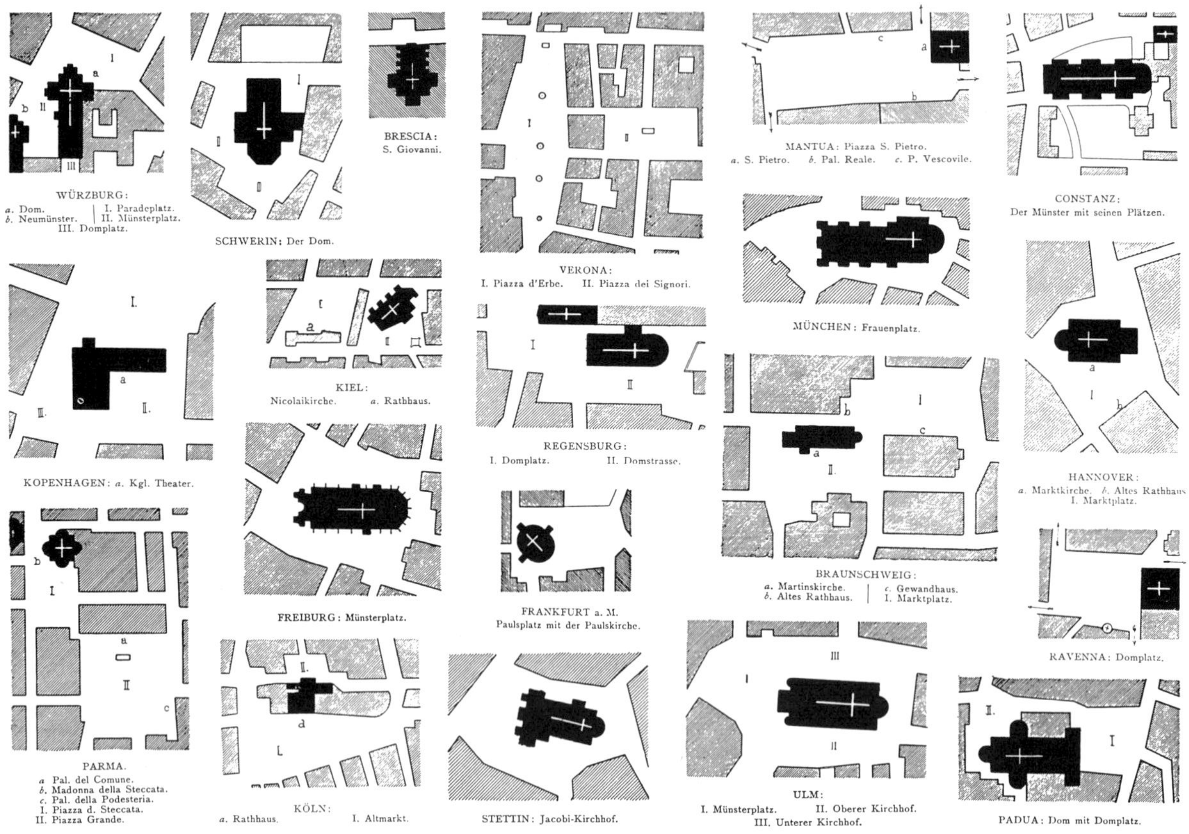

Abb. 4.23 Platztypen (Auszug) nach Sitte – Der Städtebau nach seinen künstlerischen Grundsätzen

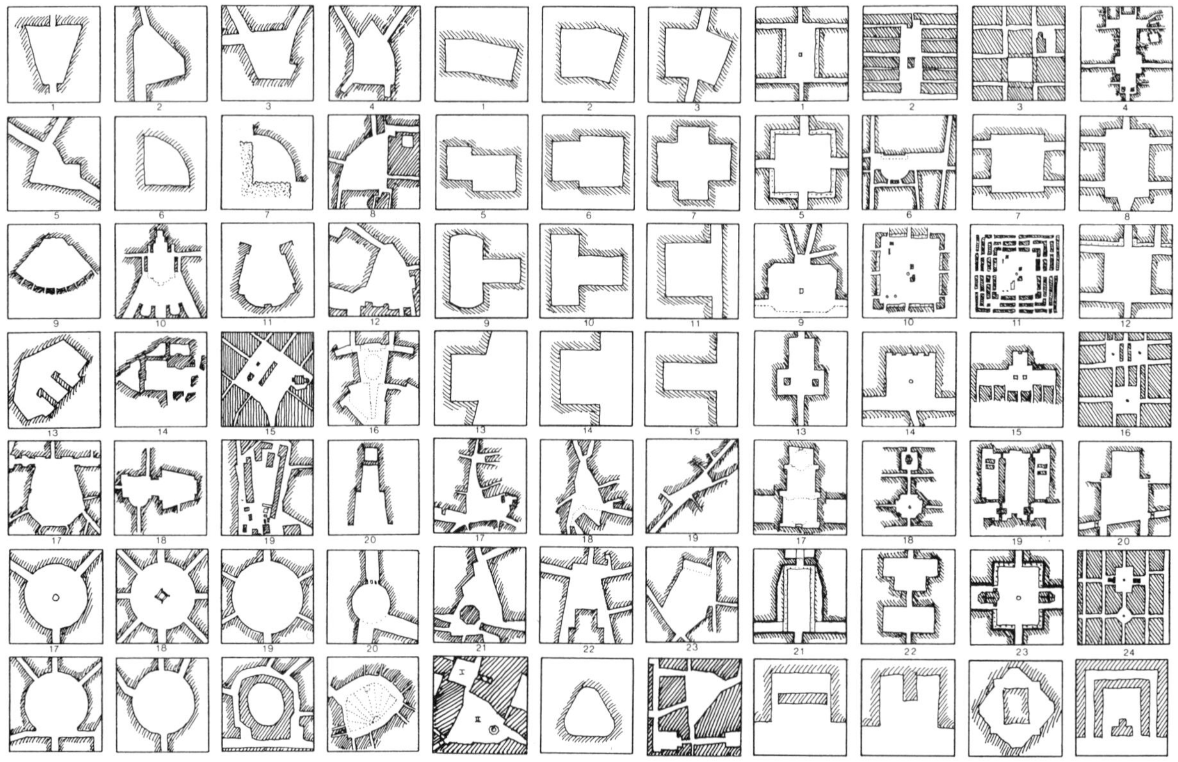

Abb. 4.24 Beispiele der „Morphologischen Sammlung von Stadträumen" (Krier, Stadtraum)

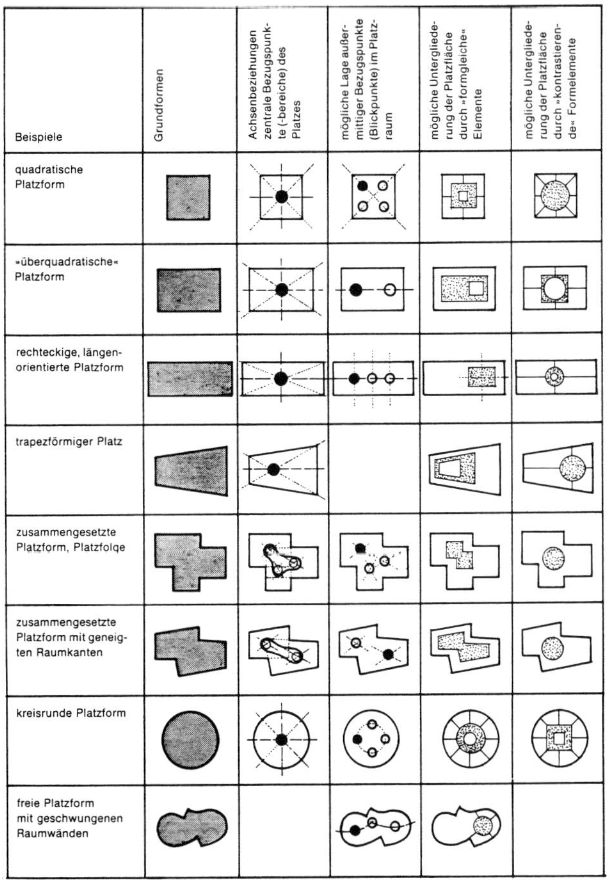

Abb. 4.25 Gestaltung von Platzräumen (PRINZ)

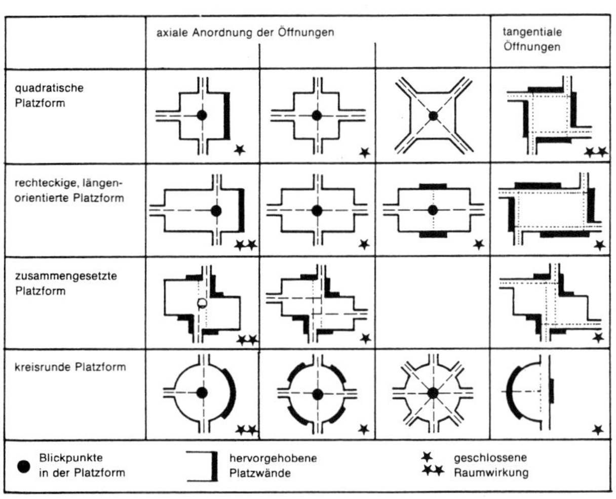

Abb. 4.26 Platzöffnungen, Blickpunkte, hervorgehobene blickwirksame Platzwände (PRINZ)

vorrangig sozial verpflichteten Städtebau, der sich vor allem funktionsräumlich versteht. …
So richtig viele der Maximen des letztgenannten sind (und sie haben sich seit den 20er Jahren durchgesetzt), sie konnten den rüden Bauwirtschaftsfunktionalismus nicht verhindern, nicht die betonierten Großsiedlungen, nicht die Gewerbecontainer und die öden Verkehrsschneisen nicht. Sicher auch als Reaktion darauf ist eine neue „Lust am Stadtraum" und eine Besinnung auf künstlerische Ideen des Städtebaus zu beobachten. (AMINDE, S. 94 B, 94 E)

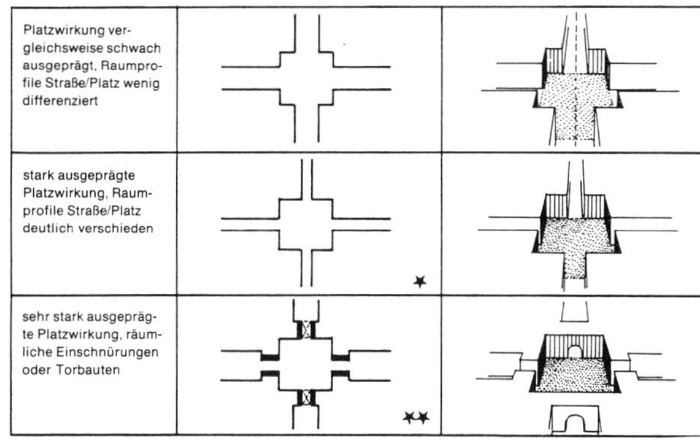

Abb. 4.27 Räumliche Wirkung von Plätzen (Proportionen Straße/Platz) (PRINZ)

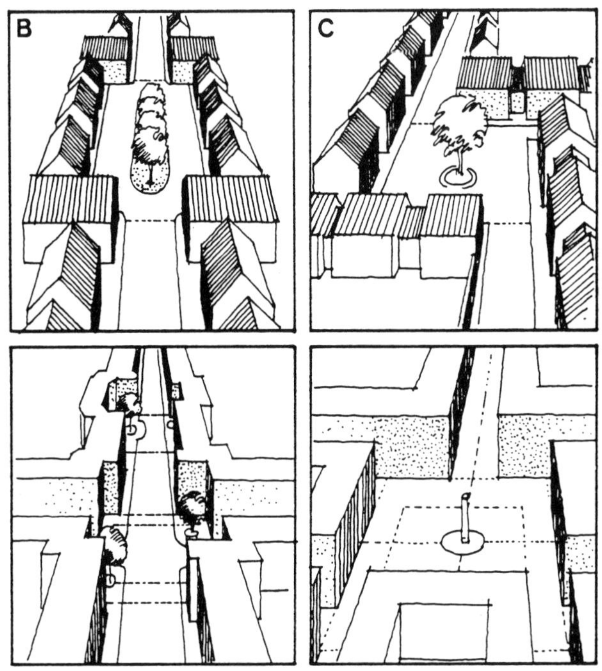

Abb. 4.28 Platzartige Erweiterung des Straßenraums (B) und in sich ruhende Plätze (C) (PRINZ)

● Grünflächen und Freiräume

Neben den gestalteten und zumeist zweckbestimmten Stadträumen von Straße und Platz muß es aber auch im wahrsten Sinne des Wortes „Freiräume" in der Stadt geben. Diese Kontrapunkte zur Bebauung können sowohl Grünanlagen, Parks sowie freie Flächen für Feste, Großveranstaltungen und „Unvorhergesehenes" sein. Sie sind die „Spielräume" nicht nur für die Kinder einer Stadt, sondern auch für die vielfältigen Aktivitäten der Menschen, die nicht vorhersagbar sind und sich deshalb einer Planung widersetzen. Im Laufe der Stadtbaugeschichte haben Grünflächen und Freiräume in der Stadt ganz unterschiedliche Bedeutungen gehabt. Die heutigen Funk-

tionen und Formen haben sich erst in einem langen Prozeß herausgebildet.
Die mittelalterliche Stadt war geprägt von einem überschaubaren Gemeinwesen, das sich nicht nur in Mitteleuropa weitgehend aus seiner Abgeschlossenheit nach außen definierte. Aus der Notwendigkeit zur Verteidigung und Abgrenzung resultierte der Zwang zur räumlichen Konzentration. Der Innenraum der Städte bekam einen so großen Wert, daß weniger wichtige Funktionen ausgelagert wurden. Eine maximale bauliche Nutzung von Grund und Boden führte zum Verlust von Frei- und Grünflächen, die Stadt wurde „steinern".
Nachdem sich im Zuge der Staatenbildung das Gemeinwesen erweitert hatte, konnten zu Beginn des 19. Jahrhunderts die Stadtmauern geschliffen werden, was das rasche Wachstum der Städte begünstigte. Gleichzeitig wurde die bisher freie Landschaft in Form von Parkanlagen in die Städte aufgenommen. Hatte sich das Thema „Grün" seit dem Barock weitgehend auf Repräsentationsfunktionen beschränkt, so verknüpften sich mit ihm im Zuge der Industrialisierung zunehmend soziale und gesundheitliche Aspekte.
Die immer weiter zunehmende Spezialisierung im Berufsleben hatte auch eine starke Differenzierung des Sozialwesens zur Folge. Die Ansprüche verschiedener Bevölkerungsgruppen mit unterschiedlichem Wohn-, Arbeits- und Freizeitverhalten führten zu einer wachsenden Nachfrage nach vielfältigen Betätigungsfeldern gerade in den Städten. Dabei spielt auch heute noch das Freizeitverhalten eine wesentliche Rolle für die Strukturierung der modernen Städte. Die erforderlichen Freibereiche – das sind Bereiche mit geringer Festlegung der Nutzungsmöglichkeiten – müssen in unterschiedlicher Dimension verschiedene Formen des Eingebundenseins (z. B. Parks) und der Abgrenzung (z. B. Hausgärten) bieten.
In dieser Hinsicht forderte schon die Charta von Athen (1933): *Jedes Wohnviertel muß künftig über eine Grünfläche für vernünftige Spiel- und Sportanlagen für Kinder, Jugendliche, Erwachsene verfügen ... Die ungesunden Häuserblocks müssen abgerissen und durch Grünflächen ersetzt werden: die angrenzenden Viertel werden dadurch gesunden.* (Le Corbusier, S. 92)
Grün-und Freiflächen haben mit zunehmendem Umweltbewußtsein eine wachsende Bedeutung für die Gesundheit der Stadtbewohner bekommen. Klimatische und lufthygienische Aspekte müssen heute bei der Planung von neuen Siedlungsflächen ebenso berücksichtigt werden wie der Schutz von Böden und Grundwasser oder der Arten- und Biotopschutz. Dabei führen die vielfältigen Anforderungen an die Freiräume in der Stadt zu Interessenskonflikten, die planerisch bewältigt werden müssen. Die Grün- und Freiflächenplanung hat deshalb, als ein wichtiger Bereich im Städtebau, einen sehr hohen Stellenwert in der planerischen und öffentlichen Diskussion.
Auf die sozialen Wirkungszusammenhänge von Freiflächen und Gemeinwesen hat Mitscherlich hingewiesen: *Eine Stadt, die ihren Kindern keine weitläufigen Spielplätze, die ihren Jugendlichen keine leicht erreichbaren Sport- und Tummelplätze bietet, ihnen keine Bäder und Jugendzentren in der Nachbarschaft zu ihren Wohnstätten verschafft – eine solche Stadt darf sich nicht wundern, wenn ihre erwachsenen Bewohner dann später nicht am politischen Leben der Gemeinde Anteil nehmen und die Selbstverwaltung einer Stadt den Fragen der städtischen Betriebe, Gaswerk und Müllabfuhr, gleichsetzen.* (Mitscherlich (2), S. 10)
Andererseits sind Freiflächen auch Reststücke von Planungen, die nicht in ein Schema paßten, und übrig gebliebene Stücke der Kulturlandschaft, die sich aus verschiedensten Gründen einer Bebauung entzogen haben. Diese sind verschwiegene Flecken in einer Stadt, die in den Schatten der Planung geraten sind und dadurch ihre oft wertvolle ökologische Bedeutung gewonnen haben. Sie verdienen die besondere beschützende Obhut der Städtebauer, denn nicht selten konzentrieren sie sehr große Begehrlichkeiten von Bauwilligen auf sich. So werden sie nicht selten das Opfer des planerischen „Reinlichkeitssinns", dem jede Patina in der Stadt widerstrebt.

4.7 Vegetationselemente – Bäume, Begrünung, Grünflächen

Die Räume zwischen den Gebäuden in einer Stadt sind geprägt von der Polarität zwischen Privatheit und Öffentlichkeit. Abgrenzungen dazwischen sind nicht immer eindeutig, so daß vielfältige Zwischenbereiche entstehen. Hugo Häring hat hierzu folgendes formuliert: *Das Verhältnis von Individuum zu Masse ist das ungelöste Problem, das die Menschheit vor sich herschiebt.* Städtebau ist ein Versuch, zur Lösung dieses Problems einen Beitrag zu leisten. Dabei liegt ein wesentliches Mittel zur Festlegung des Wechselverhältnisses des Einzelnen zur Gesamtheit in der Gestaltung der Freiräume.
Bei der Formulierung von Grenzen und Übergängen zwischen Privatheit und Öffentlichkeit spielt das Wechselspiel zwischen Architektur und Freiraum eine wesentliche Rolle. Bei diesen Übergangsbereichen sind in sehr starkem Maße Vegetationselemente bestimmend (siehe Abb. 4.29). Genauso wichtig sind aber auch die Übergänge im Außenraum selbst, der zumindest in Wohngebieten nicht immer nur öf-

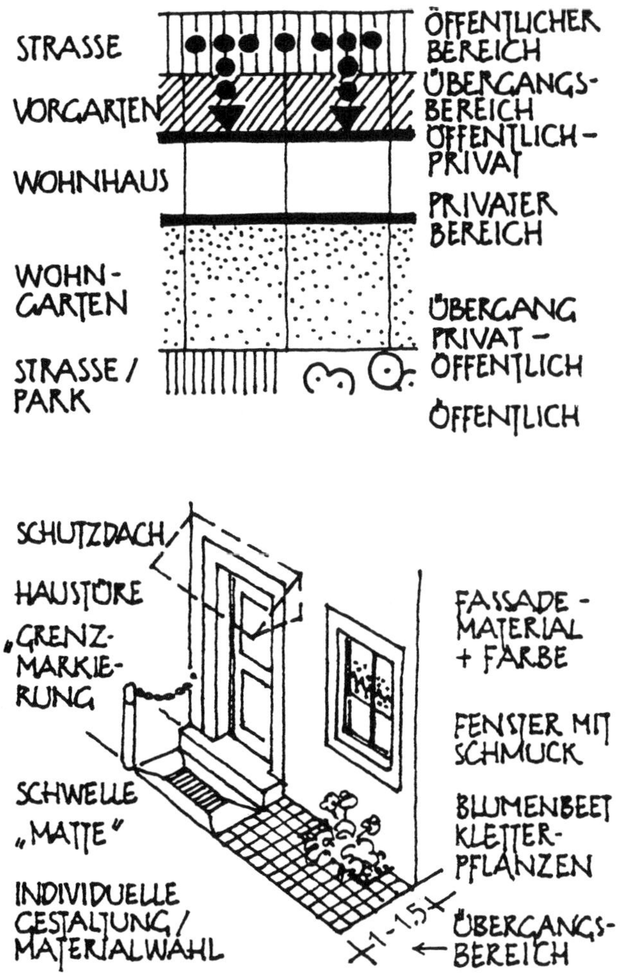

Abb. 4.29 Übergangsbereiche von Privatheit zu Öffentlichkeit im Wohnumfeld (Prinz)

fentlich sein muß und entsprechend unterschiedlich gestaltet sein kann.

Wer aus seinem Haus tritt, ob Einfamilienhaus oder Mehrfamilienhaus, begibt sich in den öffentlichen Raum. Zur Straßenseite ist dieser Übergang fließend, wenn ein vermittelnder Vorgarten angrenzt, oder abrupt, wenn man bereits an der Haustür mit einer mehr oder weniger großen Anonymität konfrontiert wird. Ein Haus sollte deshalb nach Möglichkeit über einen allmählichen Übergang von Privatheit zu Öffentlichkeit im Außenraum verfügen (vgl. Abb. 4.30).

Auch eine zweite, nicht öffentlich zugängliche Seite, die Übergänge zwischen Privat-Halbprivat-Halböffentlich-Öffentlich ermöglicht, ist in dieser Hinsicht wünschenswert. Die Ausformung dieser Übergänge ist abhängig von den Nutzern, denn Erwachsene können fehlende Übergänge oder Abgrenzungen leichter kompensieren als Kinder, die je nach Altersstufe, eine starke raumbezogene Bindung haben. Ihnen muß der z. B. von Gebäuden umschlossene Außenraum unterschiedliche Intensitäten von Kommunikation und Rückzugsmöglichkeiten bieten (siehe Abb. 4.31, 4.32).

Abb. 4.30 Gestaltungsbeispiel für Vorgärten als Übergangsbereich (Prinz)

Die Gestaltung der Freibereiche an der Straße kann durch sehr verschiedene Vegetationselemente erfolgen (Beispiele dazu zeigt zusammengefaßt die Abb. 4.33). Von allen Begrünungsmöglichkeiten prägen Bäume am stärksten den städtischen Raum, sowohl auf öffentlichen als auch auf privaten Flächen. Dabei sind Straßen-und Platzbäume wegen ihrer zumeist regelmäßigen und linearen Anordnung bestimmender als Bäume in Vor- oder Hausgärten, die in der Regel in Art und Größe sehr unterschiedlich sind und verstreut stehen. Neben ihrer gestalterischen und psychologischen Wirkung haben Bäume auch eine wichtige ökologische und kleinklimatische Funktion, die vom Lebensraum für kleinere Tiere bis zur Staubfilterung und Befeuchtung der Luft reicht.

Baumbeete können zu Grünstreifen, als Abgrenzung zur Fahrbahn, zusammengefaßt werden. Eine besondere Schutzfunktion, aber auch gestalterische Qualität haben niedrige Straßenhecken, die in den Städten

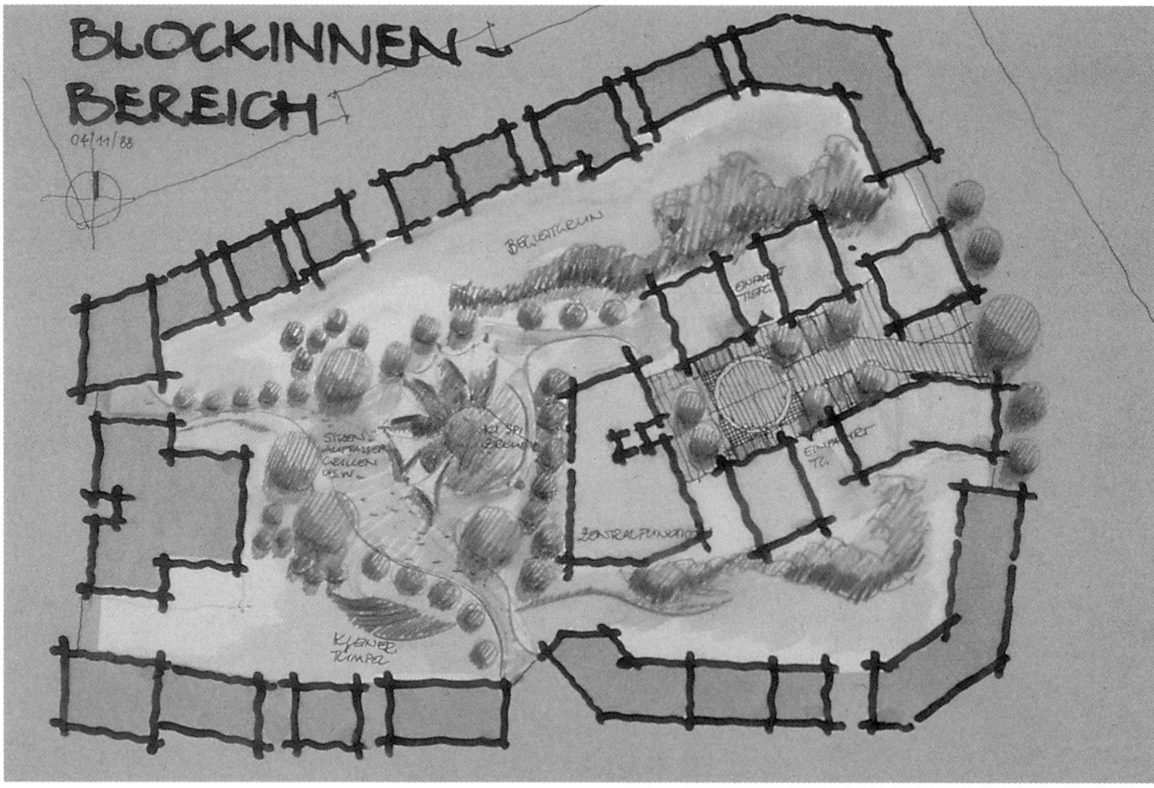

Abb. 4.31 Gestaltungsskizze für einen Blockinnenbereich

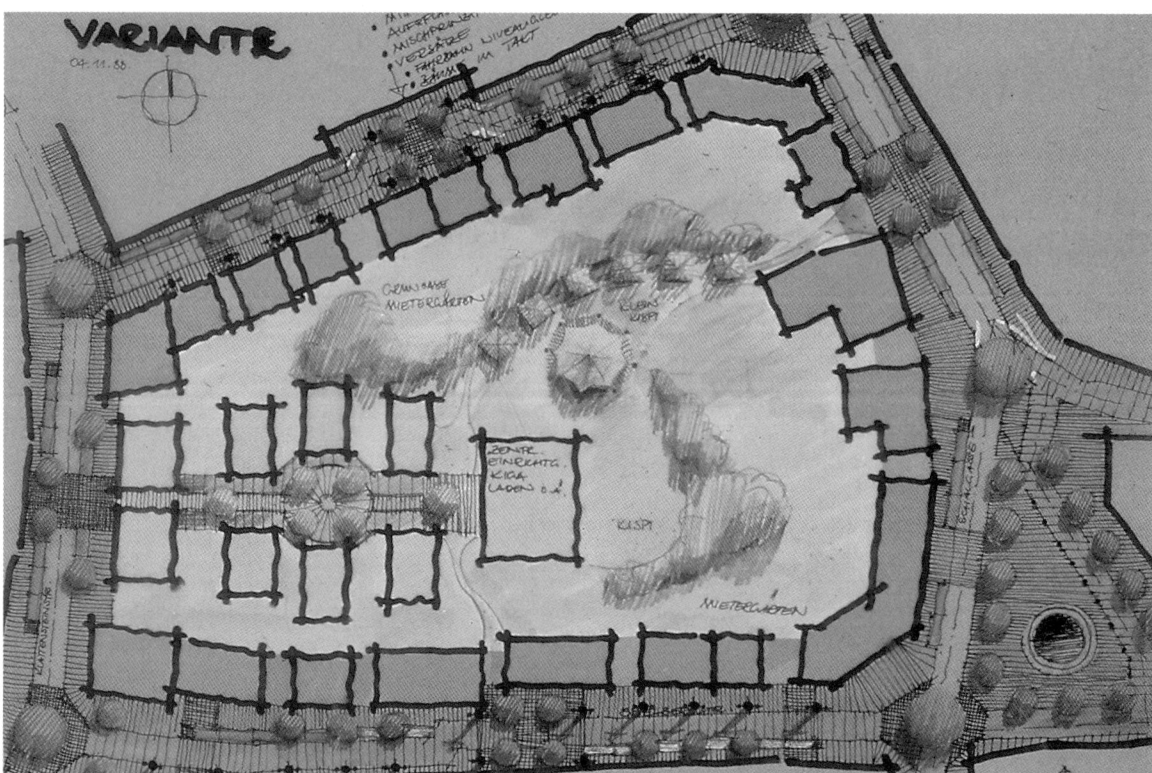

Abb. 4.32 Verknüpfung von Straßenraum und Blockinnenbereich

Die Skizzen zeigen alternative Überlegungen zur Gestaltung eines Blockinnenbereichs durch Gebäude sowie bauliche und Vegetationselemente. Ausgehend von der Unterteilung einer relativ großen Innenfläche, die eine Gliederung durch neue Gebäude sinnvoll erscheinen läßt, werden unterschiedliche Gestaltungselemente zur räumlichen Differenzierung angewendet.

Abb. 4.33 Verschiedene Vegetationselemente im Straßenraum

leider nur noch selten zu finden sind. Vorgärten können unterschiedlich breit sein, und sie wirken auch noch als schmale private Grünbereiche vor den Häusern straßenraumprägend und in ihrer Funktion als Zwischenbereiche. Außerdem kann dadurch die versiegelte Fläche des Straßenraums geringer gehalten werden. Selbst kleinste unversiegelte Flächen vor den Häusern am Rande der Gehwege bieten meistens noch Kletter- und Rankpflanzen Platz genug für eine Fassadenbegrünung.

4.8 Bild der Stadt – Planebenen und Darstellungen

Die alte Stadt gleicht Frankfurt in ihren alten Teilen, sie liegt in der Tiefe nach dem kleinen Wasser zu. Die neue Stadt ist in entschiedenen Richtungen meist geradlinig und rechtwinklich gebaut, nach einer allgemeinen Anlage ohne Ängstlichkeit in der Ausführung. Man sieht Häuser mit mehr oder weniger Überhängen, ganz perpendikulär (senkrecht), *von verschiedner Art und Größe; man sieht, daß die Anlage nach einem allgemeinen Gesetz und doch nach einer gewissen bürgerlichen Willkür gemacht wird.* (Johann Wolfgang von Goethe über einen Spaziergang durch Stuttgart am 30. August 1797, vgl. Abb. 4.34)

Verschiedene Menschen sehen eine Stadt ganz unterschiedlich. Ihr Bild von einer Stadt wird von den eigenen Interessen und Intentionen geprägt. Ein Besucher wird sich an den momentanen Eindrücken orientieren und sich daraus eine auf die ganze Stadt übertragene Meinung bilden. Oder er wird, wie der geschulte Beobachter Goethe, versuchen, die Zusammenhänge und Unterschiede der Einzelteile der Stadt zu analysieren. Fachleute wiederum konzentrieren sich bei der Wahrnehmung der Gegebenheiten auf ihre Spezialdisziplin. Für einen Soziologen sind die verschiedenen Bevölkerungsgruppen, ihre Verteilung auf die Stadtgebiete sowie ihre Wohn- und Lebensbedingungen von vorrangigem Interesse. Ein Verkehrsplaner wird sein Augenmerk auf die Straßen und den Verkehrsablauf richten, während ein Freiraum- und Landschaftsplaner die Verteilung der Grünflächen im Verhältnis zu den bebauten Gebieten und die Begrünung der öffentlichen Räume aufmerksam beobachten wird.
Der Architekt und Städtebauer wird in erster Linie die Bebauung und ihr Ordnungsmuster sowie die funktionale Verflechtung der Einzelgebiete untereinander zu ergründen versuchen. In dieser Hinsicht ist er eher Generalist als ein auf Teilaspekte fixierter Spezialist. Das Wahrnehmen und Erkennen von vorhandenen Situationen (Abb. 4.35) ist eine überaus wichtige Voraussetzung für den Entwurf von Veränderungen und Umgestaltungen (siehe hierzu Kapitel 2.3

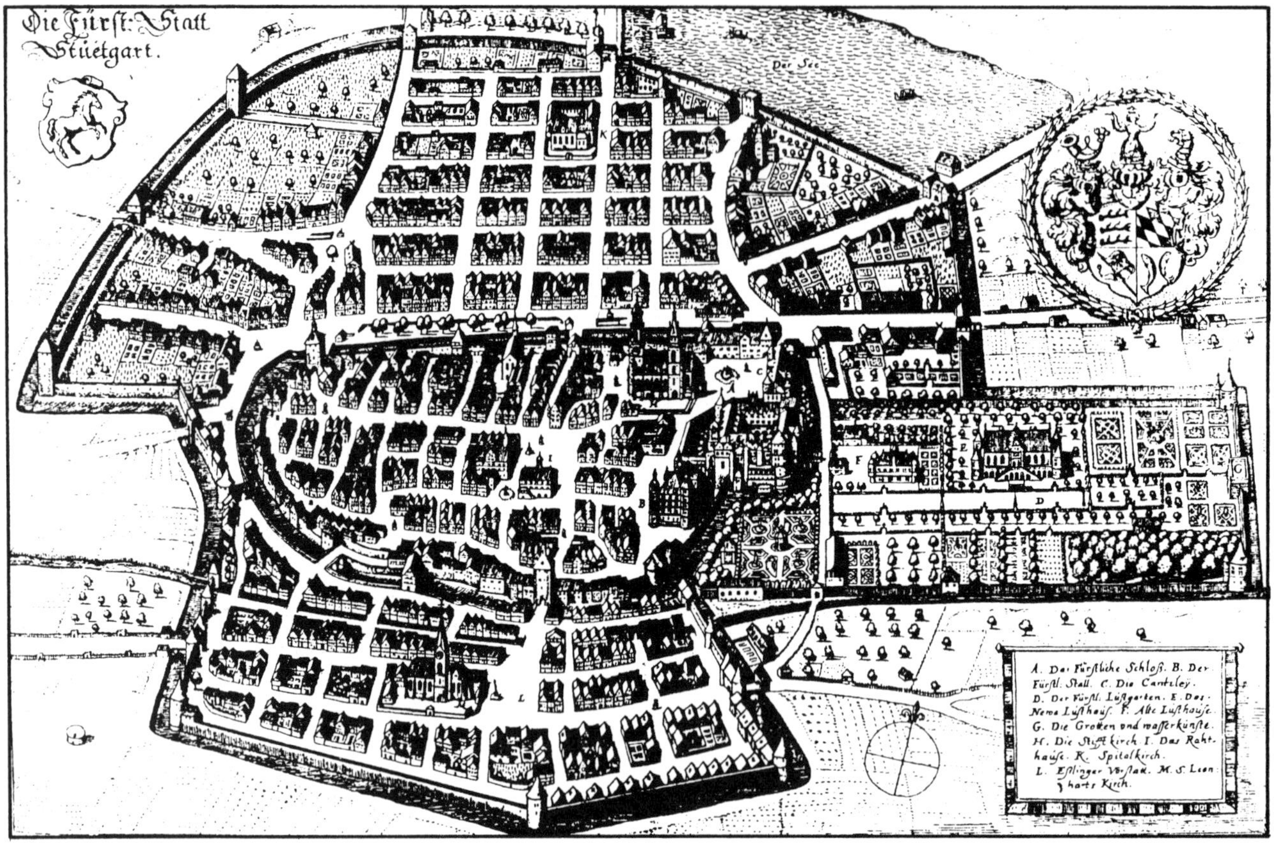

Abb. 4.34 Bild der Stadt – Ansicht der Stadt Stuttgart, Stich von Merian 1634

Abb. 4.35 Stadt aus der Sicht eines angehenden Architekten (Linolschnitt von Georg Hecking 1950)

und 2.4). Insofern geht das Beobachtungsinteresse bei ihm, wie auch bei anderen Fachleuten, über ein reines Freizeitvergnügen eines „normalen" Besuchers hinaus, auch wenn damit nicht direkt eine konkrete Planungsaufgabe verknüpft sein muß.

Der Entwerfer kann aber mit der realen Stadt, oder Teilen davon, nur als Ab-Bild planerisch umgehen. Es ist zum einen der verinnerlichte Eindruck der Realität und zum anderen eine bildhafte Darstellung zwischen Konkretheit und Abstraktion. Als konkrete Bilder einer Stadt gelten zum Beispiel die Zeichnungen von Merian (Abb. 4.36), die auch für Laien in ihrem Aussagegehalt verständlich sind. Dagegen sind Bebauungspläne, die ihrerseits für Fachleute sehr präzise eine mögliche Realität festlegen, für Nichteingeweihte ein Buch mit sieben Siegeln.

Nicht selten erschließen sich auch abstrakte Abbilder der Stadt vielen Menschen, wenn der Umgang damit zur üblichen Praxis geworden ist, wie zum Beispiel bei Stadtplänen (Abb. 4.37). Dabei erleichtern räumliche Darstellungen, wie Axonometrien oder ähnliche Verfahren, die Handhabung und regen das Vorstellungsvermögen von der abgebildeten Realität an (Abb. 4.38).

Die Katasterpläne in verschiedenen Maßstäben (siehe Kapitel 9) sind dagegen die Grundlage für das

Abb. 4.36 Einbindung der alten Stadt in die Landschaft, Esslingen am Neckar, Merian

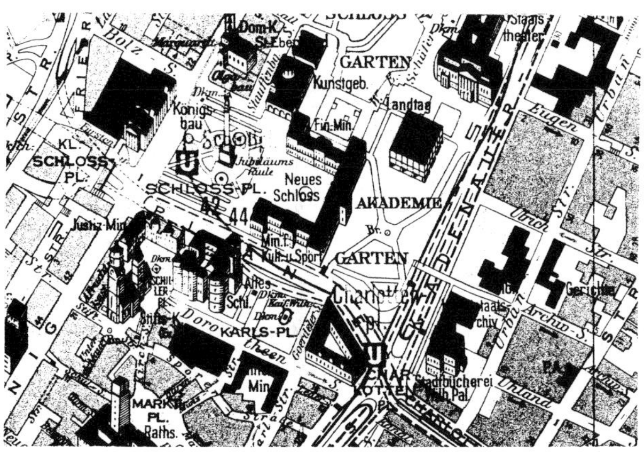

Abb. 4.37 Innenstadt Stuttgart, Stadtplan

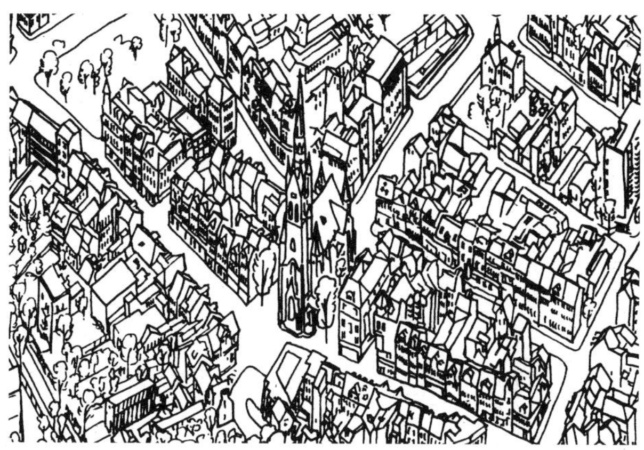

Abb. 4.38 Axonometrie als „räumlicher Stadtplan"

Entwerfen als Prozeß zunehmender Konkretisierung. Die rechtlichen Planebenen erstrecken sich dabei als mehr abstrakte Pläne zwischen dem Flächennutzungsplan über den Städtebaulichen Rahmenplan (vgl. KISSEL) zum Bebauungsplan (siehe beispielhaft die Abb. 4.39). Konkretere Darstellungen sind Bebauungs- und Funktionspläne, die von der Schemazeichnung bis zu architektonischen Vorentwürfen reichen (siehe Abb. 4.40). Das Bild einer Stadt kann aber immer nur das Ab-Bild eines Teilausschnittes sein, das im größeren Zusammenhang gesehen werden sollte. Deshalb ist eine Entwurfslösung nicht nur danach zu beurteilen, wie sie ein Detailproblem löst, sondern auch welchen Beitrag sie zur positiven Veränderung eines großräumigeren Stadtgebiets leistet.

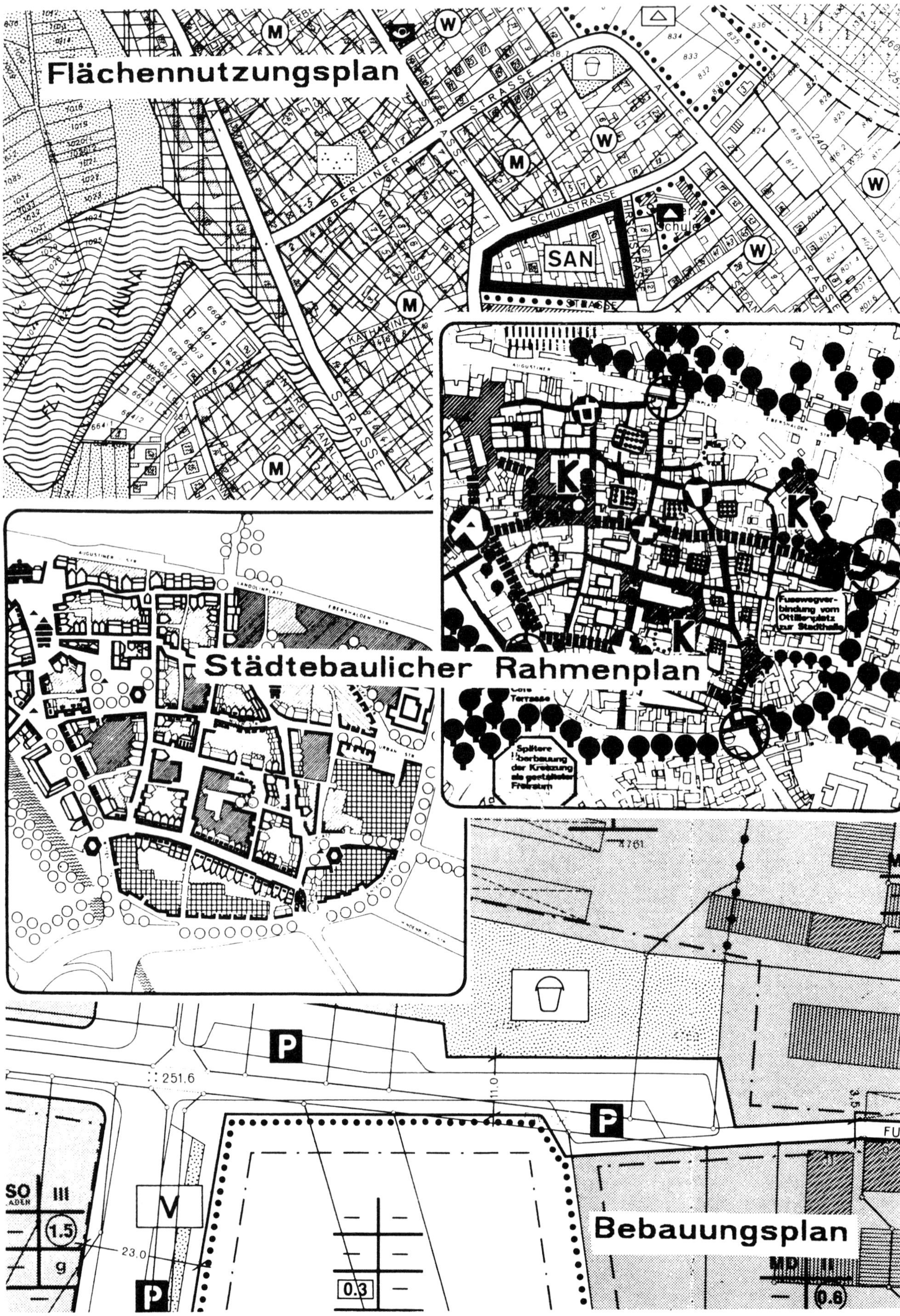

Abb. 4.39 Rechtliche Planebenen – vom Flächennutzungsplan zum Bebauungsplan

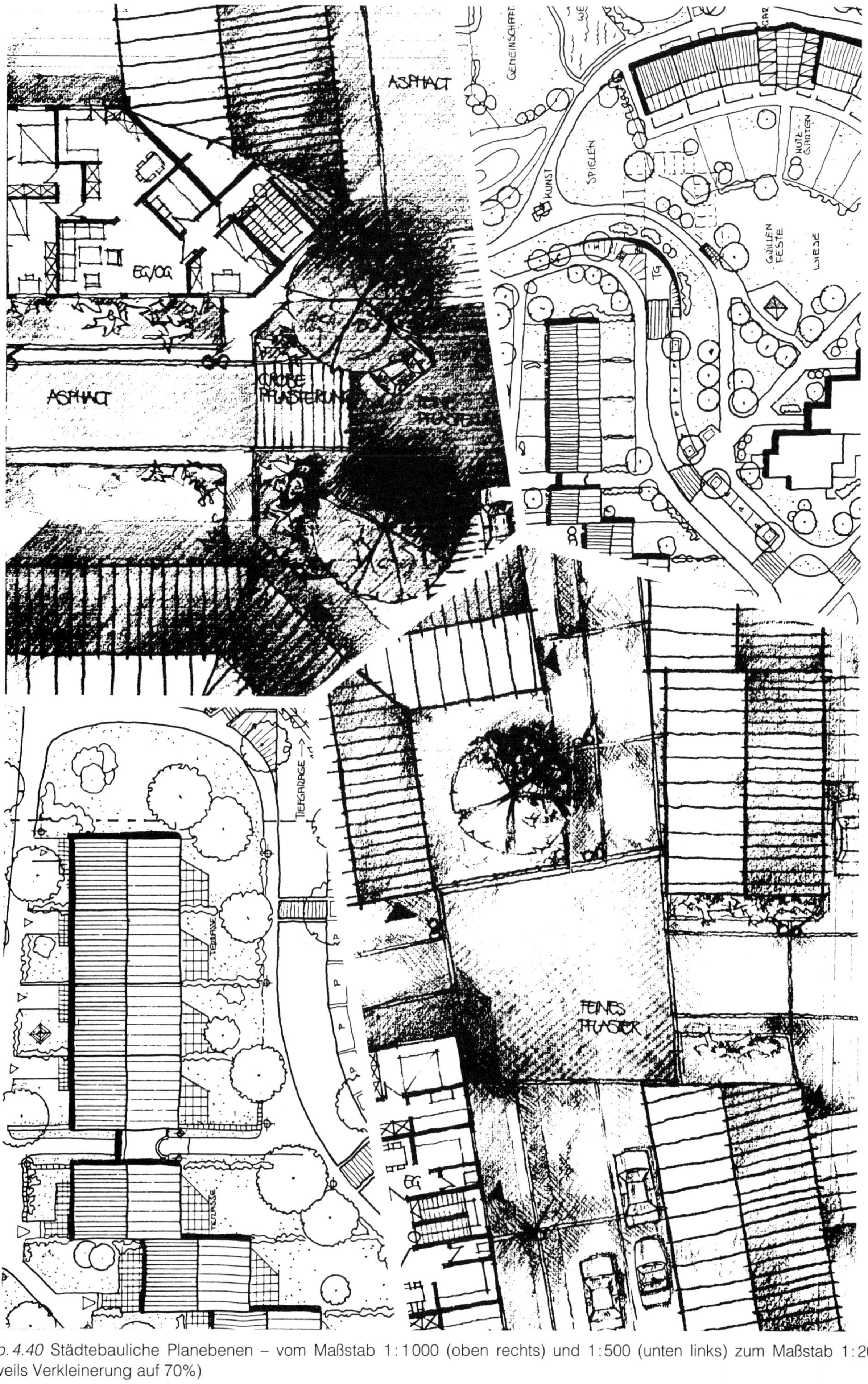

Abb. 4.40 Städtebauliche Planebenen – vom Maßstab 1:1000 (oben rechts) und 1:500 (unten links) zum Maßstab 1:200 (jeweils Verkleinerung auf 70%)

5. Weg: Skizzen – Alternativen – Schichten – Entscheiden

Das Vorgehen beim Entwerfen ist sehr von individuellen Vorlieben und Fertigkeiten geprägt. Obwohl der richtige Weg zum fertigen Entwurf von jedem Entwerfer selbst gefunden werden muß, ist es wichtig, über die prinzipiellen Möglichkeiten informiert zu sein.
Der Prozeß der „Wegfindung" beim Entwerfen schließt die Auseinandersetzung darüber ein, ob nun eher ein deduktives oder ein induktives Vorgehen angebracht ist. Soll die Entwurfsidee schrittweise und in „klassischer" Manier erarbeitet werden oder steigt man „oben", bei der Gesamtkonzeption, ein? Vielleicht ist auch ein Suchprozeß als heuristisches Vorgehen ohne Vorgabe des genauen Entwurfsweges erfolgversprechender? Jeder Entwerfer muß diese Fragen selbst beantworten, er muß sich dazu mit den verschiedenen Möglichkeiten auseinandersetzen.
Der Entwurfsvorgang ist keineswegs nur eine methodische, oder gar technische Frage, denn es geht dabei auch um die Selbstorganisation von innerem Vorgang und äußerem Handeln. Gedankliche Spontaneität und handwerkliche Beständigkeit müssen aufeinander abgestimmt werden, um ein „Planungsprodukt" erfolgreich auf das Papier bringen zu können. Das Skizzieren und Zeichnen als die entscheidende „Entwurfssprache" sind das Medium, mit dessen Hilfe alternative Ideen präzisiert und verdeutlicht werden müssen. In einem Prozeß zunehmender Konkretisierung wird der Entwurf dann schichtweise aus einer Vielzahl von Alternativen und Varianten „herausgeschält". Für diese Varianzreduzierung gibt es eine Reihe von Hilfsmitteln, die eine Beurteilung und Bewertung von unterschiedlichen Ansätzen ermöglichen.
Verschiedene Entwurfsmaßstäbe erlauben ein Pendeln zwischen Konzept und Detail, so daß einerseits die Tragfähigkeit einer globalen Idee und andererseits die Einpassung von Einzelkonzepten in einen Gesamtrahmen überprüft werden können. Auch der Wechsel von der zweidimensionalen Darstellung in der Zeichnung zum dreidimensionalen Modell hilft immer zur Verdeutlichung der räumlichen Konsequenzen eines Entwurfsansatzes. Trotzdem wird dem Entwerfer die Entscheidung, welche Vorschläge er weiterentwickeln und schließlich dem Planungsträger, dem Auftraggeber vorschlagen soll, nicht abgenommen. Die Qual der Wahl ist ein wesentlicher Bestandteil des Entwurfsprozesses, der auch mit Intuition zusammenhängt, denn Entscheidungen lassen sich nicht mathematisch, auch nicht mit Computern, errechnen.

5.1 Formen des Entwurfsvorgangs

Entwerfen besteht aus unterschiedlichen Arbeitsschritten, die bei jedem Entwerfer in verschiedener Weise zum Einsatz kommen. Wenn auch jedes entwerferische Vorgehen überwiegend von individuellen Vorlieben und Gewohnheiten geprägt ist, lassen sich typische Methoden benennen:

● **Das deduktive Vorgehen**, das häufig angewandt wird, kann man als klassische Methode bezeichnen. Dabei führt ein linearer Entwurfsprozeß von der Bestandsaufnahme, über die Programm- und Alternativenentwicklung bis hin zum Entwurf. Dieses Vorgehen suggeriert eine innere Logik, die nicht zwangsläufig besteht, da analysierende Schritte nicht direkt zu einem Konzept führen müssen (siehe Kapitel 2.4). Das Problem dieser Vorgehensweise besteht in der Überwindung des inhaltlichen Bruches zwischen der Bestandsaufnahme und der ersten Entwurfsidee, denn häufig tut sich nach erfolgter Bestandsaufnahme ein „kreatives" Loch auf.

● **Das heuristische Vorgehen**, scheinbar eine gegensätzliche Entwurfsmethode, ist gekennzeichnet von einem Suchprozeß, der durch unterschiedliche Annahmen als Entwurfsvoraussetzungen strukturiert wird. Dabei werden Konzeptalternativen erarbeitet, die ein möglichst breites Spektrum der Annahmen aufweisen sollen (z.B. Berücksichtigung oder aber Beseitigung des Gebäudebestandes). Wer sich dieser Methode bedient, muß wissen, daß das Suchen nur dann zum Ziel führen kann, wenn selektive, das jeweilige Zwischenergebnis bewertende Schritte eingeschoben werden. Das Vorgehen gleicht dann einer Spiralbewegung, bei der eine Idee weiterentwikkelt wird, mit der Möglichkeit der Rückkoppelung auf das zuvor Gedachte. Auf diese Weise werden die jeweils gleichen Inhalte auf einem immer höheren inhaltlichen Niveau der Durcharbeitung weiterentwikkelt.

● **Das formale oder formalistische Vorgehen ist** dem heuristischen ähnlich, jedoch weniger systematisch, weil es die Bandbreite der Möglichkeiten auf eine gestalterische Idee einschränkt und so zu einer „Überformung" des Problems führt. Dieses Vorgehen bedarf einer Anpassung der „reinen" Idee an die Gegebenheiten des Raumes und der Planungsaufgabe. Es gleicht der Arbeit eines Bildhauers, der aus einem vorgegebenen Block seine Skulptur herausmeißelt (vgl. Abb. 5.1–5.3). Es kann auch als **induktives Vorgehen** bezeichnet werden.

● **Das additive Vorgehen** ist eine vierte Möglichkeit des Entwerfens, bei der die Gesamtidee aus der Addition von Einzelideen entsteht, die aufeinander abgestimmt werden müssen. Bei diesem Spiel mit vielen Variablen, kann aber leicht die Gesamtidee verloren gehen oder auch gar nicht erst entstehen. Sie wird deshalb meistens nur von „Profis" angewandt, die über klare inhaltliche Vorstellungen und Erfahrungen verfügen. Wichtig ist bei diesem Vorgehen auch die Einschaltung selektiver, kritisch wertender Arbeitsschritte.

Für das Entwerfen gibt es aber kein Rezept, nach dem nur die eine oder andere Methode zur Anwendung gelangen darf. Entscheidend für die Wahl der eigenen Methode ist die persönliche Denk- und Arbeitsweise sowie die Problemstellung der Planungsaufgabe. Das geeignete Vorgehen muß sich der Entwerfer generell „erarbeiten" und bei jeder neuen Aufgabenstellung jeweils auf eine mögliche Anwendbarkeit hin überprüfen. Häufig besteht der Entwurfsvorgang aus einer Mischung der unterschiedlichen Vorgehensweisen, die auch abhängig ist vom jeweiligen Planungsmaßstab (vgl. Punkt 5.5). Wichtig ist es für den Entwerfer, zu wissen, daß es unterschiedliche Methoden gibt, denn fatal kann es sein, zu glauben, die eigene angewandte Methode sei die einzig richtige oder mögliche.

5.2 Entwerfen – Innerer Vorgang und äußeres Handeln

Die Erarbeitung eines Entwurfes geschieht weder allein im Kopf noch rein manuell auf dem Papier. Ent-

Ein Beispiel für formales Vorgehen beim Entwerfen

Verfasser: Christoph Rundel

Das Vorgehen beim Entwerfen ist stark individuell geprägt. Dieses Beispiel (eines von mehreren Alternativen) zeigt einen formalen, ja formalistischen Ansatz, der hier aber nicht inhaltlich bewertet werden soll (Maßstab des Originals 1 : 1000).

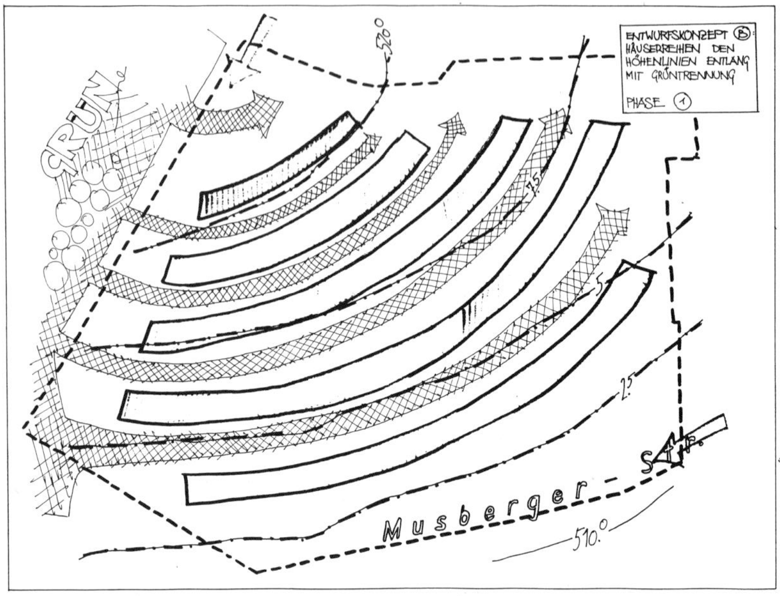

Abb. 5.1 Die Höhenlinien des Planungsgebiets sind der Ansatzpunkt für das formale Konzept. Häuserreihen werden in der ersten Skizze senkrecht zur Geländeneigung angeordnet. Dadurch kann außerdem ein Bezug zum Grünbereich hergestellt werden.

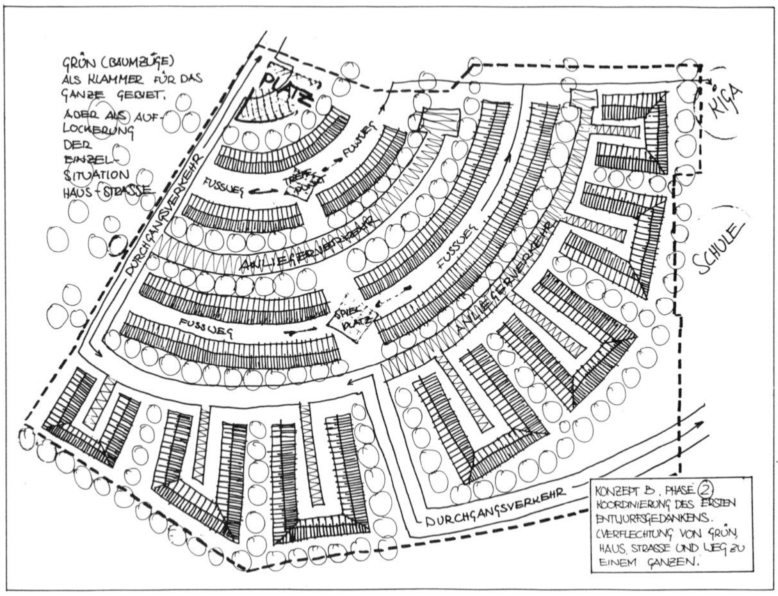

Abb. 5.2 In einem weiteren Arbeitsschritt werden die einzelnen Strukturelemente, Gebäude, Erschließung und Freiflächen zueinander in Beziehung gesetzt. Dabei erhält die untere Randzone eine andere bauliche Ausprägung, wodurch eine räumliche Spannung erreicht wird.

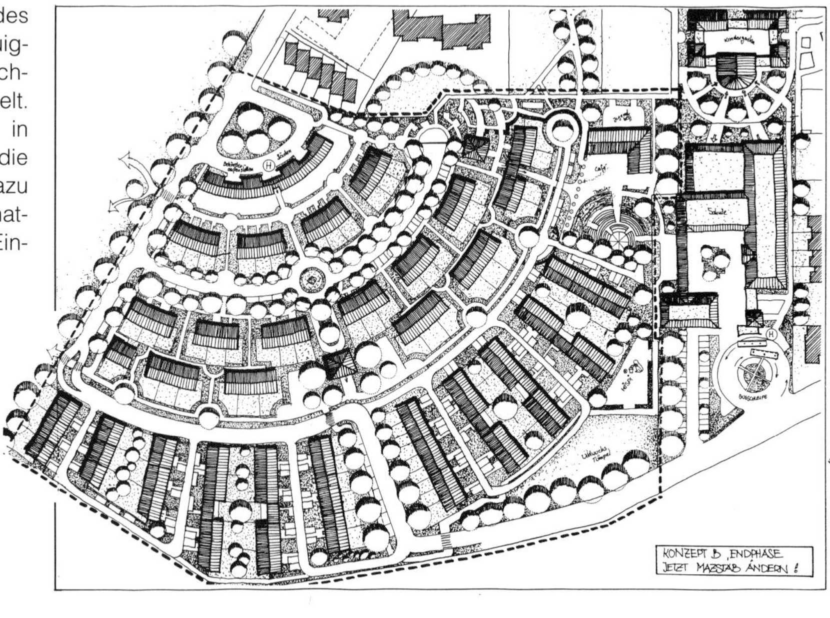

Abb. 5.3 Bei der Ausarbeitung des Entwurfs wird die Aussagegenauigkeit wesentlich erhöht, aber gleichzeitig das Konzept weiterentwickelt. Die runden Hauszeilen werden in kleinere Einheiten aufgelöst und die Hofbebauung zu senkrecht dazu stehenden Zeilen umgeformt. Schatten vermitteln einen plastischen Eindruck.

werfen ist vielmehr die Kommunikation zwischen Kopf und Hand, wobei das Auge vermittelnd und beobachtend tätig sein muß. Solange die Entwicklung von Ideen nur in Gedanken erfolgt, kann der gestaltende Entwurfsprozeß nur bedingt ablaufen. Ähnlich verhält es sich beim zeichnerischen Entwerfen, dem die gedankliche Reflexion fehlt, so daß als Ergebnis nur ein belangloses „Gekritzel“ übrig bleibt. Bereits der Begriff „Entwerfen“ beinhaltet beide angesprochenen Aspekte des Vorgangs: Die innere Kreativität, die gepaart ist mit Spontaneität, kommt durch das „-werfen“ zum Ausdruck. Die handwerkliche Bewältigung findet sich in der Vorsilbe „Ent-“, die auch in Worten wie Entwickeln, Enthüllen, Entscheiden etc. als Kennzeichnung des Herausarbeitens enthalten ist.

Beide Aspekte des Entwerfens, Spontaneität und Beharrlichkeit, können geschult werden. Sie müssen aufeinander abgestimmt werden, um wechselseitig wirksam werden zu können. Was als Idee nach außen aufs Papier drängt und Gestalt wird, beeinflußt als sichtbare Idee das Denken, dringt wieder nach innen und verändert dort wieder das Denken. Wer diesen Wechselprozeß erkannt hat, wird ihn bewußt einsetzen. Dadurch können kreative „Sendepausen“ mit manuellem Tätigsein gefüllt werden, um den Gedanken auf die Sprünge zu helfen; oder umgekehrt, die drängende Bilderflut der Innenwelt aufs Papier zu bannen (vgl. Abb. 5.4).

Nicht selten werden zahlreiche Ideen und Vorstellungen gedanklich oder verbal formuliert, ohne daß sie ihre Bewährungsprobe in sichtbarer Gestalt bestehen müßten. Der gezeichnete Strich ist ein deutliches Bekenntnis, mit dem Stellung bezogen wird und das interpretierbar ist, auch bei Abwesenheit des Erzeugers. Man beobachte einmal den Verlauf von Gesprächen und Diskussionen, in denen kontroverse Standpunkte vertreten werden, und man wird sehen, daß viele verbal geäußerte Anschauungen schnellen Meinungsänderungen unterworfen werden, ohne daß diese direkt sichtbar, d. h. nachvollziehbar werden. Zeichnen und Aufzeichnen von Ideen ist aber die Dokumentation des eigenen Standpunktes und deren zumindest zeitweise Fixierung. Diese Dokumentation ist wichtig für die eigene Positionsbestimmung.

Umgekehrt kann man häufig feststellen, wie unterschiedlich Äußerungen, ob verbal oder visuell artikuliert, jeweils individuellen Interpretationen unterworfen werden. Diese Auseinandersetzung der eigenen

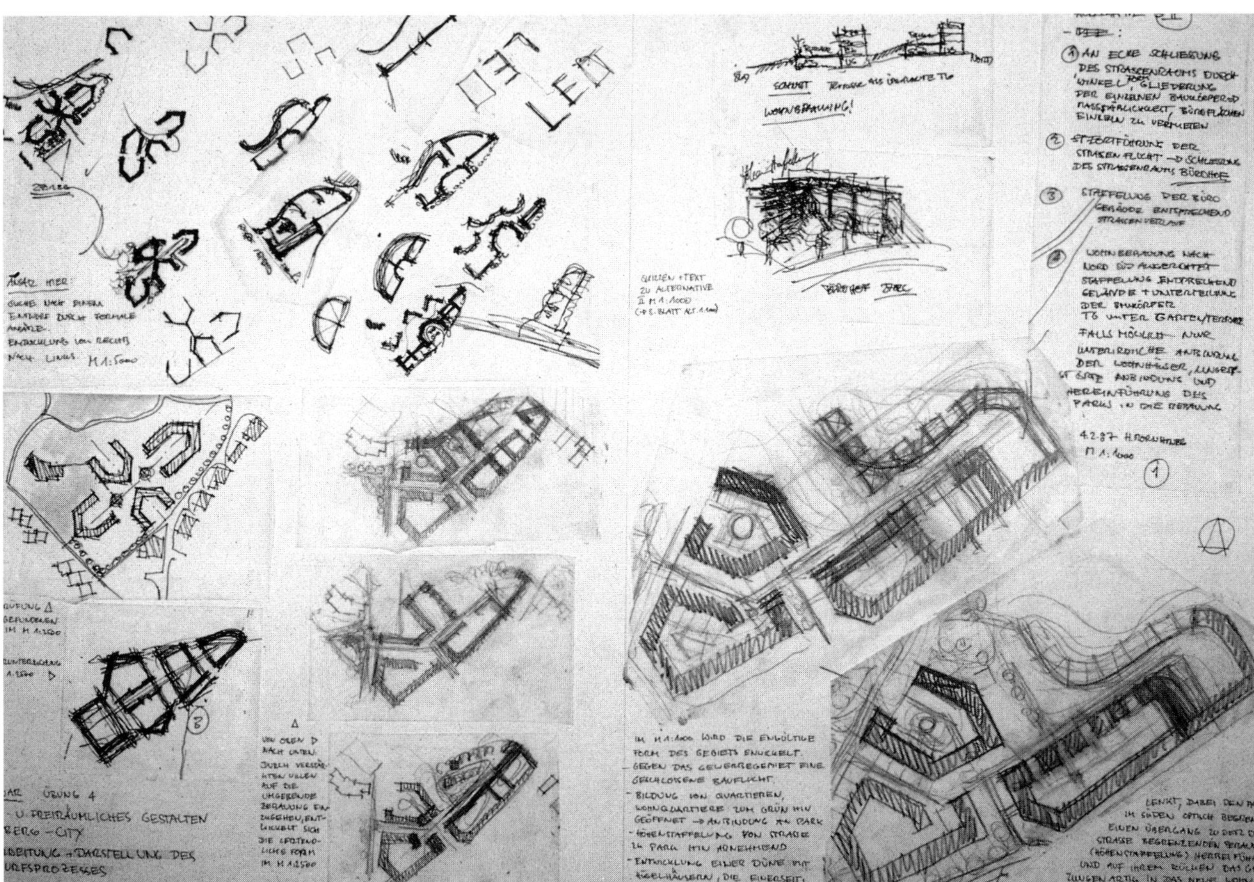

Abb. 5.4 Skizzieren als Ausdruck des Wechselprozesses von Spontaneität und Reflexion

Unterschiedliche Ausdrucksformen des Skizzierens beim Entwerfen

Entwurfstraining im Ortskern von Böblingen
Verfasser: Stefan Schäfer

Zum Entwerfen gehört die Verbindung von innerem Vorgang und äußerem Handeln, wozu eine innere Dialogfähigkeit beim Entwerfer erforderlich ist. Gedanken müssen auf das Papier gebannt werden, um von dort wieder auf die Ideenproduktion und -kontrolle zurückzuwirken. Die folgenden Abbildungen zeigen den Einsatz unterschiedlicher Ausdrucksformen von Skizzen zur Verdeutlichung der eigenen Überlegungen.

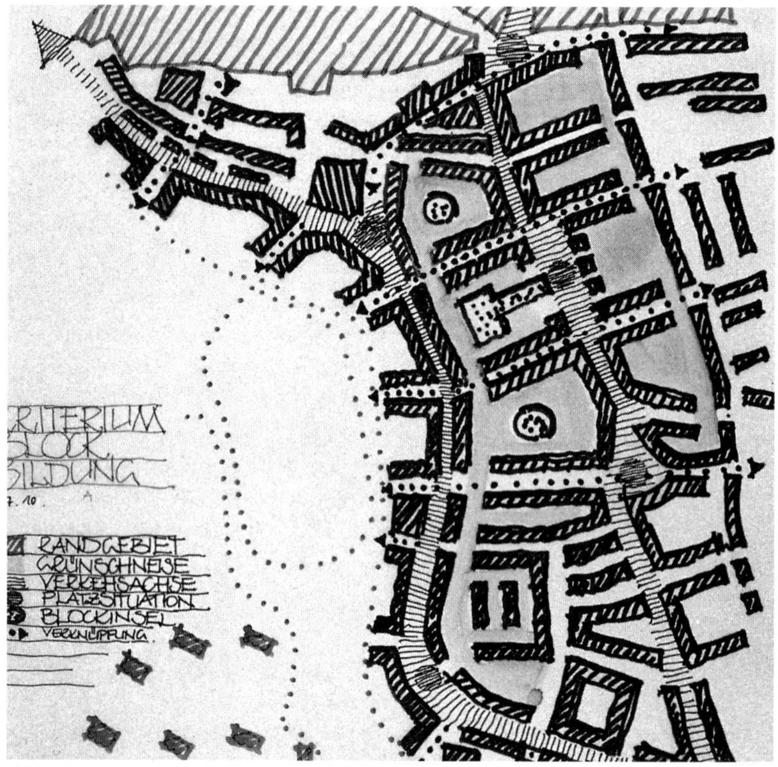

Abb. 5.5

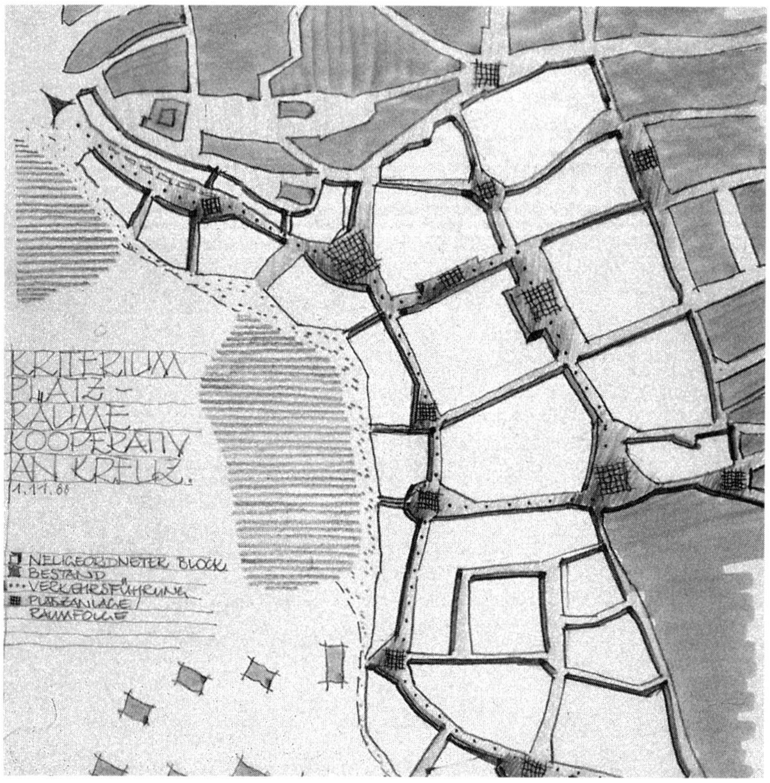

Abb. 5.6

Abb. 5.5 In dieser Skizze werden die verschiedenen Entwurfselemente einer Blockstruktur (Gebäude, Straßen, Plätze, Fußwegverbindungen und Blockinnenbereiche), differenziert dargestellt. Durch Farbe (Filzstifte) werden die Gebäude nicht einzeln, sondern in ihrem Zusammenwirken betont. Der räumliche Eindruck wird durch eine schwarze Schattenlinie verstärkt.

Abb. 5.6 Die städtebauliche Situation wird vereinfacht in flächigen Baublöcken dargestellt, wodurch die Abfolge von Straßenräumen und Platzbildungen hervorgehoben wird. Das Weglassen der einzelnen Gebäude konzentriert die Aussage der Skizze auf den inhaltlichen Schwerpunkt.

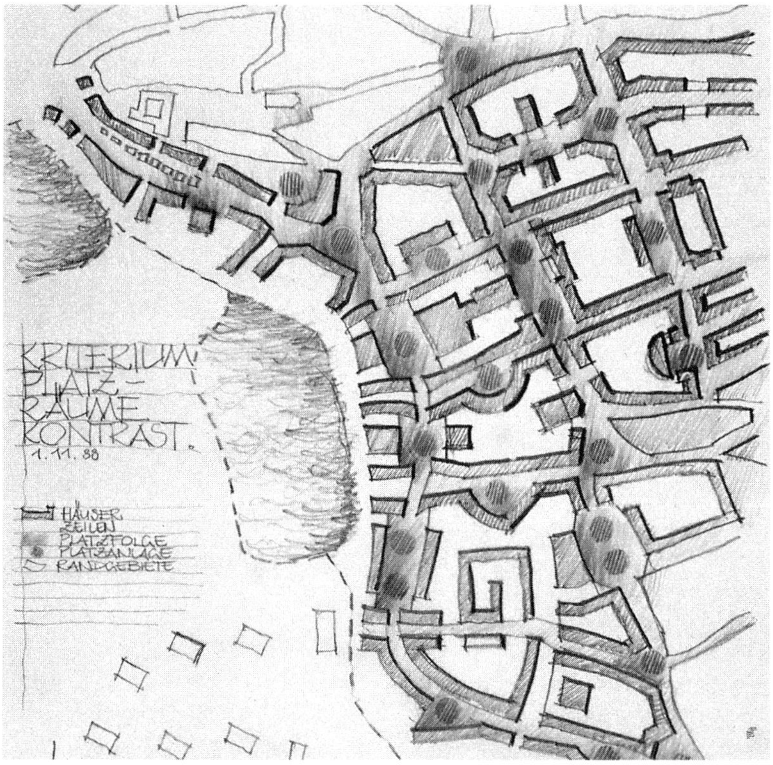

Abb. 5.7

Abb. 5.7 Als Entwurfsgedanke wird der Aspekt „Platzräume“ zugrunde gelegt, wobei das Spannungsfeld zur raumbildenden Baustruktur auch grafisch verdeutlicht wird. Während die Gebäude grau schraffiert sind (Bleistift), werden die geplanten Platzbildungen und -abfolgen farblich (Holzfarben) herausgearbeitet. Die Bedeutung der Randbebauung für unterschiedliche Raumbildungen wird durch Aufweitung und Verengung von Straßenräumen zum Ausdruck gebracht.

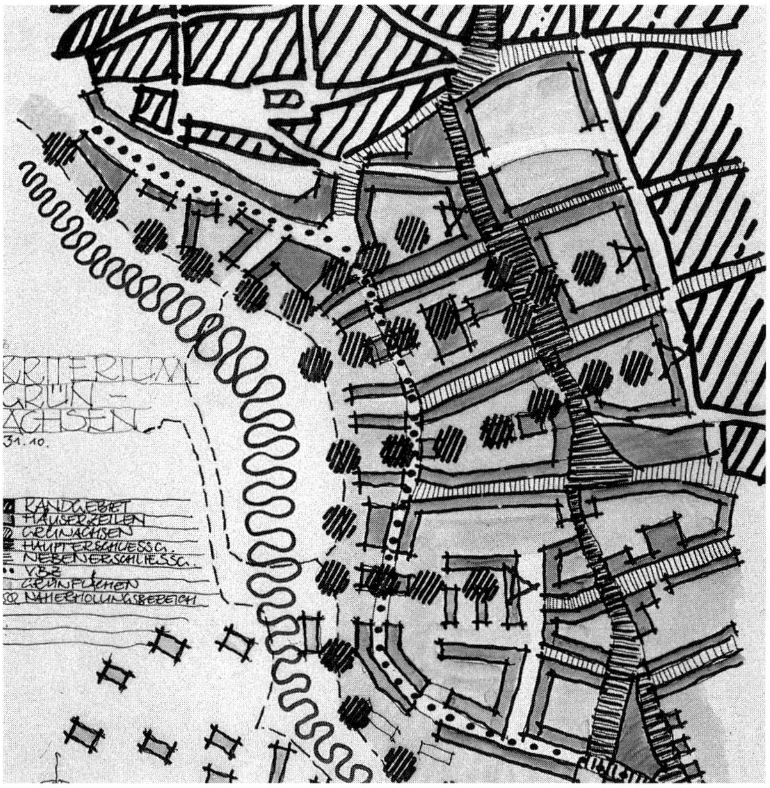

Abb. 5.8

Abb. 5.8 In dieser Skizze werden die verschiedenen Freiflächen in ihren Zusammenhängen dargestellt. Die Freiräume der Blockinnenbereiche, die farbig angelegt sind, werden zu den öffentlichen Freibereichen, Straßenräume und Grünflächen, in Beziehung gesetzt. Über die Abfolge der einzelnen Innenbereiche ergeben sich Querbezüge, deren Struktur schematisch durch schraffierte Kreise verdeutlicht wird. Ein See im Westen, durch eine Schlangenlinie angedeutet, bildet mit seinen grünen Randbereichen eine wichtige Orientierung für das Gebiet. Darauf sind die quer zur Straßenraumbildung verlaufenden „Grünachsen“ ausgerichtet.

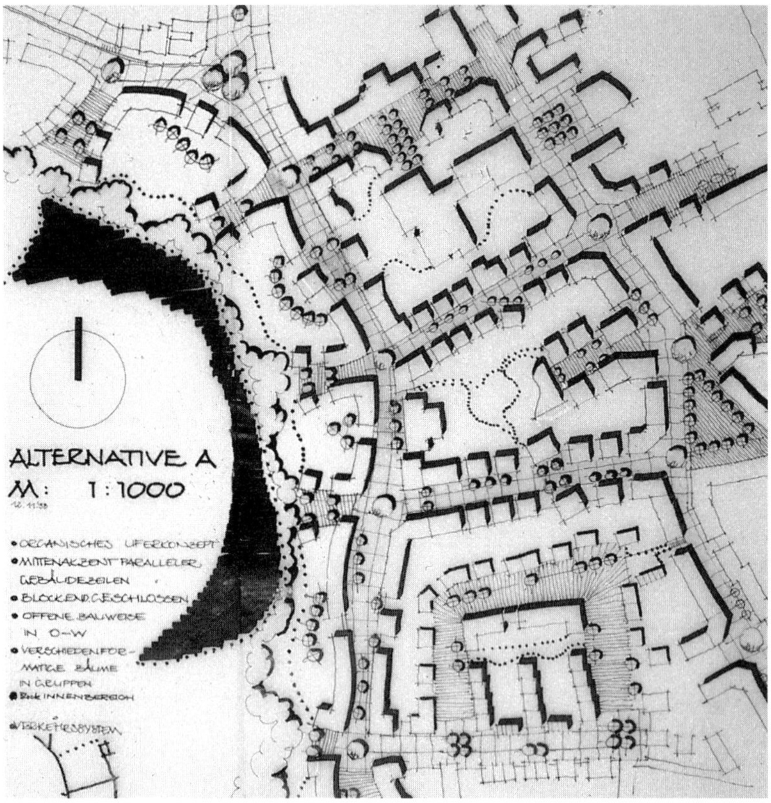

Abb. 5.9 Nachdem die Hauptentwurfsgedanken in abstrakter Darstellung (M. 1:2500) herausgearbeitet wurden, kann eine räumliche Umsetzung in Form eines ersten Vorentwurfs erfolgen (M. 1:1000). Dabei werden die verschiedenen Entwurfskriterien (Platzräume, Blockbildung, Grünachsen) zueinander in Beziehung gesetzt. Der Ansatz zur Auflockerung und Öffnung der Baustruktur zum See hin (schwarze Schraffur im Westen) wird erkennbar durch die unterschiedliche Behandlung des Themas Vegetation in den einzelnen räumlichen Situationen (parkartige Bepflanzung am See, Baumgruppen auf den privaten Grünflächen zum See, Straßenbäume in Form von Einzelbäumen, Baumreihen und Baumgruppen).

Abb. 5.9

Abb. 5.10 Im größeren Maßstab (M 1:500) können einzelne Bereiche auf ihre städtebauliche Ausbildung hin überprüft werden. Eine kontrastreiche Darstellung in schwarz-weiß konzentriert sich auf die öffentlichen Räume und verdeutlicht die freiräumlichen Zusammenhänge und deren Ausgestaltung.

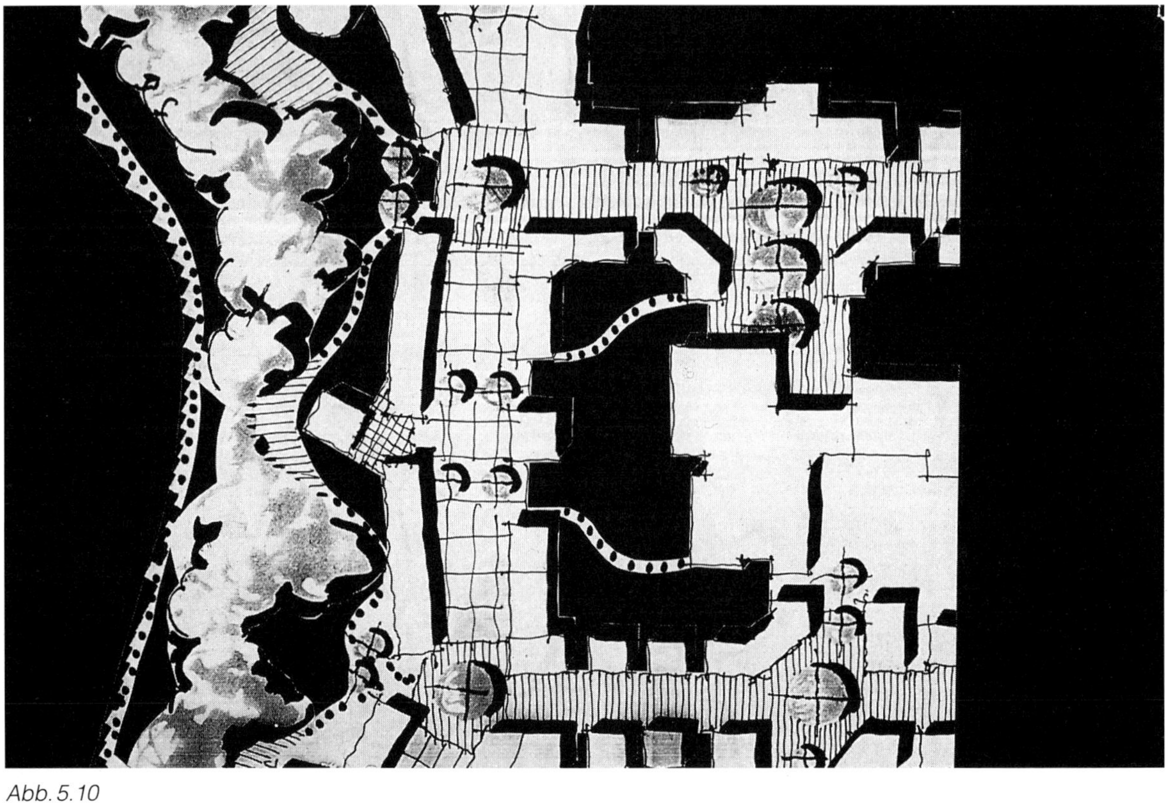

Abb. 5.10

Vorstellungen mit der Außenwelt zu führen, ist eine wichtige Voraussetzung zur Klärung und Präzisierung der eigenen Aussage. Die Zeichnung stellt in dieser Hinsicht das wichtigste kommunikative Medium im Entwurfsprozeß dar (siehe Abb. 5.5–5.10).

5.3 Skizzieren als Entwurfssprache

Zeichnen, Zeichnen und immer wieder Zeichnen ist eine der wichtigsten Voraussetzungen, um zu einem Konzept zu gelangen. Daran führt kein Weg vorbei, denn wer nicht zeichnen will, sollte nicht Architekt oder Städtebauer werden. Deshalb ist es wichtig, den Entwurfsprozeß gleich mit dem Zeichnen zu beginnen. Oft ist sogar die erste Idee nicht die schlechteste. Sie muß aber anhand der vielfältigen Anforderungen an einen komplexen städtebaulichen Entwurf immer wieder auf ihre Tauglichkeit hin überprüft und gegebenenfalls laufend modifiziert werden.
Die ersten Entwurfsskizzen sind gerade deswegen so wichtig für die spätere Arbeit, weil sich in ihnen manchmal eine Idee verbirgt, die zunächst nur intuitiv erfaßt wurde und auf die man später zurückgreifen kann (siehe Kapitel 7.7). Aber auch die Skizzen, die im Verlauf des Entwerfens gefertigt werden, sind eine wichtige Diskussionsgrundlage für den Vergleich unterschiedlicher Alternativen und Entwurfsstadien. Getroffene Entscheidungen und eingeschlagene Wege lassen sich so nachvollziehen und, falls erforderlich, revidieren.
Die Skizze ist ein Hilfsmittel zur Erfahrung der Entwurfsgegenstände. Durch Skizzieren, d. h. Wiederholen der äußeren Erscheinungen einer Situation, kann man sich zunächst intuitiv der Planungsaufgabe annähern (siehe Abb. 5.11). Durch die Transformation der Zeichnung besteht die Chance, daß Unwesentliches „übersehen“ wird und das Wichtige in Erscheinung tritt. Man wird beim Skizzieren sehr schnell feststellen, daß bestimmte Muster eine große Beharrlichkeit haben. Durch die Fixierung auf dem Blatt Papier werden diese Muster gebannt, wodurch man sich innerlich von ihnen befreien kann.
Über die Dokumentation des eigenen Standpunktes hinaus hat die Skizze auch die Funktion, mit der Außenwelt, mit den anderen in Kontakt zu treten. Sie geben diesen Gelegenheit, sich zu äußern und auf Geäußertes zu reagieren. Dabei muß sich die Art der Skizzen an der unterschiedlichen Auffassungsgabe verschiedener Adressaten orientieren. Komplexe und „oberflächliche“ Skizzen sind meistens noch für Fachleute verständlich, während Planungslaien eine Entwurfsidee nur dann verdeutlicht werden kann, wenn die Zeichnung grafisch einfach und klar ist. Insofern ist es häufig wichtig, für die Diskussion von

Abb. 5.11 Skizzen zum Festhalten von Ideen

Entwurfszwischenergebnissen bei Bürgerbeteiligungen „saubere“ Skizzen anzufertigen.
Der Vorteil der Skizze, gerade bei Diskussionen, liegt darin, daß sie nicht den Eindruck des Fertigen vermitteln. Sie bietet die Chance zur Überarbeitung und Ergänzung. Sie beinhaltet aber u. U. auch Unklarheiten und Gedankenansätze, die noch schlummern und erst noch „geweckt“ werden müssen.

5.4 Entwurfsgrundlagen – Intuition und Information

Neben einer Zeichenunterlage, einem Blatt Papier und einem Stift benötigt man zum Entwerfen Vorstellungen zur Lösung der Entwurfsaufgabe, seien es eigene oder übernommene. Da Entwerfen ein kreativer, schöpferischer Akt ist oder sein soll, wird großer Wert auf die Intuition, den „Kuß der Muse" gelegt. Dabei gerät nicht selten das Zeichnen zum Beschwörungsritual der Musengöttin. Genauso wichtig wie die Intuition ist aber auch die Kenntnis von Fakten einer Planungsaufgabe. Wer entwerfen will, braucht viele Informationen, aus denen die für richtig gehaltenen auszuwählen und auszuprobieren sind. Passen sie nicht ins Konzept, müssen sie durch eine andere, für eine Idee tragfähige Information, ersetzt werden. (Zahlreiche inhaltliche und methodische Informationen und Anregungen zum Städtebau sind zusammengestellt bei Dieter PRINZ, *Städtebau, Band 1 und 2.*)

Nur wer über einen großen Fundus baulicher und räumlicher Konzepte verfügt, kann auch „schöpfen". Hier muß aber festgestellt werden, daß viele Architekten und Städtebauer Angst vor Büchern zu haben scheinen, vielleicht weil sie fürchten, von fremden Ideen infiziert zu werden oder als Epigonen abgestempelt zu werden. Der Glaube an die reine, eigene Idee ist übermächtig, obwohl Zweifel an ihrer Existenz anzumelden sind.

Neben der Kenntnis räumlicher Gesamtkonzepte oder Ensembles ist die Vertrautheit mit den einzelnen Elementen essentiell für den Entwurfsprozeß, da jede große Idee mit vielen unterschiedlichen Bausteinen ausgefüllt werden muß. Nichts ist im Städtebau problematischer einzustufen als künstlerische Unduldsamkeit, d.h. Begrenzung auf wenige, auserlesene Details und Elemente, die in der geplanten Qualität unbedingt erforderlich sind und ohne die das Gesamtkonzept in sich zusammenstürzt. Guter Städtebau, das kann nicht oft genug wiederholt werden, verkraftet auch Fehler und Geschmacksverirrungen im Kleinen.

5.5 Entwerfen in Alternativen und Varianten

Eine unabdingbare Voraussetzung beim Entwerfen und damit auch wichtige Hilfe, Ideen zu präzisieren und zu verdeutlichen, ist das Arbeiten mit Alternativen und Varianten. Wenn man Entwerfen als einen Suchprozeß versteht, wird man sich bewußt der Methode der Alternativenbildung bedienen müssen (siehe Kapitel 3.3). Durch die Auswahl unterschiedlicher Randbedingungen und konzeptioneller Elemente einer Planungsaufgabe können Gegensätze einzelner Lösungen einander gegenübergestellt werden. Dieses Prinzip des Denkens in Alternativen („Querdenken") hilft, verschiedene Aspekte einer Problemlösung herauszuarbeiten und Standpunkte zu klären. Voraussetzung dieser Klärung ist jedoch eine kritische Auseinandersetzung mit den wesentlichen Unterschieden der einzelnen Alternativen, mit den verschiedenen Annahmen, aber auch mit Bindungen, die nicht berücksichtigt wurden.

Das lateinische Wort „Alternative" bedeutet „aus dem Anderen geboren", womit etwas zueinander Gegensätzliches gemeint ist. Damit erfolgt eine definitorische Abgrenzung zu Varianten, die lediglich einen Sachverhalt oder eine Konzeption modifizieren. Sie werden häufig in großer Zahl erzeugt, tragen aber kaum zur grundsätzlichen Klärung eines Entwurfsproblems bei. Diese Art der Varianzerzeugung wird leicht zu einer Fleißaufgabe, denn das Dilemma der Varianten ist die fehlende Gegenüberstellung der Gegensätze, die ungenügende Klärung der Randbedingungen eines Entwurfs. Dieses Herausarbeiten von Gegensätzen und die Überprüfung von Randbedingungen können am besten im kleinen Maßstab erfolgen, der ein hohes Abstraktionsniveau erfordert. Das Entwurfsprinzip einzelner Alternativen kann dabei durch Schemazeichnungen verdeutlicht werden (vgl. Abb. 5.12, 5.13). Erläuternde Skizzen und Texte tragen zur Differenzierung der Strukturelemente der einzelnen Alternativen bei (vgl. Ab. 5.14–5.16).

Es ist häufig zu beobachten, daß der Entwurfsprozeß ins Stocken gerät, weil die vorgegebenen und selbst gesetzten Randbedingungen im Unklaren geblieben sind. Diese Lähmung beim Entwerfen kann aber nur dann überwunden werden, wenn die eigenen und von außen gesetzten Annahmen hinterfragt und damit bestätigt oder auch in Frage gestellt werden. Entwerfen hat daher viel mit Selbstkritik und methodischem Zweifel zu tun, um das Konstante, das Bedeutsame eines Planungsproblems zu erkennen und zu verdeutlichen. Denken in Alternativen ist auch eine Methode, um den eigenen, oft für wichtig gehaltenen Standpunkt zu relativieren. Die vielfach geäußerte Auffassung: „Ich will das aber so und nicht anders!" blockiert den Entwurfsprozeß, da die eigene Meinung als „Sachzwang" akzeptiert und nicht hinterfragt wird.

5.6 Entwurfsschichten – zunehmende Konkretisierung

Die meisten Planungsprobleme sind komplex, und Lösungen lassen sich nicht oder selten durch einen spontanen „Wurf" finden. Sie müssen zunächst erkundet werden, wobei man sich Lösungsansätzen nähert, ohne genau zu wissen, wo die Lösung eigentlich zu suchen ist. Hinlänglich bekannte und probate Wege zur methodischen Auflösung von Komplexität sind die Unterteilung einer Gesamtaufgabe in

Grundlegende Überlegungen
zu einer Entwurfsaufgabe

Abb. 5.12 Im kleinen Maßstab lassen sich unterschiedliche Zielvorstellungen für die Bebauung eines Gebietes (hier Einbindung und Angliederung einer Neubebauung an eine öffentliche Freifläche im Zentrum von Leonberg) überprüfen. Die noch unkonkrete, abstrakte Notation ermöglicht auf den nachfolgenden Entwurfsebenen (Maßstab 1:1000, 1:500, 1:200) genügend Freiheiten für unterschiedliche architektonische Ausprägungen. (Ch. Sigel)

Alternativskizzen für eine Siedlungserweiterung

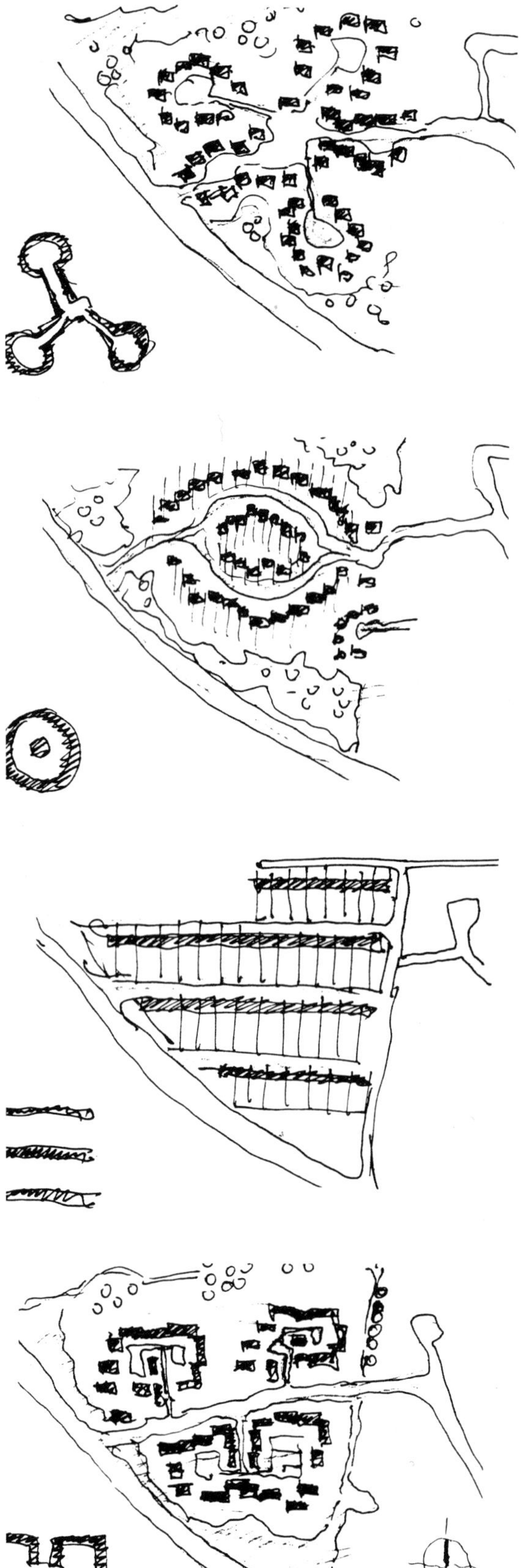

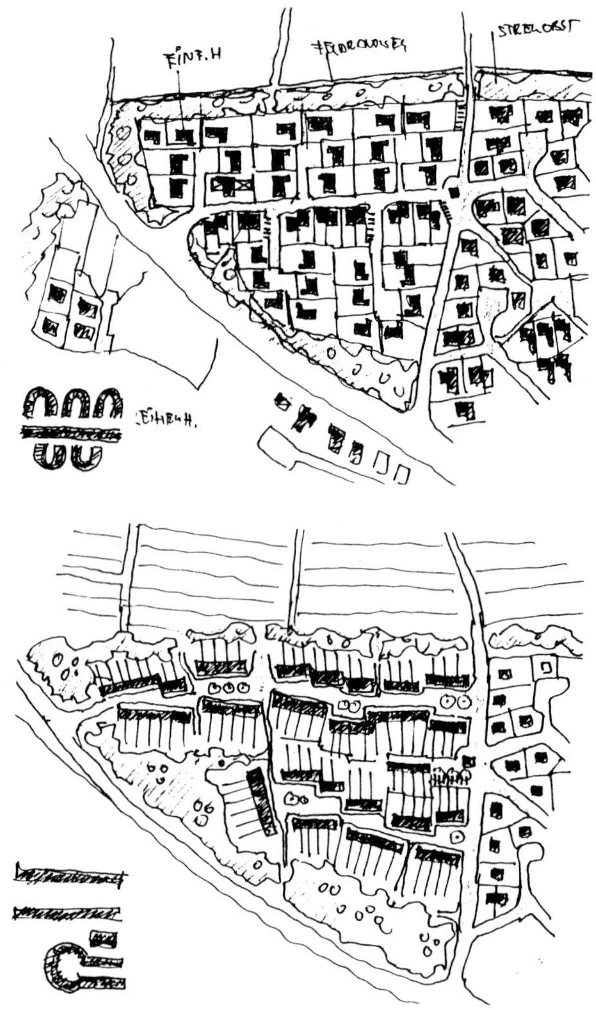

Abb. 5.13 In vereinfachten Schemaskizzen (Maßstab 1:2500) werden für ein neues Wohngebiet alternative Prinzipien von Erschließung, Gebäude- und Freiflächenstrukturen durchgespielt. Dabei werden unterschiedliche Ansätze der Anbindung an die bestehende Siedlung und der Einbeziehung freier Landschaft ausprobiert. Die Zuordnung verschiedener Gebäudetypen in Abhängigkeit von der Erschließung und Orientierung der Bebauung ergeben alternative Siedlungsmuster (Zeilen, „Blöcke", Hausgruppen u.ä.). Eine Abstraktion der Entwurfsskizze macht das Entwurfsprinzip deutlich. (Wolfgang Görl)

Verschiedene Aussageebenen von Entwurfsskizzen

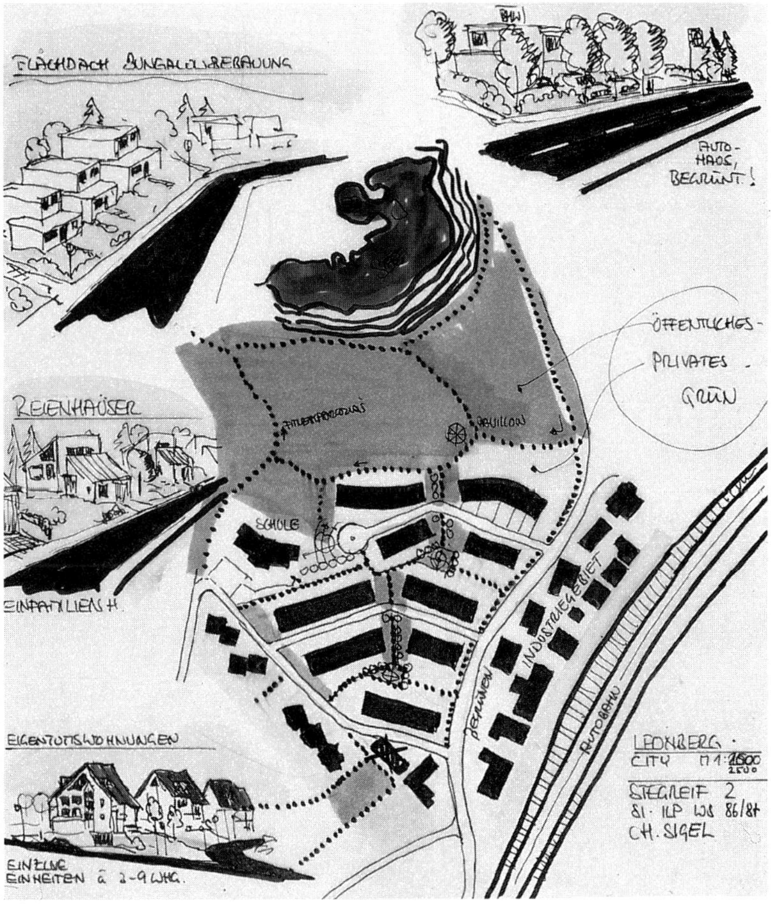

Abb. 5.14 Bereits im sehr groben Maßstab 1:2500 können die wesentlichen Strukturelemente (Gebäude-, Freiflächen- und Verkehrsstruktur) behandelt werden. Das Grundmuster aus der übergeordneten Überlegung (Angliederung einer Neubebauung an einen Park) wird in Variationen durchgespielt. Dabei wird das städtebauliche Muster, Straßen mit Zeilenbebauung, variiert, wobei Alternativen nur in Form unterschiedlicher Bauweisen (perspektivische Skizzen) entwickelt werden. Mit Hilfe verschiedener Aussageebenen von Entwurfsskizzen lassen sich so die inhaltlichen und formalen Bedingungen für die einzelnen konzeptionellen Ansätze überprüfen. Wichtig für den Entwurfsprozeß ist nämlich das Hinterfragen von vermeintlichen Voraussetzungen, die in Wirklichkeit oft nur stillschweigend übernommen und nicht in Zweifel gezogen worden sind.
(Christoph Sigel)

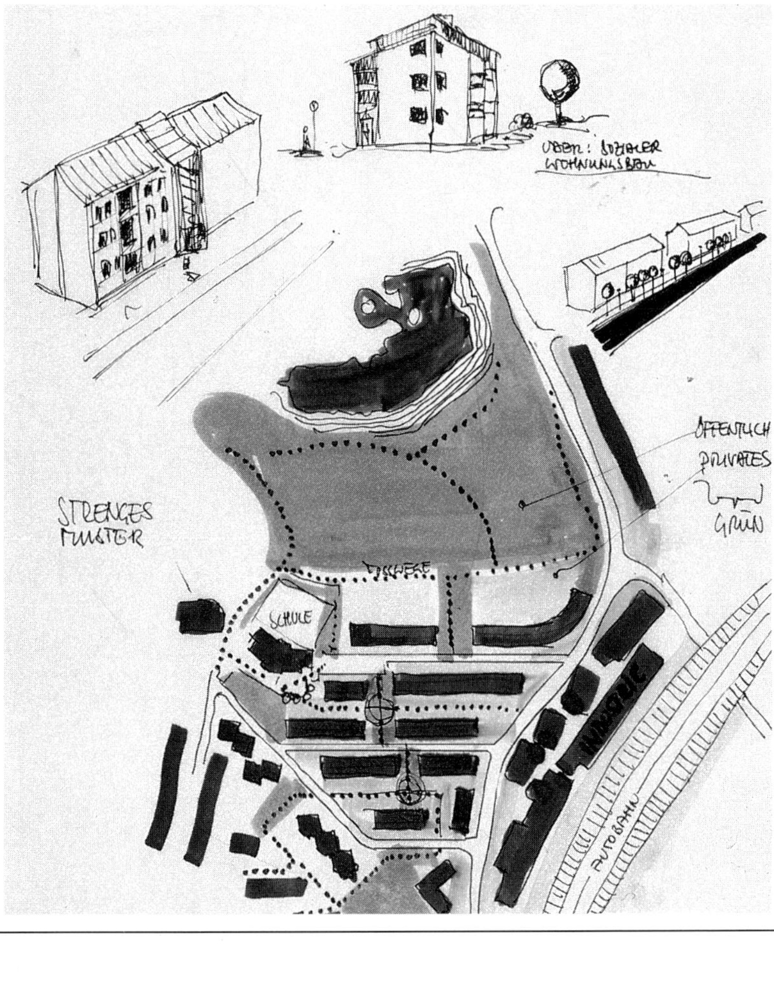

Abb. 5.15 Im kleinen Maßstab lassen sich gut Bedeutung und Funktion der Entwurfselemente (Gebäude, Freiflächen, Vegetation, Erschließung) im Konzept überprüfen (Platzgestaltung in der Altstadt von Esslingen). In der alternativen Gegenüberstellung werden die Unterschiede deutlich und können zusätzlich in Form von Stichworten festgehalten werden. So ergibt sich eine nachvollziehbare Bewertungsgrundlage für die Auswahl einer Lösung. (Thomas Czipf)

Dreidimensionale Darstellung zur Überprüfung der Raumwirkung

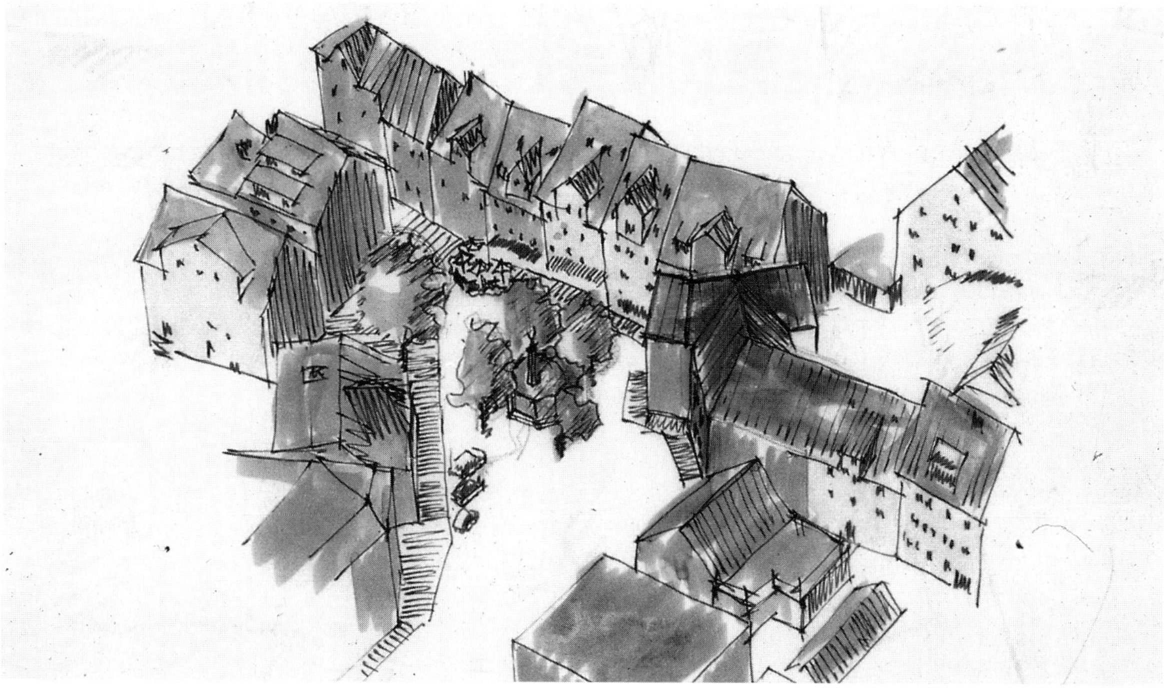

Abb. 5.16 In der Isometrie wird die unterschiedliche Raumwirkung der entwickelten Varianten (Abb. 5.15) überprüft. Einmal sind durch eine neue Bebauung (oben) von dem Platz nur noch Straßenräume übriggeblieben, während eine andere bauliche Ergänzung (unten) einen Dreiecksplatz entstehen läßt. (Thomas Czipf)

Teilprobleme und Teilaufgaben sowie die bewußte Differenzierung einzelner Entwurfsschritte vom Abstrakten zum Konkreten. Dieses Vorgehen läßt sich mit dem Begriff „Entwurfsschichten“ umreißen:

● **Inhaltliche Schichten, fachliche Teilaspekte**, die zunächst eigenständig gelöst werden können, sind bei jeder Entwurfsaufgabe in mehr oder weniger großem Umfang vorhanden. Solche fachlichen Schichten beim städtebaulichen Entwerfen sind Gebäude-, Verkehrs-, Freiflächen- und andere Teilstrukturen (siehe dazu die Abb. 5.17–5.23 mit einer entsprechenden Analyse). Auf jeder Maßstabsebene müssen die einzelnen fachlichen Schichten zu einem Gesamtkonzept zusammengeführt werden, um zu gewährleisten, daß die Einzelaussagen zusammenpassen. Parallel dazu ist die Durchgängigkeit der fachlichen Konzepte durch die verschiedenen Konkretisierungsebenen zu überprüfen, um die Realisierbarkeit einer Idee abzuschätzen. Diese Verknüpfung der horizontalen Aussageschichten zu Gesamtlösungen eröffnet andererseits die Möglichkeit zur Überprüfung der einzelnen fachlichen Entwurfsschichten.

● **Schichten der Aussagegenauigkeit** vom Groben-Ungenauen zum Konkreten-Detaillierten sind ein weiterer Ansatz für differenzierte Entwurfsschritte. In der Praxis bedeutet dieses Vorgehen die Konkretisierung eines Entwurfskonzepts durch das Übereinanderzeichnen verschiedener transparenter Deckblätter. Von Blatt-Schicht zu Blatt-Schicht wird die zunächst sehr einfache Skizze langsam zu einer komplexen Zeichnung, die immer mehr Details beinhaltet. Dabei wird immer an der jeweils genaueren und präziseren Konzeption angeschlossen, ohne die grundsätzliche Idee infragezustellen. Die zunehmende inhaltliche Detaillierung kann die Tragfähigkeit eines Entwurfsansatzes bestätigen oder aber auch widerlegen (vgl. das Beispiel in den Abb. 6.5–6.19, S. 97–101).
Hierzu ist es jedoch notwendig, daß die Skizze nicht als losgelöste, mehr formale Studie behandelt wird, sondern als Lösungsansatz innerhalb bestehender bzw. akzeptierter Randbedingungen. Es besteht eine große Gefahr bei der Arbeit in Schichten, daß die Zeichengrundlage (mit Gebäudebestand, Straßenführungen, Topografie etc.) mit den interpretierten Randbedingungen außer Acht gelassen wird oder zumindest in den Hintergrund tritt. Die Gefahr kann vermieden werden, wenn man als Zeichenunterlage die Kopie eines Lageplanes oder einer Flurkarte verwendet, oder diese zusammen mit dem darübergelegten Transparent kopiert.
Dabei müssen auch die unterschiedlichen Planungsmaßstäbe beachtet werden, denn erst in der Durcharbeitung einer fachlichen Idee durch unterschiedliche Planungsmaßstäbe läßt sich die Schlüssigkeit und Realisierbarkeit einer Idee überprüfen. Beide Arten der schichtweisen Verknüpfung stellen verschiedene Annäherungsprozesse an eine Problemlösung dar.

5.7 Entwurfsmaßstäbe – zwischen Konzept und Detail

Durch die einzelnen Entwurfsmaßstäbe können Aussagen unterschiedlicher Genauigkeit zum Ausdruck gebracht werden. Jede Maßstabsebene hat ihre spezifische Aussagefähigkeit, verlangt aber zum Verständnis einer Entwurfsidee sowohl nach der nächst höheren als auch der nächst niederen Maßstabsebene, um die konzeptionelle Einbindung, die Durchgängigkeit der Inhalte einerseits und die Tragfähigkeit des detaillierten Konzepts zu verdeutlichen. Die zunehmende Genauigkeit des kleineren Maßstabs liefert den Nachweis über die Beständigkeit und Realisierbarkeit einer Idee, während der übergeordnete Maßstab die Stimmigkeit des Gesamtkonzeptes widerspiegelt. (Der Begriff „kleiner Maßstab“ bezieht sich dabei auf das kleinere Zahlenverhältnis, z. B. 1:500 oder 1:200. Ein „großer Maßstab“ wäre dann z. B. 1:2500 oder 1:5000.)
Der Vorteil des übergeordneten Maßstabs liegt in seiner Ungebundenheit, in der Klarheit, mit der ein Gedanke ohne den Balast der Realisierungsschwierigkeiten zum Ausdruck gebracht werden kann. Je kleiner der Planungsmaßstab ist, desto mehr geht – meistens – von der eigentlichen Idee darstellerisch verloren. In der Durchgängigkeit einer Idee durch die unterschiedlichen Planungsmaßstäbe zeigt sich der Grad der Durcharbeitung. Während der architektonische Entwurf für ein Gebäude in der Regel den Bereich der Maßstäbe 1:100 bis 1:20 (was dem Faktor 5 entspricht) abdeckt, umfaßt der städtebauliche Entwurf die Ebenen vom 1:10000 bis zum 1:200 (was dem Faktor 50 entspricht). Dementsprechend vielfältiger sind Inhalte und Komplexität des städtebaulichen Entwurfs gegenüber dem architektonischen Entwurf, der eher von der bautechnischen Detailierung geprägt ist.
Die vielfältigen Ansprüche erfordern auch eine unterschiedliche Ausdrucksweise mit verschiedenen Abstraktionsgraden. Das Interessante der übergeordneten Entwürfe liegt gerade in ihrer Unkonkretheit, ihrer Interpretationsfähigkeit und Offenheit. Die Vorstellungen in den großen Maßstäben müssen eindeutig in der Richtung, aber variationsfähig im Detail sein. Ein guter Städtebau ermöglicht auch von daher unterschiedliche architektonische Ausformungen.

Inhaltliche Schichten – städtebauliche Analyse eines Baublocks

Verfasser: Steffen Hartmann, Wolfgang Nautter

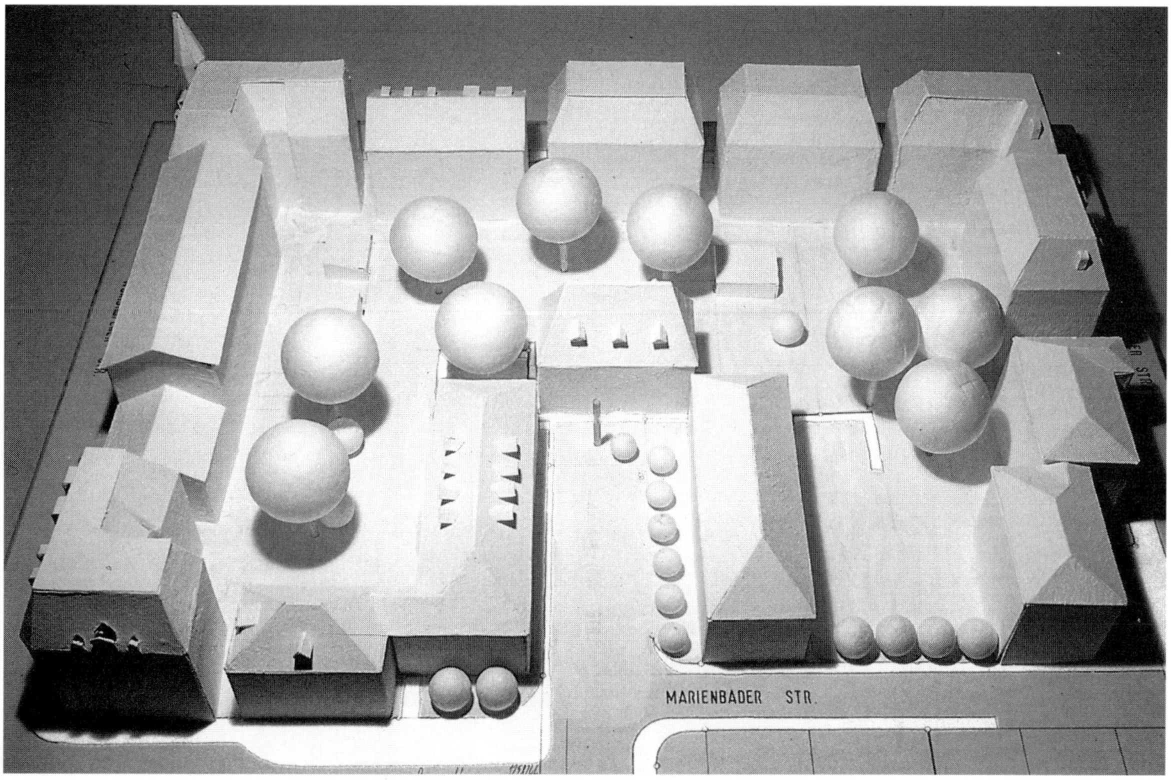

Abb. 5.17

Die nachfolgenden Abbildungen zeigen eine Analyse einer städtebaulichen Situation in Stuttgart-Bad Cannstatt. Durch die Zerlegung des Komplexes in einzelne Aussageebenen werden die unterschiedlichen städtebaulichen Aspekte der einzelnen Schichten verdeutlicht.

Abb. 5.17 Das Modell gibt den räumlichen Eindruck des Blocks wider, wobei auf die Darstellung der flächigen Informationen (Grundstücksgrenzen usw.) soweit wie möglich verzichtet wird. Das Nachvollziehen bestehender Situationen durch ein Modell läßt das Wechselverhältnis von Fläche und Baukörper in abstrakter Form zutagetreten. Die Unterschiede zur realen Situation werden erkennbar.

Abb. 5.18 Der Lageplan im Maßstab 1:500 mit Dachaufsicht enthält bereits alle wesentlichen Informationen: Gebäude mit Dachaufsicht und baulichen Details, Gebäudehöhen sind über den Schattenwurf ablesbar, Verkehrsflächen, Grundstücksflächen und -grenzen, Freiflächen und Vegetation. Die Darstellung vermittelt einen räumlichen Gesamteindruck. Der sparsame Einsatz von Farbe läßt die Einzelemente gleichgewichtig erscheinen.

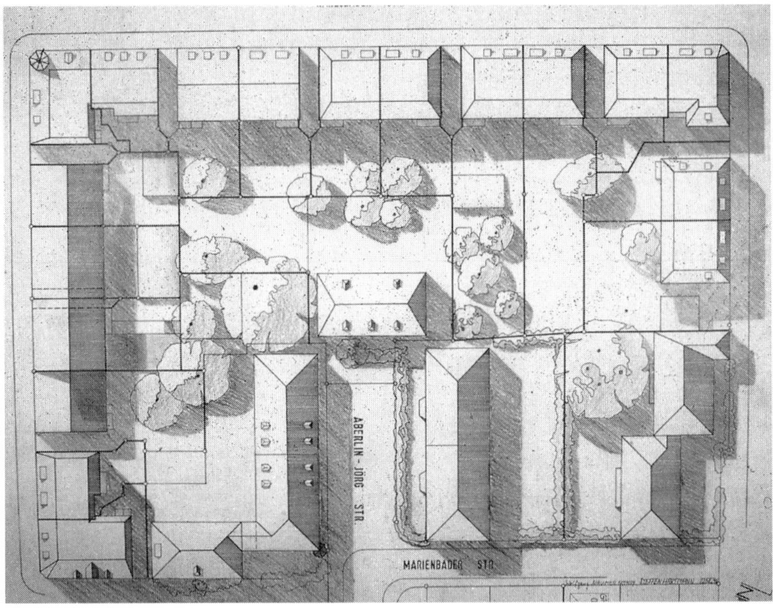

Abb. 5.18

Abb. 5.19 Durch die Verwendung von Farbe können Freiflächen und Gebäude deutlich herausgehoben und abgegrenzt werden. Die bauliche Gesamtstruktur wird durch das Weglassen von einzelnen Details (Dachgauben, Erker, Bäume u. ä.) besser als Bebauungsschema erkennbar.

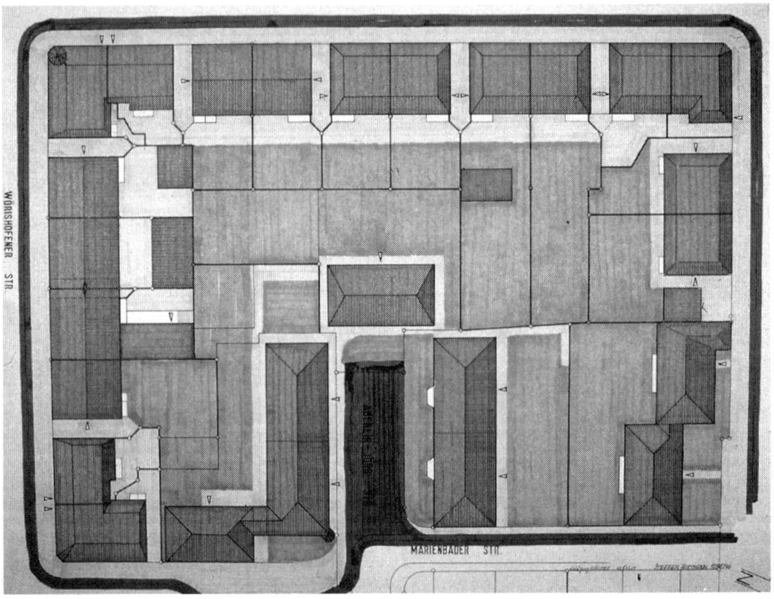

Abb. 5.19

Abb. 5.20 Das Markieren der Grundstücksgrenzen läßt erkennen, daß die Eigentumsstruktur des Blocks nicht den geschlossenen Eindruck der Randbebauung widerspiegelt. Mit Hilfe dieser Information wird verständlich, warum die Flächen des Blockinnenbereiches ein unterschiedliches Aussehen bzw. unterschiedliche Nutzungsintensitäten aufweisen. Dadurch werden auch die „Grenzen" der Veränderbarkeit verdeutlicht.

Abb. 5.21 Das grafische Betonen der Gebäudekanten verdeutlicht die Raumbildung zu den öffentlichen Flächen. Es wird dadurch hervorgehoben, daß der Block aus unterschiedlichen Einzelteilen besteht, die durch Bauwiche (Gebäudeabstände) getrennt sind. Diese Struktur zeigt, daß der Gesamteindruck durch das Auswechseln einzelner Elemente nicht gestört wird. Eine solche Struktur verträgt sogar einzelne, schlechte Gebäude.

Abb. 5.22 und *5.23* Darstellungen in schwarz-weiß reduzieren die Planinhalte auf das Notwendigste. In der Abbildung 5.22 treten die Gebäudestellungen in Erscheinung, ohne architektonische Details (Dachschrägen, Dachformen). Durch die Gegenüberstellung mit der Negativ-Darstellung der Freiflächen (Abb. 5.23) wird das Verhältnis von Blockrandbebauung und Freiflächen deutlich. Die Bedeutung der in den Block hineinreichenden Gebäude für die Gliederung des Innenbereiches wird erkennbar.

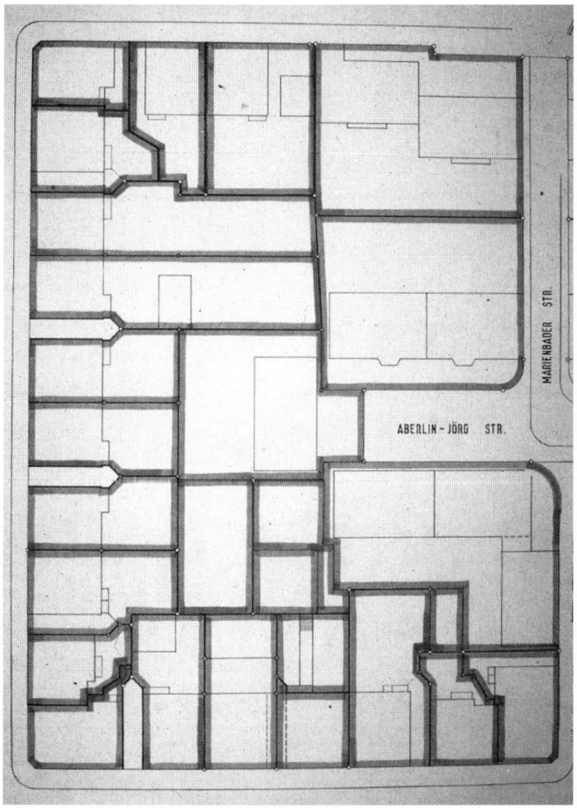

Abb. 5.20

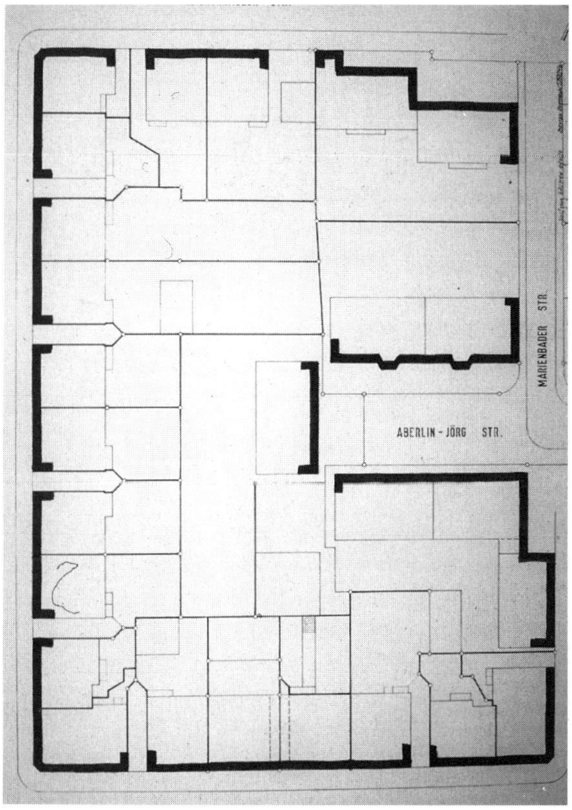

Abb. 5.21

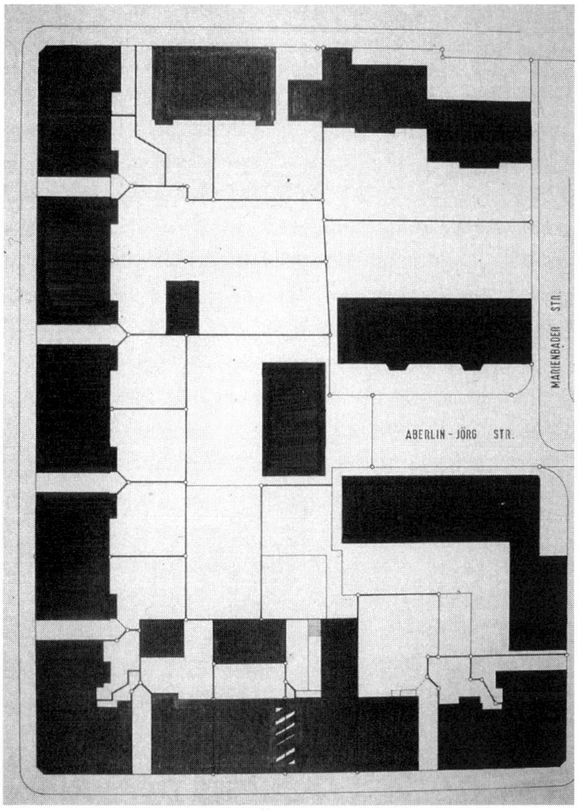

Abb. 5.22

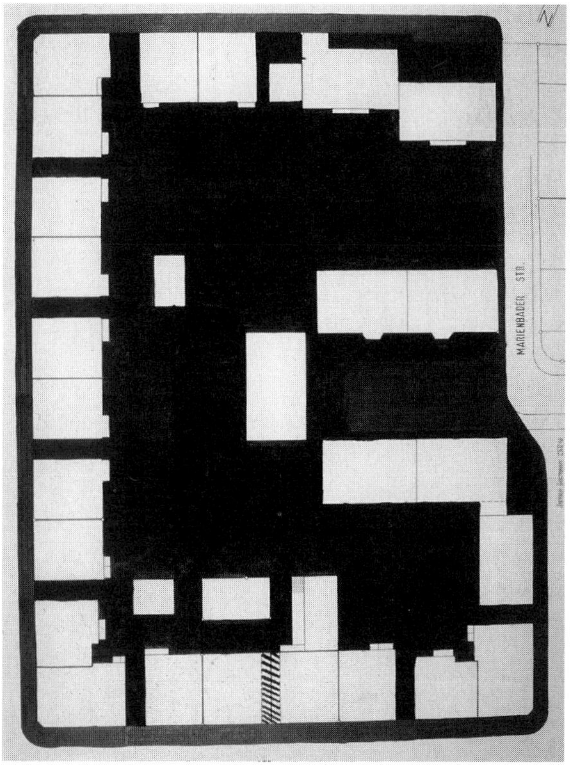

Abb. 5.23

Jeder Maßstab hat seine spezifische Anwendungsebene (siehe dazu auch Kapitel 9.3). Je übergeordneter der Maßstab ist, desto wichtiger ist seine Aussage in bezug auf Zusammenhänge, meist funktionaler, aber auch formaler Art:

- Die grundlegenden regionalen und städtebaulichen Zusammenhänge werden auf der Ebene des Maßstabs 1:25000 bzw. 1:10000, der Ebene des Flächennutzungsplanes, dargestellt.
- Der Maßstab 1:5000 eignet sich besonders für die Darstellung von Flächendispositionen und Verkehrskonzepten.
- Auf der Ebene des 1:2500 werden Bestandsanalysen durchgeführt und Rahmenpläne entwikkelt.
- Der Maßstab 1:1000 stellt den Übergang vom Flächig-Funktionalen zum Baulich-Konkreten dar. Er ist der städtebauliche Entwurfsmaßstab der Strukturalternativen, die Auskunft geben über Gebäude-, Freiflächen- und Verkehrsstrukturen. Hier fließen bereits die wichtigsten baulichen und technischen Überlegungen in die Aussagen ein. Dieser Maßstab ist für Massenmodelle geeignet.
- Im 1:500 sind bereits entscheidende Details konkreter Bebauungsvorschläge zu erkennen. Dieser Maßstab ist die Ebene der Bebauungspläne. In ihm lassen sich bereits die Baumassen differenziert in Modellen darstellen.
- Im Übergang zum Maßstab 1:200 werden konkrete architektonische Vorstellungen präzisiert. Ab hier beginnt die Ebene des Objektentwerfers, dessen Metier der Städtebauer soweit kennen muß, daß er weiß, welche Zwänge oder Freiheiten er dem Architekten auferlegen kann und darf.

5.8 Entwurfshilfen – zwischen Zeichnung und Modell

Jede Arbeit läßt sich leichter verrichten, wenn man sich geeigneter Hilfen bedient. Aber auch beim Entwerfen ist es schwierig, die richtigen Hilfen zu kennen und auszuwählen, denn dabei gibt es keine Patentrezepte. Alle Hilfen fürs Entwerfen beziehen sich auf die Visualisierung von Überlegungen und Vorstellungen.

- Die bekannteste Hilfe ist die **Zeichnung**. Meist denkt man bereits an die fertige, die technische, exakte und mit dem Tuschefüller ausgeführte Zeichnung, die bereits eine Fülle von Anleitungen zur Realisierung beinhaltet. Davor gibt es aber vielfältige Zwischenstufen, von der frühen Ideenskizze mit dem Bleistift oder dem Kohlestift, über die aquarellierte Zeichnung als Stimmungsimpression sowie die Perspektiven und Ansichten zur Verdeutlichung der räumlichen Situation bis hin zum genauen Detail. Die einzelnen Zwischenstufen haben den Sinn, die verschiedenen Aussagen einer künftigen, räumlichen Situation darzustellen, wenn sich diese auch in einer zweidimensionalen Zeichnung nur sehr bedingt wiedergeben lassen. Eine wichtige Zeichenebene ist die Perspektivzeichnung, durch die einzelne Aspekte von Grundriß, Ansicht und Schnitt zu einem räumlichen Eindruck zusammengefaßt werden können. Im Entwurfsprozeß wird die Perspektive häufig als Kontrolle der Proportionen und Raumwirkungen eingesetzt (siehe Kapitel 9.4).

- Im Städtebau sind die räumlichen Beziehungen jedoch sehr vielfältig. Man wäre mit dem Zeichnen allein überfordert, wollte man auch nur die wichtigsten räumlichen Situationen zeichnerisch festhalten und überprüfen. Daher kommt im Städtebau dem **Modell** als miniaturisierter Baulichkeit eine sehr große Bedeutung zu. Gerade im städtebaulichen Massenmodell lassen sich bauliche Strukturen (Maßstab 1:1000) und räumliche Situationen (Maßstab 1:500 und 1:200) anschaulich darstellen und überprüfen. Der kritische Blick des Entwerfers, der in Hockstellung vor seinem Modell die Perspektive des künftigen Nutzers zu erahnen versucht, ist nicht nur von Preisrichtersitzungen bei Wettbewerben bekannt. Heute bedient man sich vielfach der Modellsimulation, um auch fotografisch die räumlichen Eindrücke, die ein Modell vermittelt, festzuhalten (siehe Kapitel 9.6).

Allerdings wird der Wert des Modells für das Entwerfen selbst häufig zu wenig genutzt. Der Modellbau beendet meistens nur als räumliche Illustration einer Planung den Entwurfsprozeß. Er soll der krönende Abschluß sein, führt aber nicht selten zu Ernüchterung und Enttäuschung, wenn die dritte Dimension beim Entwerfen nicht hinreichend abgeklärt war. Eine wichtige Bedeutung hat das Modell nämlich bereits zur Klärung und Bewertung von verschiedenen Entwurfskonzepten. Dabei dient das Arbeitsmodell – es geht zunächst nicht um Perfektion und Detailtreue – auch dazu, Zeit zu sparen, denn Änderungen im Modell, durch Umstellung von Baumassen zur Entwicklung von Alternativen, können sehr schnell realisiert werden.

Die Möglichkeiten des Modells reichen aber noch weiter: Es erleichtert die Reflexion über Randbedingungen, die beim Zeichnen oft viel zu statisch gesehen werden, wenn man z.B. immer wieder die gleichen Häuser durchzeichnet, ohne zu überlegen, ob sie eigentlich unbedingt erhalten werden müssen. Beim Modell ist das Haus mit einem Griff entfernt oder umgestellt (vorausgesetzt man arbeitet mit den richtigen, beweglichen Arbeitsmaterialien; vgl. Kapitel 7.4). Insofern liefert das Modell nicht nur eine bessere Anschauung der räumlichen Situation, es ist auch Gedankenhilfe auf der Suche nach dem Wesentlichen, Konstanten oder Variablen eines Entwurfes. Richtig eingesetzt bewegt sich der Entwurfsprozeß zwischen den verschiedenen Medien. Nur der Wechsel zwischen unterschiedlichen Formen des Zeichnens oder Illustrierens einerseits und dem Modell andererseits eröffnet eine größere Bandbreite für entwerferische Überlegungen.

5.9 Entscheiden – die Qual der Wahl

Je mehr man zeichnet, desto klarer sollte eine Entwurfsidee zutagetreten. Das ist nicht immer der Fall, denn häufig besteht die Gefahr, in der Fülle von scheinbar gleichwertigen Möglichkeiten zu ertrinken (vgl. Abb. 6.20). Grundsätzlich ist es zwar positiv zu bewerten, wenn Wahlmöglichkeiten bestehen, weil man in der Gegenüberstellung unterschiedlicher Ansätze Positiva und Negativa jeder Idee herausstellen kann. Eine sachgerechte Entscheidung ist aber nur möglich, wenn man bei den konzeptionellen Ansätzen wirkliche Unterschiede verfolgt hat und über entsprechende Kriterien zu ihrer Selektion verfügt.
Meistens müssen die Entwurfskriterien im Laufe des Entwerfens erst entwickelt werden. Selbst bei Wettbewerben sind die Vorgaben so gefaßt, daß sie genügend Spielraum für die Anwendung eigener Kriterien ermöglichen. Nicht selten werden deshalb gerade jene Entwürfe prämiert (das hängt allerdings von der Zusammensetzung der Jury ab), die über eigenständige Ansätze verfügen und die sich manchmal sogar über zu enge Wettbewerbsbedingungen hinwegsetzen. Entscheidungen über Lösungen werden oft intuitiv getroffen, wie auch im täglichen Leben, z. B. beim Einkaufen von Kleidung. Dabei spielen trotz aller Geschmacksfragen handfeste Kriterien eine Rolle, die nicht immer deutlich in den Vordergrund treten.
Bei der Entscheidung für eine bestimmte Entwurfslösung kommt deshalb der Kriterienbildung und -auswahl eine große Bedeutung zu. Auch sollte sich eine Entscheidung nicht nur auf einen Bewertungsvorgang beschränken, um Fehlurteile zu vermeiden und Korrekturmöglichkeiten zu haben. Bei Preisgerichtssitzungen von Wettbewerben finden deshalb immer mehrere Rundgänge statt, die eine Selektion der preiswürdigen Arbeiten anhand unterschiedlicher, oft auch kontrovers diskutierter Kriterien gewährleisten.
Bei den eigenen Entwürfen, die nicht oder noch nicht einer Jury zur Entscheidung vorgelegt werden, müssen diese Kriterien selbst erarbeitet werden. Dabei ist es hilfreich, die wesentlichen Gedanken zu artikulieren, sowohl in mündlicher als auch in schriftlicher Form, z. B. als Erläuterung von Vor- und Nachteilen neben einer groben Skizze. Bei der Entscheidungsfindung ist neben der zeichnerischen Darstellung ebenso das Gespräch mit anderen über einen Entwurf sehr förderlich. Das Vorstellen und Diskutieren von Konzeptionen, in der Ausbildung wie in der beruflichen Praxis, kann die Auswahl von Alternativen beschleunigen, Korrekturen eines Konzepts bewirken oder auch ganz neue Ideen ergeben.

Abb. 5.24 Zuviel des Guten kann die Entscheidung erschweren

6. Konkretisierungsprozesse: Kontinuität – Sprünge – Rationalität

Es ist sehr schön, Ideen zu entwickeln, die als Beitrag zu einer Problemlösung in der Realität Gestalt werden. Diese Lust des Entwerfens, die nicht selten zur „Besessenheit" wird, wie einmal ein Architekt seine Gefühle beim Entwerfen benannte, ist aber auch mit kreativen Hemmungen, die als „Frust" empfunden werden, verbunden. Die Verinnerlichung dieser emotionalen Diskrepanz ist deshalb der erste Schritt, die „Angst vor dem leeren Blatt Papier", die Scheu vor dem „Abenteuer Entwerfen" abzulegen. Die Feststellung „Entwerfen ist erlernbar" ist in dieser Hinsicht mehr als eine Grundhypothese. Sie ist die Aufforderung, verdeckte oder noch nicht entdeckte Fertigkeiten zu aktivieren und zu entwickeln.

Der Entwurfsprozeß mit seinen Regelmäßigkeiten und Besonderheiten muß dazu analysiert und für einen individuellen Lernprozeß zugänglich gemacht werden. So ist die Erkenntnis wichtig, daß Entwerfen mit einem häufigen „Springen vor und zurück" nicht als falsches Vorgehen, sondern als wesentliches Handlungsmerkmal zu betrachten ist. Die Kontinuität im Entwurfsprozeß ergibt sich in einer gewissen Klarheit nämlich erst durch einen Rückblick aus der Warte einer gefundenen Problemlösung. Dann wird auch erkennbar, wie „ökonomisch" das Vorgehen war. Effektivität ist aber nicht nur der Ausdruck für Zeit- und letztlich Geldersparnis, sondern auch für das Freiwerden und „Platzschaffen" für Kreativität. Dazu gibt es methodische und technische Hilfsmittel, die angewendet und geübt werden müssen.

Die inhaltliche Erarbeitung einer Konzeption von der sehr abstrakten ersten Idee zu einer konkreten Ausformung ist eben nicht der geruhsame Sonntagsspaziergang, sondern eher die anstrengende Bergwanderung. Das „Auf und Ab" der eigenen Gemütslage beim Entwerfen ist sozusagen der innere Ausdruck eines im Grunde „normalen" Vorgehens. Die Irrationalität beim Entwerfen, die mehr oder weniger spontanen Einfälle müssen in Einklang mit den Anforderungen an den Entwurf gebracht werden. Auf der anderen Seite muß erkannt werden, daß der Reiz eines guten Entwurfes meistens auch in einem nicht ergründbaren „Geheimnis" liegt. Rationalität braucht die „Würze" der Unergründbarkeit, die Möglichkeiten zur individuellen Interpretation bietet.

6.1 Lust und Frust des Entwerfens

Wer kennt nicht die Zeichnungen von den „Großen", die zu allen Zeiten quasi hingeworfen wurden auf ein Stück Papier, das zufällig zur Hand war, oder in eine Art Tagebuch, das als ständiger Wegbegleiter stets greifbar war. Gerade diese „Zufallsprodukte" liefern ein deutliches Beispiel dafür, mit wieviel Begeisterung mancher Architekt beim Entwerfen war und auch heute noch ist, und zwar immer, nicht nur bei der „normalen Arbeit" am Reißbrett. Vielleicht ist gerade die Ungezwungenheit, zum Beispiel beim lockeren Zuhören in einer – nicht ganz so aufregenden Besprechung – eine wichtige Voraussetzung zum lustbetonten Entwerfen.

Wem Zeichnen ein Bedürfnis ist, der wird nicht lange überlegen, bevor er etwas zeichnet. Etwas drängt aus ihm heraus, aufs Papier, das immer ein geduldiger Zuhörer ist. Und oft manifestiert sich ein Gedanke erst dadurch, daß er artikuliert wurde, indem er gezeichnete Gestalt wurde. Diese „Ideenskizzen" bieten die Möglichkeit zur Reflexion, die notwendig zum Entwerfen gehört.

Hier liegt das eigentliche Problem des Entwerfens: das richtige Gleichgewicht zwischen Intuition und Reflexion, zwischen Kampf und Gewinn zu finden. Für viele, die am Stück Papier verzweifeln, liegt das Problem in einer inneren Verkrampfung, die dadurch entsteht, daß eine gestellte Aufgabe nicht mit der Ideenproduktion korrespondiert (Abwesenheit der küssenden Muse) oder daß die Ideenvielfalt nicht übereinstimmt mit der gestellten Aufgabe (Kuß der falschen Muse). Entwerfen bedeutet deshalb, den Kampf zwischen inneren Zwängen und äußerer Notwendigkeit zu beherrschen.

● **Entwerfen ist erlernbar.** Für einen genialen Entwerfer mag diese These lästerlich klingen. Für einen Entwurfslehrer ist ihre Erfüllung das täglich' Brot und für Studierende sollte sie der Quell nicht versiegender Hoffnungen sein.

● **Es ist selten zu früh, aber niemals zu spät, mit dem Entwerfen zu beginnen**. Es gibt nämlich keine Altersbegrenzung für das Lernen. Aber es ist wichtig zu wissen, wo und wie man am sinnvollsten beginnt. Dabei muß der Beginn nicht immer auf dem Blatt Papier erfolgen. Viele Aufgaben bedürfen schon im Vorfeld des ersten Strichs einer grundsätzlichen Klärung (vgl. Kapitel 2). Ebenso muß bereits vor Beginn des Entwerfens das eigene Vorgehen überlegt werden, um nicht in einen ziellosen Aktionismus zu verfallen, der irgendwann in die Leere läuft.
Aktionismus ist gerade beim Entwerfen eine häufig zu beobachtende Untugend, mit der eigene Einfallslosigkeit überdeckt werden soll. Es ist immer wieder zu beobachten, daß viel Unwichtiges oder Falsches zum wiederholten Male durchgezeichnet wird, obwohl es den Entwurfsprozeß nicht voranbringt. Hier ist es notwendig, eine Methode zu entwickeln bzw. sich anzueignen, mit der man die eigene Arbeit selbstkritisch reflektiert. Ein Erkenntnisgewinn über die eigene Arbeit ist aber nur dann zu erwarten, wenn man sich dem Entwurfsproblem von unterschiedlichen Seiten nähert (siehe Kapitel 3.2 und 3.3).
Es läßt sich aber andererseits auch feststellen, daß mit zunehmender Kopfarbeit die Hemmung vor dem leeren Blatt Papier wächst. Eine noch so gute Analyse führt eben nicht zwangsläufig zu guten Konzepten. Der Übergang von der Analyse zur Konzeption ist selten kontinuierlich, sondern meistens abrupt. Die Analyse dient im wesentlichen der Aufarbeitung der Entwurfsbedingungen und später der kritischen Reflektion des Entworfenen.

6.2 Vom Abstrakten zum Konkreten

Jeder Entwurf basiert auf einer Idee, oder sollte es wenigstens. Manchmal ist die Idee offensichtlich, z. B. bei stark formalen Ansätzen oder bei technisch, konstruktiven Überlegungen. Sie kann aber auch so versteckt sein, daß sie erst durch Erläuterungen erkennbar wird. Fast immer aber steht jedoch am Anfang des Entwurfsprozesses nur eine vage Vorstellung, die schemenhaft z. B. in Form von Skizzen zum Ausdruck gebracht wird. Daraus muß erst die tragende Idee eines Entwurfs entwickelt werden.

Abb. 6.1 Die bauliche Ausformung des endgültigen Entwurfs (oben) muß die Grundidee (unten) zum Ausdruck bringen: Siedlung, Seldwyla, Schweiz (Arch. Rolf Keller)

Das Problem jeder Entwurfsaufgabe ist die Umsetzung eines Programms in konkrete Raumvorstellungen durch das Mittel der Zeichnung und des Modells. Dabei muß immer wieder geprüft werden, ob das angestrebte Ziel und die zur Verfügung stehenden, baulichen und technischen, Mittel in Einklang stehen. Die Zeichnung als Medium des Entwurfsprozesses stellt dabei jeweils eine abstrakte Zwischenstufe dar, auf der das Programm konkretisiert und die künftige räumliche Gestalt herausgearbeitet wird. Auf diese Weise wird angestrebt, daß die Übereinstimmung der Grundidee mit der baulichen Ausformung auch für den endgültigen Entwurf prägend und erkennbar wird (siehe Abb. 6.1).
Dieser Prozeß der Annäherung der planerischen Mittel an das Programm ähnelt einer Anziehprobe beim Schneider: Man muß häufig überprüfen, ob der vorgesehene Schnitt sitzt. Nur leider ist das Entwerfen abstrakter und komplizierter als die Kleiderprobe. Das planerische Programm besteht aus sehr verschiedenen, sich auch widersprechenden Vorstellungen und nicht aus konkreten Körpermaßen. Die Zeichnung ist dabei nur das Schnittmuster, und wenn der Bau steht, vergleichbar dem fertigen Anzug oder Kleid, ist es für eine Maßänderung zu spät. Die „Nähte" am Bau sind beständiger als der Faden des Schneiders. Dieser Vergleich zeigt, daß Entwer-

fen auf einer relativ abstrakten Ebene stattfinden muß. Die Umsetzung des Programms in bauliche Gestalt setzt eine intellektuelle Abstraktionsleistung voraus, bei der Ausgangspunkt und Endergebnis mittels Zeichnung schrittweise zur Deckung gebracht werden müssen.

Beim städtebaulichen Entwerfen muß die Abstraktion auf verschiedenen Ebenen stattfinden. Neben dem eigentlichen Programm, z. B. dem Bau einer neuen Wohnsiedlung, müssen die Charakteristika des Planungsgebietes abstrahiert werden, um Eingang in die Gestaltidee finden zu können. Gerade das Verstehen der räumlichen Gegebenheiten und Besonderheiten setzt ein hohes Maß an Abstraktion voraus. Aus den vielen, oft unüberschaubaren Einzelheiten (Topografie, Exposition, Geologie, Vegetation, Wegeführungen, funktionale Verflechtungen, Nutzungen etc.) müssen die Besonderheiten des Standortes herausgearbeitet werden. Es soll sich das herauskristallisieren, was oft mit dem ominösen Begriff des „genius loci" umschrieben wird.

Jeder Teil der Stadt ist anders als der andere. Jeder Architekt hat die Aufgabe, den Ort richtig zu durchleuchten, um die Bedingungen herauszukristallisieren, auf denen wir dann die Transformationen aufbauen können. (Snozzi, S. 54)

Dieser Abstraktionsvorgang kommt der Interpretation des Notenmaterials durch den Instrumentalisten oder Dirigenten gleich. Ohne Akzentuierung von Melodieführungen und Stimmen, ohne Rhythmisierung und Strukturierung der Themen ergibt sich keine verständliche Musik. Erst das Herausarbeiten der als wesentlich erkannten Elemente ergibt eine gute Interpretation, sowohl in der Musik als auch in der Architektur und im Städtebau. Daher muß der Vorgang der Abstraktion immer verbunden sein mit der Intuition vor Ort. Jeder gute Entwerfer ist auch ein guter Beobachter.

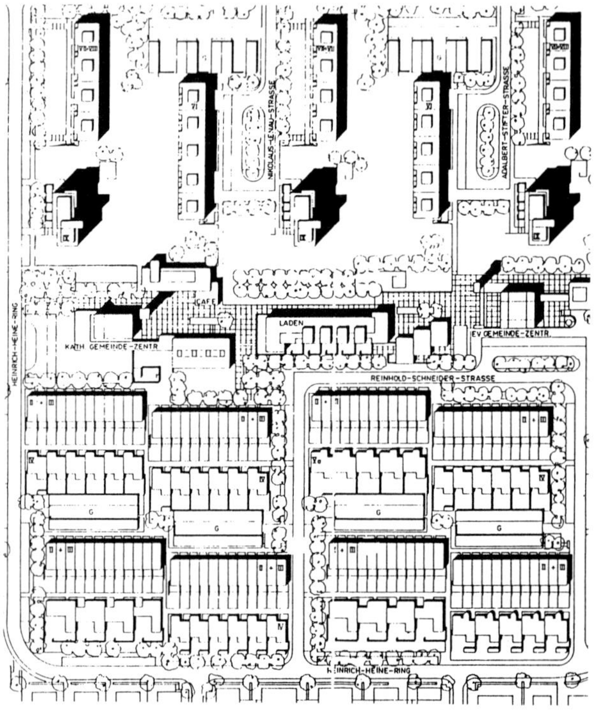

Abb. 6.2 Kombination von einzelnen Gebäudetypen zu einem städtebaulichen Gesamtkonzept: Lageplanausschnitt Karlsruhe-Baumgarten (Arch. Paul Schütz)

Entwerfen heißt also, sich schrittweise einer Lösung zu nähern, in der Aussagen präziser, konkreter werden. Wenn die Aufgabe gut gelöst wurde, sieht es so aus, als sei der Entwurfsprozeß zielgerichtet und linear verlaufen, vom Abstrakten zum Konkreten. Das Kleine, Konkrete hat immer noch mit dem Ganzen, der großen Idee zu tun, und umgekehrt beinhaltet die große Idee bereits das kleine Detail. Daher gehört das Verweben der unterschiedlichen Denk- und Maßstabsebenen zur unabdingbaren Voraussetzung des Entwerfens. Aber immer ist die Richtung vom Ganzen auf das Detail gerichtet. Die Summe einzelner, unterschiedlicher Teile ergibt niemals ein zusammenhängendes Ganzes, wenn nicht von vornherein eine Idee richtungsweisend war (vgl. Abb. 6.1).

Es gibt aber auch den umgekehrten Weg: Details oder Bautypen sollen, weil lieb geworden oder bewährt, angewendet werden. Das Zusammenzeichnen von verschiedenen Gebäudetypen ergibt aber noch nicht zwangsläufig eine städtebauliche Gesamtlösung. Im Entwurfsprozeß muß nun überprüft werden, ob sich die Einzelteile zu einem Ganzen zusammenfügen. Selbst bei diesem Vorgehen zeigt sich, wie maßgebend das Ganze, die große, und zunächst abstrakte Idee für die Konkretisierung sein muß (siehe Abb. 6.2). Entwerfen ist also immer das Aufeinanderzubewegen vom Abstrakten zum Konkreten, vom Abgehobenen zum Bodenständigen, von welcher Seite sich der Entwurfsprozeß auch einer Probemlösung nähert.

6.3 Kontinuität im Entwurfsprozeß

Entwerfen im Städtebau heißt, eine Vielzahl von Aspekten zu berücksichtigen, und zwar auf unterschiedlichen Planungs- und Maßstabsebenen. Es setzt voraus, daß das Ganze, zum Beispiel ein Bebauungsplan, auch die erforderlichen Details beinhaltet. Der städtebauliche Entwurf ist einem großen Gefäß vergleichbar, das eine Vielzahl unterschiedlicher Dinge aufnehmen kann. Damit der städtebauliche Entwurf ein Kontinuum wird und kein Chaos, muß eine Struktur entwickelt werden, die Großes und Kleines in ein sinnvolles Verhältnis zueinander setzt.

Bei komplexen, städtebaulichen Problemen ist die reibungslose, konfliktfreie Lösung meist die falsche. Die Richtigkeit oder Angemessenheit einer Lösung ergibt sich erst aus dem Widerspruch, dem Widerstand, der beim Entwerfen erfahren wurde. Wer bei seinen gezeichneten Lösungen diesen Widerstand nicht verspürt, geht vermutlich zu unkritisch mit seinen eigenen Leistungen um.
Dies bedeutet aber nicht, daß Entwerfen chaotisch sein muß. Bei allen „Schlangenlinien" des Entwurfskurses benötigt das Entwerfen eine Kontinuität, die von der Aufgabenstellung zur Problemlösung führt. Das Kennzeichen des entwerferischen Weges ist die Unterschiedlichkeit der einzelnen Schritte: Es gibt kleine, einfache Schritte, es gibt aber auch große, zunächst verworrene und verwirrende Vorwärtsbewegungen. Die Kunst des Entwerfens besteht nun darin, aus dem Chaos eine Choreographie zu machen, in der die vielen unterschiedlichen Bestandteile ihren angemessenen Platz erhalten.
Wichtig für die Kontinuität eines Entwurfsprozesses ist es, die Idee, auch wenn sie anfangs nur schemenhaft bewußt ist, zu benennen. Erst die Belegung einer Idee mit einem Begriff macht sie „begreifbar". Jeder gute Entwurf kann daher auch einen Namen tragen. Das Werk von Hans Scharoun macht die Bedeutung des Begrifflichen besonders deutlich: Fast jeder Entwurf trägt einen eigenen Namen, nicht nur von historischen oder literarischen Figuren (z.B. Romeo und Julia), sondern auch symbolisch, abstrakte (z.B. Salute). Auch der Berliner Volksmund hat vielen Gebäuden einen „Spitznamen verpaßt", der charakteristisch für sie ist, z.B. „schwangere Auster" für die Kongreßhalle.
Auf dem langen Weg von der „fixen Idee" am Anfang (siehe Abb. 6.3) bis hin zur konkreten Anweisung für das Bauen ergeben sich immer wieder Kurskorrekturen oder -veränderungen. Neben eine große Idee schieben sich viele, oft kleinere, die im Laufe des Entwurfsprozesses wachsen und die anderen auch verdrängen können. Viele Ideen halten einer näheren Überprüfung nicht stand und werden wieder verworfen. Vielfach erfolgt aber auch der Rückgriff auf eine anfängliche Idee. Manchmal stellen sich die fixen Anfangsideen als trügerische Scheinlösungen heraus, die mit der eigentlichen Aufgabe wenig zu tun haben. Hier ist die Umsetzbarkeit der konkreten Lösung das Entscheidungsmerkmal für die Gültigkeit einer anfänglichen Idee.
Abstraktes und Konkretes müssen sich – zumindest weitgehend – decken, denn Ideen, die nur in Schubladen verschwinden, sollten nicht das Ergebnis eines Entwurfes sein. Die Übereinstimmung der Detaillösung mit einer – manchmal weitschweifig umgarten – Idee wird in vielen architektonischen und städtebaulichen Entwürfen heute vermißt. Das heißt aber nicht,

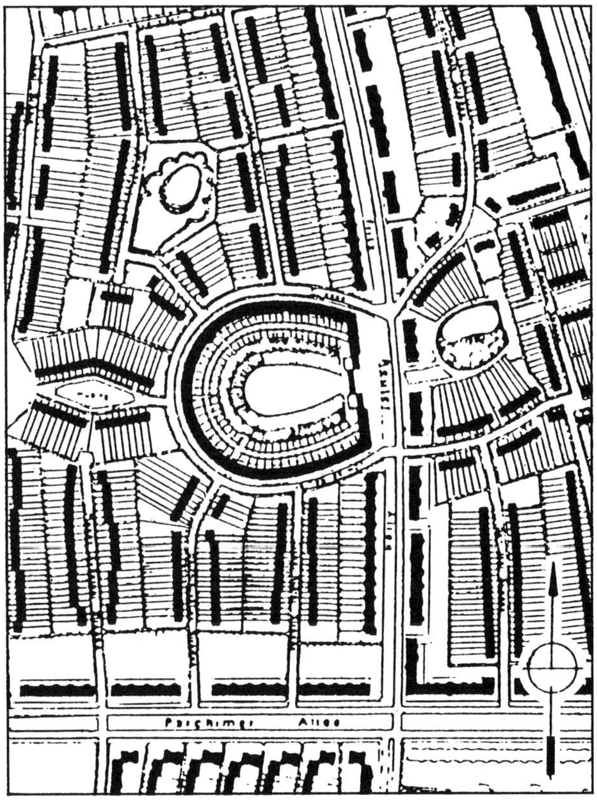

Abb. 6.3 „Fixe" Idee eines hufeisenförmigen Gebäudes, das einer ganzen Siedlung Identität und Namen gegeben hat („Hufeisensiedlung" Berlin-Britz von Bruno Taut und Martin Wagner, 1925–1930)

daß eine Idee immer nur ein harmonisches Rückgrat sein muß. Für manchen Entwerfer gilt der formale und funktionale Bruch ebenso als Stilmittel. Auch diese gewollte Dissonanz ist eine Idee, eine Idee des Widerspruchs zu einer oder mehreren anderen Ideen.

6.4 Entwurfsschleifen – Springen vor und zurück

Städtebau und Stadtplanung sind von einer hohen inhaltlichen und planerischen Komplexität gekennzeichnet. Es gibt einerseits eine Heterogenität von fachlichen Aspekten und Themen sowie andererseits ein Nebeneinander von Interessen, Ansprüchen und Vorstellungen, die ein sorgfältiges, integrierendes Vorgehen erfordern. Die Stimmigkeit einer Lösung sagt deshalb noch nichts über den Ablauf des vorangegangenen Entwurfsprozesses. Es ist zu vermuten, daß ein linearer Entwurfsvorgang selten zu einem stimmigen Ergebnis führt. Ein gutes Ergebnis läßt den Weg vergessen, der meistens über Um- und Irrwege führte. Nach dem Seufzer „Aller Anfang ist

schwer" kommt zum Glück auch beim Entwerfen das Aufatmen „Ende gut, alles gut", das alle vergangenen Schwierigkeiten in einem rosigeren Licht erscheinen läßt.
Wer den Aufbau einer Stadtverwaltung betrachtet, weiß, daß die Durchsetzung einzelner Vorstellungen und Interessen ein hohes Maß an Abstimmung erforderlich macht. Der Stadtplaner muß sich darauf einstellen, indem er versucht, die unterschiedlichen Aspekte und Anliegen möglichst frühzeitig zu berücksichtigen. Vielfach müssen aber die planerischen Vorstellungen zunächst überprüft werden, die artikulierten Interessen müssen in ein angemessenes Verhältnis zu den ungenannten Anliegen und Notwendigkeiten gebracht werden. Teilweise muß der Planer Anwalt der verborgenen Interessen werden, besonders wenn umweltrelevante und soziale Aspekte angesprochen sind.
Die Praxis der Stadtplanung ist einem Puzzle vergleichbar, allerdings mit dem Unterschied, daß nicht immer alle erforderlichen Teile auf dem Tisch liegen. Einzelne Teile müssen erst für das Gesamtbild erarbeitet werden. Andere lassen sich einfach zusammenfügen. Wie beim Puzzle bedeutet Entwerfen aber, auszuprobieren, ob die verfügbaren Teile zueinanderpassen und ob sie ein Bild ergeben. Manche Teile passen zueinander, ergeben jedoch kein Bild. Auch hier wird deutlich, daß der Bewertungsrahmen des Entwerfens das Bild, die Idee ist. Im Unterschied zum Puzzle liegt aber beim städtebaulichen Entwerfen niemals ein vollständiges, gültiges Vorbild vor. Zum Teil muß das Bild (die Idee) erst „erfunden" bzw. erarbeitet werden. Vielfach müssen Teile einer Idee geändert und umgezeichnet werden (vgl. den beispielhaften Entwurfsprozeß am Ende des Kapitels).
Die Bewußtmachung dieser Probleme muß dazu führen, beim Entwerfen die Lückenhaftigkeit des verfügbaren Materials und das Fehlen eindeutiger Leitideen schon zu Beginn zu berücksichtigen. Der Entwurfsvorgang muß dazu als eine Bewegung in Schleifen und Spiralen begriffen und strukturiert werden. Einzelne Teile eines städtebaulichen Entwurfes sind handfest, konkret wie z. B. die Anforderungen des fließenden und ruhenden Individualverkehrs. Häufig drängen sich diese Details als sogenannte Sachzwänge zu einem frühen Entwurfszeitpunkt in den Vordergrund und versuchen, wichtige Teile einer Gesamtidee, die noch unkonkret sind, in den Hintergrund zu drängen. Dieses „Vorpreschen" von Teillösungen für eine Gesamtkonzeption ist aber nur solange notwendig und sinnvoll, wie auch wieder eine Relativierung der Teillösung durch die Gesamtidee vorgenommen wird.
Jede Teillösung ist deshalb nur dann gut, wenn sie einer kritischen Infragestellung standhält. Hierzu gehört auch die vergleichende Gegenüberstellung einer Lösung mit Alternativen (vgl. Kapitel 5.5). Die zunehmende Konkretisierung einer Entwurfsidee erfolgt durch den Wechsel der Maßstabsebenen beim Entwerfen. Wie bei einem Vergrößerungsglas bringt der kleine Maßstab die Details zutage bzw. macht eine detaillierte Aussage erforderlich. Der Sprung zwischen den Maßstäben ist daher ein wichtiger Vorgang des Entwerfens, der gezielt eingesetzt werden kann und muß, da es immer um die Entwicklung von Detaillösungen einerseits, und um die Einpassung der Details ins Ganze andererseits geht. Dies setzt aber voraus, daß die Inhalte der unterschiedlichen Entwurfsmaßstäbe, die Möglichkeiten und Grenzen der Aussagefähigkeit bekannt sind (vgl. Kapitel 5.7).

6.5 Planung des Entwurfsprozesses

Entwerfen ist mehr als ein guter Einfall. Entwerfen hat mit Arbeit zu tun, mit Erarbeitung von Lösungen, mit der Anpassung von Ideen an ein Problem. Dieser Annäherungsprozeß darf nicht dem Zufall überlassen werden oder dem Genie, das von Zufällen (im wahrsten Sinne des Wortes) lebt, sondern kann, zumindest in großen Teilen, geplant werden. Im Städtebau ist mehr als in der bildenden Kunst die Strukturierung des Entwurfsprozesses erforderlich, die Aufeinanderfolge von verschiedenen Arbeitsschritten, die in die angestrebte Richtung zielen. Der Entwurfsprozeß kann dabei nur selten eine klar gerichtete Linie aufweisen. Vielmehr ist er vergleichbar einer Choreographie, die sich einer Vielzahl unterschiedlicher Schritte bedient, die als Summe erst den Tanz ergeben.

Auch der Entwurfsprozeß beinhaltet zahlreiche Schritte unterschiedlicher Qualität, die aufeinander abgestimmt sein wollen. Dabei kann, wie bei einem guten Tänzer, die Schrittfolge wechseln. Entscheidend für die Qualität ist die Vielzahl der Schritte, der Abwechslungsreichtum, die Variation, aber auch die Wiederholung und auch die Ruhe. In diesem Sinne ist die Planbarkeit des Entwurfsprozesses zu verstehen, nicht als eine sture Abfolge von Notwendigkeiten, sondern die schwungvolle, d.h. beschwingende Abfolge von Arbeitsschritten. So ist zum Beispiel das kreative Potential des Menschen über den Tag hinweg nicht gleichbleibend, und es gibt Tage, an denen man sich lieber mit handwerklicher Zeichenarbeit und Routineaufgaben beschäftigt.

Deshalb ist es sehr zweckmäßig, Arbeitsphasen unterschiedlicher Anforderungen mit einzuplanen. Das deduktive Vorgehen bietet da insofern gute Ansatzpunkte, als sich in dieser Hinsicht die Bestandsanalyse und eine erste „emotionale" Entwurfsphase gut ergänzen können. Hat sich die schöpferische Kraft „erschöpft", kann dieselbe Aufgabe mit meistens bekannten und vertrauten Arbeitsabläufen fortgesetzt werden, die ohnehin erledigt werden müßten, aber ganz andere Anforderungen an die Konzentration und die Kreativität stellen. Diese sehr personenspezifische Art der „Planung der Planung" ist während des gesamten Entwurfsprozesses erforderlich, wenn zeitliche und finanzielle Vorgaben für die Planung eingehalten werden sollen.

Der Denkapparat des Menschen verfügt über unterschiedliche Qualitäten, zwischen zielgerichteter Logik und assoziativen Gedanken. Die Kreativität beim Entwerfen kann entsprechend dadurch gefördert und provoziert werden, daß man den Wechsel zwischen den unterschiedlichen Denkqualitäten des Gehirns einplant. Ein guter Entwurf läßt sich nicht erzwingen, nur herbeiführen. Ein weiterer wichtiger Gesichtspunkt bei der Planung des Entwurfsprozesses ist die Wahl der richtigen Zeitpunkte für die Herbeiführung von Entscheidungen, die immer wieder bei Zwischenergebnissen und bei der Veränderung von Rahmenbedingungen getroffen werden müssen.

Die grundsätzliche Entscheidung für ein Entwurfsziel wird in den meisten Fällen in Unkenntnis der genauen Möglichkeiten und Zwänge einer Zielerreichung getroffen. Deshalb ist es immer mit großem Zeitverlust verbunden, weiter zu planen, wenn zum Beispiel der vorgegebene Kosten- oder Programmrahmen überschritten wird ohne dies mit dem Planträger, dem Auftraggeber abgeklärt zu haben. Die häufige Kommunikation unter den Planungsbeteiligten ist deshalb ein ganz wichtiger Aspekt der Planung des Entwurfsprozesses.

6.6 Irrationalität und Rationaliät beim Entwerfen

In der richtigen Mischung der Ingredienzen liegt das Rezept einer guten Küche. Die Verbindung oft für unvereinbar gehaltener Elemente führt zu besonderen Geschmackserlebnissen. Nicht anders ist es beim Entwerfen, das auch von der Vielfalt der verfügbaren Einzelteile lebt, die aber in eine ausgewogene Struktur eingearbeitet werden wollen. Die Aneinanderhäufung purer Ein- und Zufälle führt sonst schnell zum Sammelsurium von Kuriositäten.

- **Analyse und Synthese als Ergänzung der Intuition**

Der Entwurf, der sich einer Aufgabe bewußt stellt, zeichnet sich durch die Auswahl weniger Elemente aus. Dieser Auswahlprozeß benötigt neben Konzentration und Bewußtsein geeignete Kriterien zur Beurteilung der zur Verfügung stehenden Einfälle. Phantasie gepaart mit Kritiklosigkeit führt ebenso schnell zur Unerträglichkeit wie sture Prinzipienreiterei im Gefolge von Phantasielosigkeit. Die Intuition, die bei jedem kreativen Prozeß vonnöten ist, muß deshalb ergänzt werden durch ein systematisches Vorgehen, das analysierend und synthetisierend mit den Entwurfselementen umgeht. Die denkbaren Konzepte müssen in ihre Einzelteile zerlegt und beurteilt, aber

auch konzeptionelle Einzelteile müssen zu einem Ganzen zusammengefügt und bewertet werden.

- **Irrationalität als bewußtes Hilfsmittel beim Entwerfen**

Planen und Entwerfen verläuft selten gezielt-geradlinig, meistens in Sprüngen, Brüchen, Kreisen und endet manchmal in Sackgassen. Auch der Begabteste ist nicht vor Irrwegen gefeit, er ist aber vielleicht eher in der Lage, seine Probleme intuitiv zu bewältigen, als jemand, der kaum über kreative Fähigkeiten verfügt. Es gibt jedoch auch Möglichkeiten für jeden „Normalentwerfer", große Um- und Irrwege zu vermeiden. Die zur Verfügung stehenden Hilfsmittel für den Entwurfsprozeß (siehe Kapitel 5.8) sollen dazu beitragen, den Weg durch das Entwurfslabyrinth zu erleichtern. Jeder Umgang mit Problemen und Problemlösungsstrategien erfordert nämlich Methoden, die sich damit bewußt auseinandersetzen.
In diesem Sinne stellt erlerntes Entwerfen eine Schulung der Rationalität dar. Beim Akt des Entwerfens hat der Planer bzw. Architekt aber darüber hinaus auch die Aufgabe, einen Ausgleich zwischen seinen mehr oder weniger spontanen Einfällen und den begründeten oder begründbaren Anforderungen an seinen Entwurf herbeizuführen. Ein Schuß Irrationalität – sprich Originalität – kann den künstlerischen Wert eines Entwurfes steigern. Jedoch gilt auch dabei, wie in der Kochkunst: Zuviel ist des Guten Tod. Bei aller Achtung vor systematischem Vorgehen muß betont werden, daß jede gute Idee einen letztlich nicht begründbaren Kern besitzt, der sie auszeichnet. Hinter aller Rationalität verbirgt sich bei einem guten Entwurf ein nicht ergründbares „Geheimnis", dessen Unergründbarkeit seinen Reiz ausmacht. Dieses Spektrum der Gedanken bietet Möglichkeiten der individuellen Interpretation, es bietet der Phantasie eines Betrachters Platz, ohne belehrend zu sein.

6.7 „Ökonomie" beim Entwerfen

Rationalität beim Entwurfsprozeß bedeutet auch, mit der eigenen Schöpfungskraft haushälterisch, das heißt ökonomisch umzugehen. Ökonomie ist dabei ein Begriff, der im Zeichen des Materialismus einen negativen Beigeschmack erhalten hat. Im Mittelhochdeutschen wird mit „Wirtschaft" die Gastfreundlichkeit bezeichnet, das bedeutet Platzgeben für etwas anderes. In diesem Sinne ist auch die Ökonomie beim Entwerfen gefragt: Platz schaffen für anderes. Der Fleiß ist oft gepaart mit Stupidität, mit der geisttötenden Routine, die einen neuen Gedanken gar nicht erst aufkommen läßt. Häufig wird die Phantasielosigkeit mit manuellem Fleiß zugedeckt, indem die gleichen Striche immer wieder von neuem durchgezeichnet werden (z.B. die Schraffuren auf Dachflächen von bestehenden Gebäuden), obwohl sie zur Entwicklung eines Entwurfsgedanken nichts beitragen.
Um diesem Ausweichen vor der eigenen Gedankenfaulheit zu begegnen, sollte man sich aller technischen „Tricks" bedienen, die helfen, Zeit zu sparen. Hierzu gehört der Einsatz der modernen Techniken wie Kopierer, Fotografien oder Computer. Dabei darf aber nicht verkannt werden, daß gerade die modernen Techniken, wenn sie unkontrolliert eingesetzt werden, zur gedankenlosen Massenproduktion verleiten. Nicht die ungestüme Varianzerzeugung, z.B. mittels Kopierer, schafft echte Alternativen, sondern nur der bewußte Selektionsprozeß unterschiedlicher konzeptioneller Ansätze, bei dem der Entwerfer anhand von Kriterien zu wichten und zu wägen versteht.
Das Loslösen von inneren und äußeren Zwängen, um die eigene Kreativität wirksam werden zu lassen, ist aber auch ein wichtiger Prozeß der Konzentration auf eine Entwurfsaufgabe. Nur wenn man sich nicht durch die vielfältigen kleinen Anforderungen bei der Lösung einer Entwurfsaufgabe ablenken läßt, gewinnt man die Ruhe für Intuition und Inspiration. Diese Form des „autogenen Trainings" beim Entwerfen will ebenso gelernt sein, wie die Beherrschung der manuellen und intelektuellen Tätigkeiten. Deshalb gehört zum routinierten Entwerfen auch der haushälterische Einsatz der eigenen schöpferischen Kraft,

denn am Ende zählt nicht die Anzahl der gezeichneten Pläne, sondern die erarbeitete Konzeption eines Entwurfs.

6.8 Rückblick auf den Entwurfsprozeß

Jeder zeitliche Ablauf, wie zum Beispiel beim Entwurfsprozeß, wird nur aus einer bestimmten Position heraus erlebbar und nachvollziehbar. Was sich zu Anfang als unüberschaubar darstellt, ist im Nachhinein leicht zu übersehen. Erst dieser Wechsel der Betrachtung aus einer Distanz zu dem Geschehenen bewirkt einen Lernvorgang, der die gemachten Erfahrungen erkennen läßt und vertieft. Jedes durchgestandene Problem, jede abgeschlossene Arbeit ist aus sich selbst heraus ein Erfolgserlebnis. Aber nur dann, wenn das Problem analysiert und retrospektiv betrachtet wird, können daraus Lehren gezogen werden, die das nächste Mal das Vorgehen erleichtern und helfen, Fehler zu vermeiden. Hierzu gehört die Dokumentation des Prozedere, das Aufbewahren der Fundstücke, die sich im Nachhinein zum Puzzle zusammenfügen oder bei dem die Brüche, die einzelnes Scheitern verursacht haben, erkennbar werden.

In einer Zeit des schnellen Wechsels (selbst der Paradigmen) erlebt man die Lust am Nostalgischen, dem Versuch, dem Verfall entgegenzuwirken. So haben Entwurfsvorgänge „alter Meister" bereits Einzug in Museen und Galerien gehalten. Der Rückblick, soweit er nur zur Dekoration taugt, mag künstlerischen Wert haben, er dient aber nicht dem Erkenntnisgewinn über die eigenen Schwächen und Stärken. Dazu bedarf es der Übertragbarkeit der Erfahrungen anderer auf das eigene Handeln, was aber bekanntlich meistens an den individuellen Widerständen der inneren Transformation scheitert. Auch beim Entwerfen gilt nämlich die Feststellung: „Erfahrungen wären nur dann von Wert, wenn man sie hätte, ehe man sie machen muß." Deshalb sollte man, da es so schwierig ist, aus fremden Erfahrungen zu lernen, wenigstens die eigenen in vollem Umfang für sich nutzbar machen.

Als Bezugspunkt für das Neue hat das Alte einen großen Wert. Als Richtschnur für den gedanklichen Fortschritt leistet die erste Skizze große Dienste, die ja oft – intuitiv – schon zumindest einen Teil des Rätsels Lösung beinhaltet, aber eben nur einen Teil. Der andere muß oft erst hart erarbeitet weden. Insofern liefert der Rückblick auf den zurückgelegten Entwurfsweg, sozusagen als „innere Kommunikation", wichtige Hinweise auf die notwendigen Problemlösungen, auf die Relativität des ersten, „genialen" Einfalls (vgl. „Entwurfstagebücher" Kapitel 7.7).

Beispiel für einen Entwurfsvorgang in unterschiedlichen Aussageschichten

Entwicklung einer neuen Siedlungsstruktur als Bestandsergänzung
Verfasser: Dietmar Reinborn, Michael Koch

*Abb. 6.4*a Modellfoto des fertigen Entwurfs

*Abb. 6.4*b Lageplan mit Höhenlinien

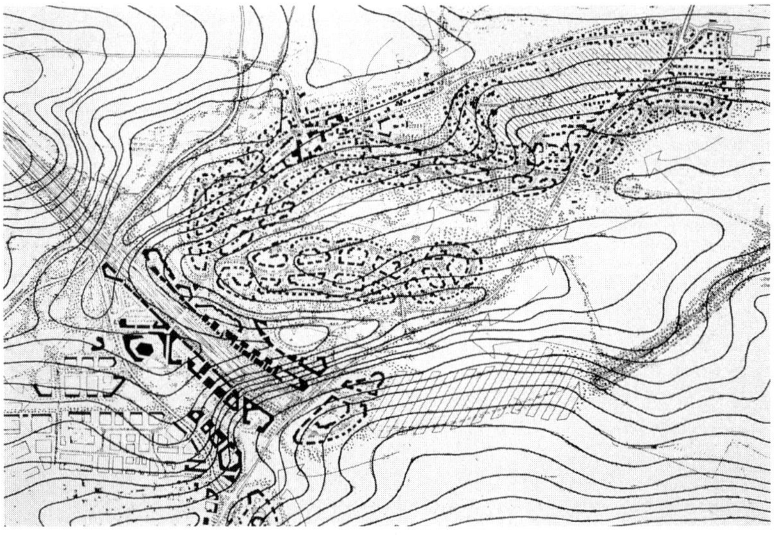

Abb. 6.4 Aufgabenstellung des städtebaulichen Ideenwettbewerbs Kleinglattbach war die Konzeption einer Siedlungserweiterung im Norden der Stadt Vaihingen an der Enz. Auslöser der geplanten Siedlungserweiterung war der Neubau der Schnellbahnstrecke Mannheim–Stuttgart. Im Zuge der neuen Bahnstrecke sollte der neue Bahnhof um ca. zwei Kilometer näher an die Stadt heranrücken. In den nachfolgenden Abbildungen wird der Entwurfsprozeß, dessen Ergebnis das Modellfoto (a) zeigt, dargestellt. Die topografische Situation verdeutlicht der Lageplan mit Höhenlinien (b).

Entwurfs-Einstieg

Abb. 6.5 Ein Katasterplan im kleinen Maßstab (1:5000) liefert die Grundlage für erste Überlegungen und die Entwicklung einer groben Struktur. Dabei werden die vorhandenen Randbedingungen (auch zeichnerisch) erfaßt bzw. interpretiert. Auffallend ist die starke Aufnahme topographischer Höhenlinien, die Abgrenzung zur Bahnlinie im Südwesten und zum Bachlauf im Nordwesten sowie die Verlegung der Kreisstraße im Osten. Der Entwurf ist gekennzeichnet von einer starken „Formsetzung" auf „freiem" Feld. Es handelt sich hier um einen formalen Ansatz, der aus der Topografie des Geländes abgeleitet ist.

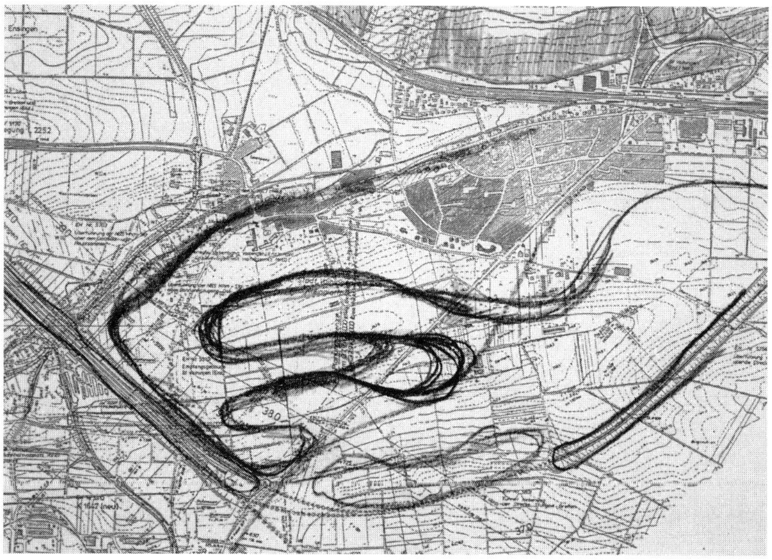

Abb. 6.5

Abb. 6.6 und 6.7 In den weiteren Entwurfsschritten werden Varianten mit verschiedenen Grobgliederungen von Bau- und Freiflächen entwickelt. Dabei bestehen wesentliche Unterschiede in der Einbindung der Landschaft (Pfeile) und in der Verkehrsführung.

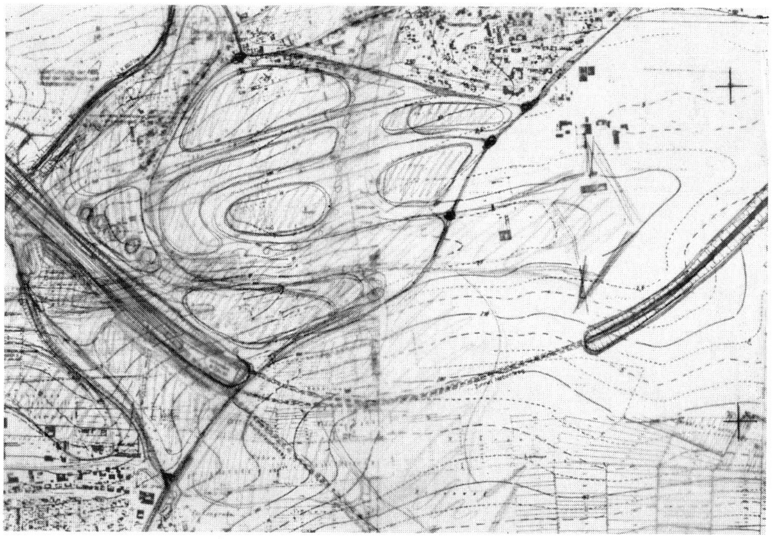

Abb. 6.6

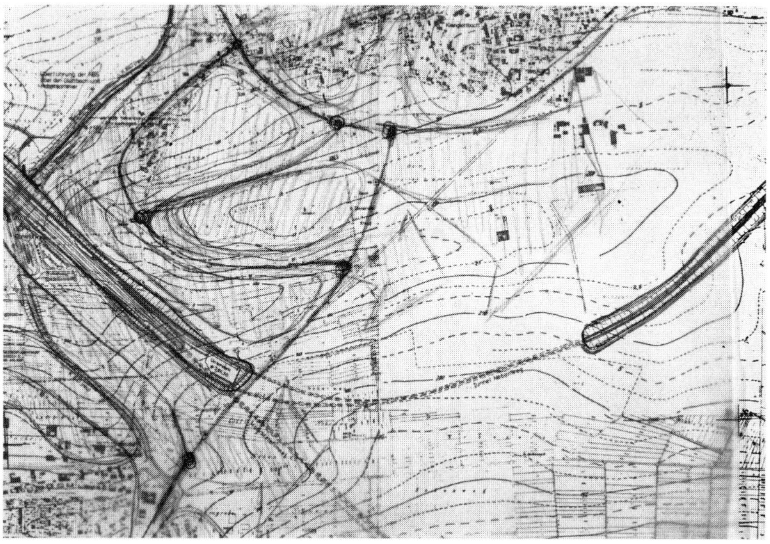

Abb. 6.7

Eine Entwurfssequenz

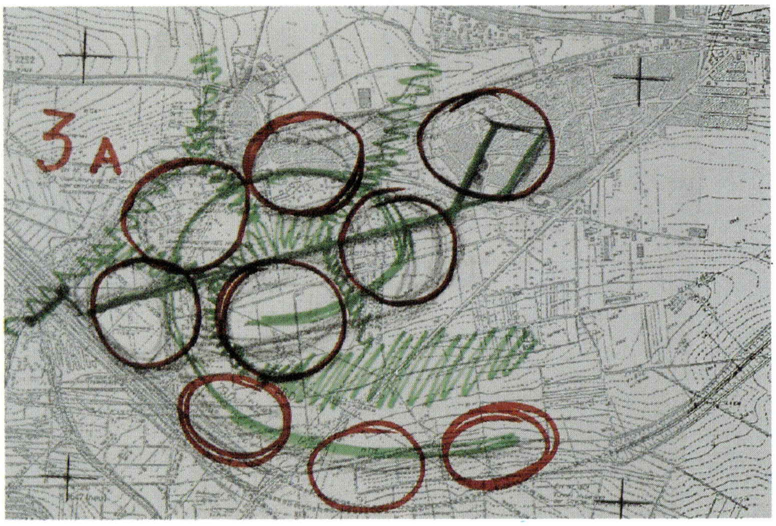

Abb. 6.8 In einer ersten Schicht wird das Grundkonzept der Siedlungs- und Freiflächenstruktur schematisch untergliedert in einzelne Bereiche, die voneinander durch Grünzüge getrennt werden. Hierdurch soll eine enge Verknüpfung mit der umgebenden Landschaft erreicht werden.

Abb. 6.9 Die gebildeten Einzelbereiche werden in grobe Baustrukturen umgesetzt. Hierbei ergibt sich eine erste generelle Überprüfung der Grundstruktur. Die groben Blockstrukturen stellen zu diesem Zeitpunkt noch rein symbolische Bauformen dar, die zu einem späteren Zeitpunkt ausgeformt werden müssen. Die groben Baustrukturen sind durch Aussagen zur Verkehrs- und Freiflächenstruktur ergänzt.

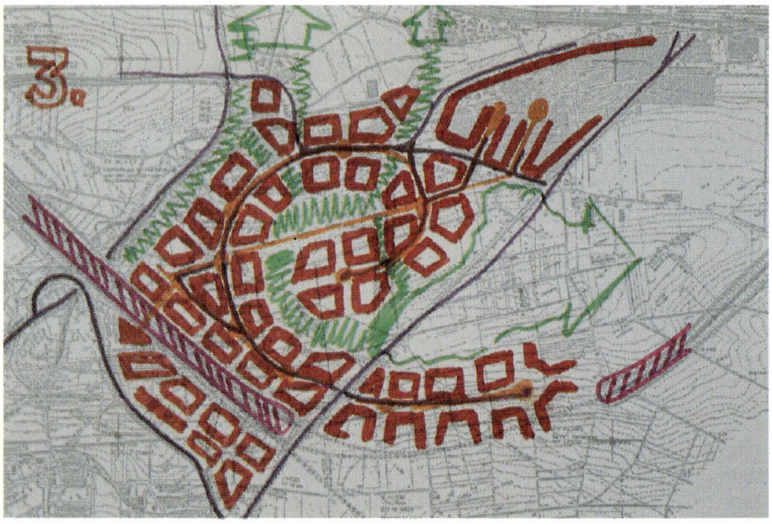

Abb. 6.10 Die Verkehrsführung wird in einer dritten Schicht zugunsten großzügiger Grünbereiche modifiziert. Neben einer Veränderung von Randbedingungen, wie der Straßenführung, erfolgt auch eine Auseinandersetzung mit anderen Aspekten: die neue Bahnlinie wird baulich eingebunden.

Konzept-Variationen

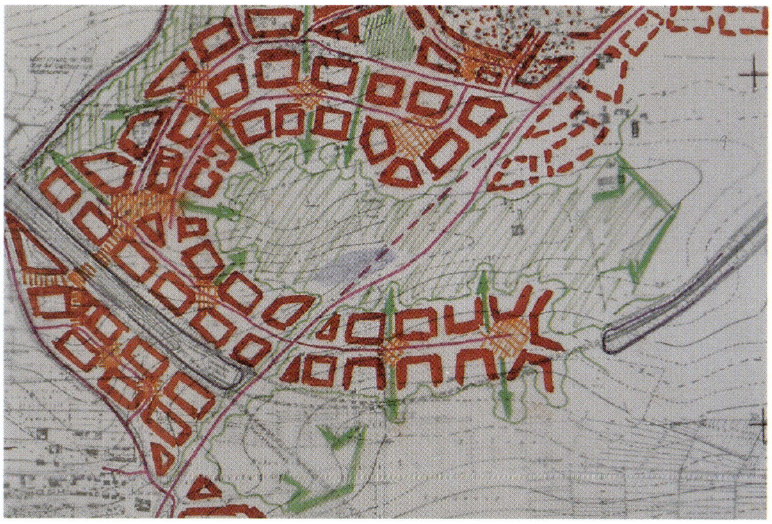

Abb. 6.11 Die Grobstruktur des Gesamtkonzepts wird nochmals überprüft. Unter dem Aspekt der Freihaltung möglichst großer Bereiche (Erhaltung von landwirtschaftlich genutzten Flächen mit sehr guten Böden, Freihaltung eines exponierten Höhenzuges) entlang des Höhenzuges in Bildmitte wird eine Variante der bisher konzipierten Bebauung gegenübergestellt.

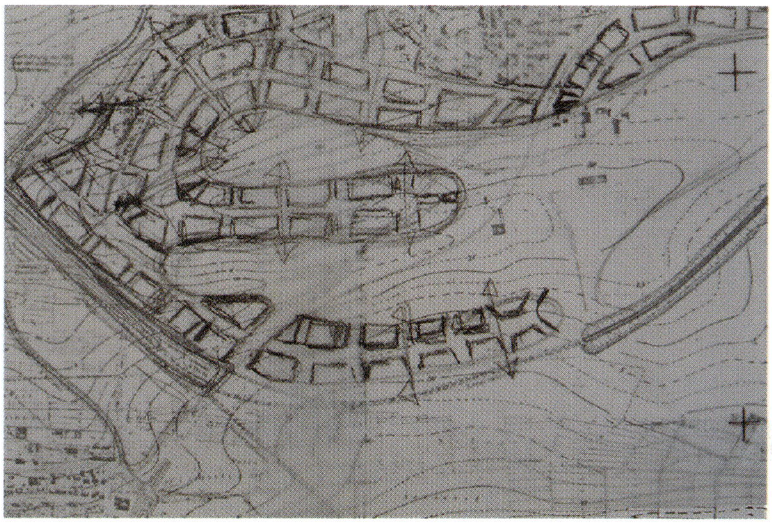

Abb. 6.12 Als grobe Bleistiftskizze wird die Konzeption mit einer höheren baulichen Verdichtung (Abb. 6.8–6.10) modifiziert. Der freie Landschaftsraum wird in das neue Siedlungsgebiet einbezogen, so daß nach außen hin eine leichte Zugänglichkeit von Grünzonen gewährleistet ist.

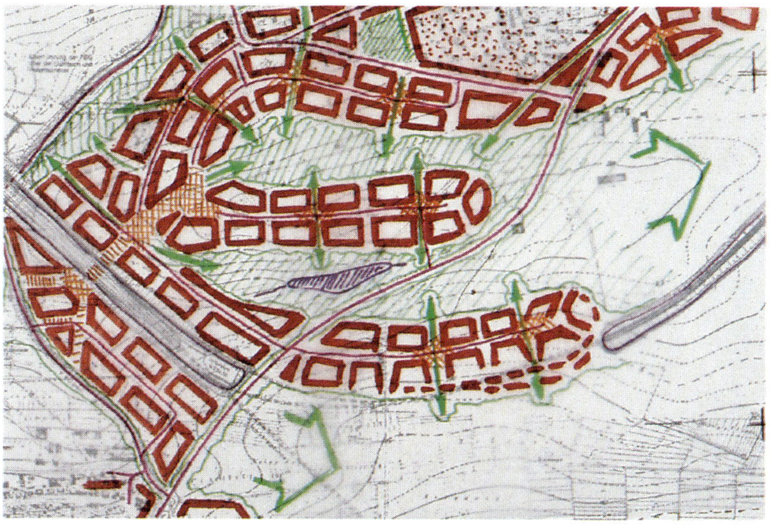

Abb. 6.13 Auch diese Variante wird in einer weiteren Entwurfsschicht konkretisiert. Die Gegenüberstellung der verschiedenen Konzeptskizzen erleichtert die Entscheidung für eine Lösung. Die Entscheidung fällt aufgrund der sich ergebenden Standortvorteile in Bahnhofsnähe und der Möglichkeit zur Schaffung differenzierter Außenbereiche zugunsten der Lösung mit einer höheren Bebauungsdichte.

Abb. 6.14 Die schematisch gebildete Siedlungsstruktur wird durch unterschiedliche Bebauungsweisen (Blockbebauung, Einzelhäuser, Sonderformen) ausgefüllt und präzisiert. Die Übergänge zwischen Bebauung und Außenbereich werden ebenso gestalterisch differenziert wie die öffentlichen Flächen im Innenbereich.

Abb. 6.15 Durch farbliche Abgrenzung der unterschiedlichen Nutzungen (rot: Bebauung, gelb: Verkehr, grün: Freibereiche) wird die Stimmigkeit der Flächenverteilung im Grobkonzept überprüft.

Abb. 6.16 Durch Überlagerung der farbigen Transparentskizze zur Nutzungskonzeption (Abb. 6.15) und der differenzierten Baustrukturen (Abb. 6.14) wird die Konzeption verdeutlicht. Diese Übereinanderschichtung ergibt eine dezentere Farbdarstellung, als sie sonst mit einfachen Filzschreibern möglich ist.

Abb. 6.17 In einem Arbeitsmodell (Maßstab 1:2500) wird nun mit kleinen Standard-Bausteinen die gewählte Konzeption aufgebaut, wodurch Raumbildungen und räumliche Strukturen überprüft werden können. Durch Umstellungen von einzelnen Elementen lassen sich einfach Variationen durchprobieren. In diesem Fal geht die Modellaussage über eine Darstellung der Baublöcke ohne Kenntlichmachung der Einzelgebäude hinaus, um erste Raumwirkungen abschätzen zu können.

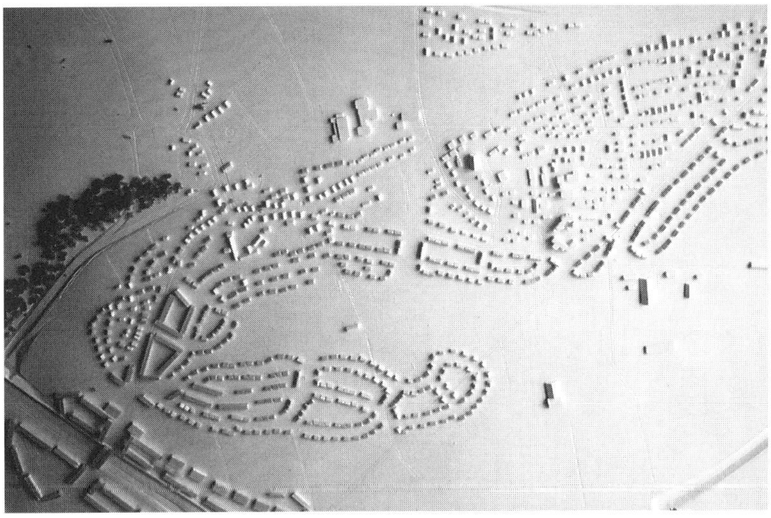

Abb. 6.18 Im gleichen Maßstab wird die Baustruktur zeichnerisch ausdifferenziert und konkretisiert. Der endgültige Wettbewerbsentwurf zeigt die Einbindung der neuen Bahnlinie in das Gesamtkonzept in Form einer verdichteten Bebauung einschließlich einer denkbaren Erweiterung (gestrichelter Bereich). Die Einfügung der neuen Siedlungsbereiche in die Landschaft wird durch entsprechend gestaltete Außenbereiche und durch eine Verlegung der Straßenführung verdeutlicht. Das erarbeitete Konzept ist stark von der vorhandenen Topografie geprägt.

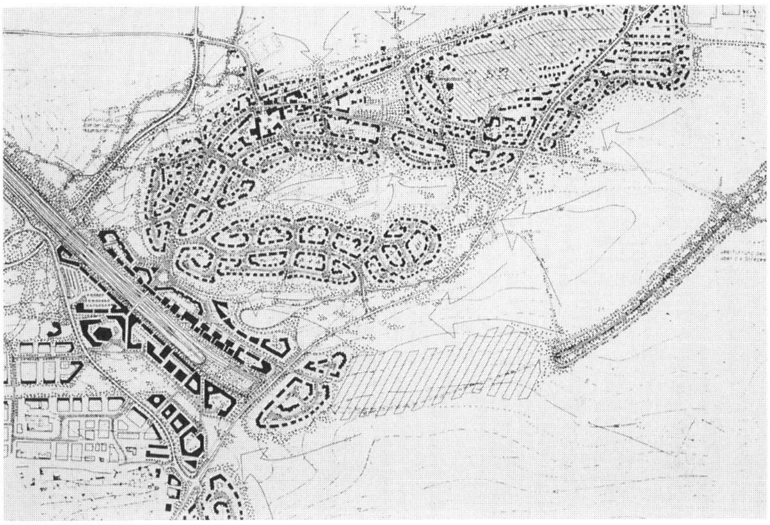

Abb. 6.19 Die Raumbildung durch Gebäudegruppierungen wird um verschieden gestaltete Freiflächenstrukturen ergänzt. In der Zeichnung werden außerdem funktionale Zusammenhänge (Straßennetz, Fußwegverbindungen) dargestellt, um gestalterische und funktionale Verknüpfungen zu verdeutlichen.

Beispiel für die Entscheidungshilfe von Alternativen und Varianten

Siedlungserweiterung für eine kleine Stadt
Verfasser: Argeplan Stuttgart (Hachenberg) und WerkStadt Stuttgart (Reinborn, Fritsch)

Abb. 6.20

Die Stadt Brackenheim bei Heilbronn plante eine Siedlungserweiterung in nördlicher Richtung. Dorthin hatte sich die Altstadt im Westen und im Osten (Gewerbe) bereits entlang von zwei Ausfallstraßen ausgeweitet (siehe den Lageplan, Abb. 6.22), mit der vorgeschlagenen Neubebauung. Norden ist oben.). Durch Reihen-, Doppel- und Einzelhäuser sollte jetzt die Lücke geschlossen werden. Die beiden Ausfallstraßen sollten durch eine Spange verbunden werden.
Die perspektivische Skizze (Abb. 6.20) und das Modell-Detailfoto (Abb. 6.21) verdeutlichen die enge räumliche Nähe zur bestehenden Bebauung der Altstadt. Der Kirchturm wirkt auch in das Neubaugebiet als Orientierungspunkt hinein. Außerdem vermittelt die Perspektive einen Eindruck von der geplanten kleinstädtischen Bebauung und der Gestaltung der verkehrsberuhigten Straßenräume.

Abb. 6.21

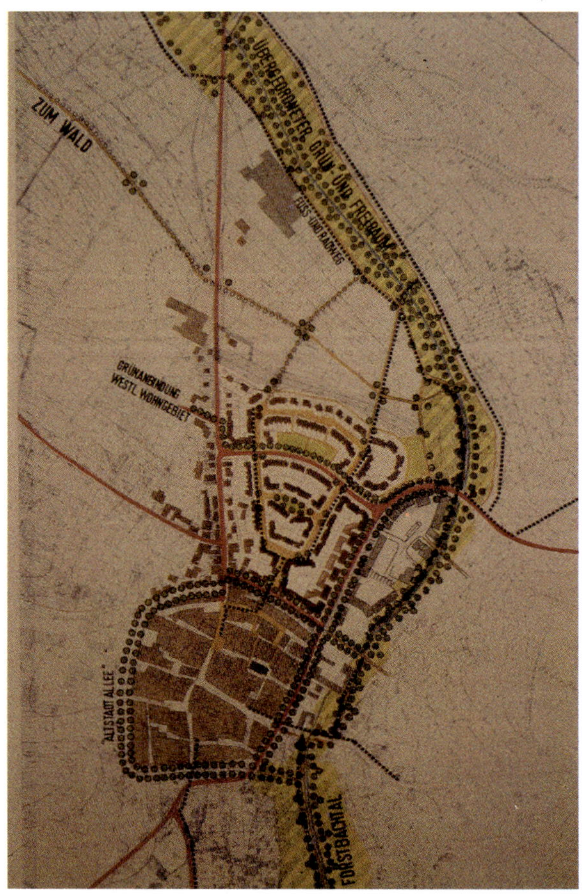

Abb. 6.22

Die Suche nach einer entscheidungsreifen Konzeption begann mit der skizzenhaften Entwicklung von Entwurfsalternativen im Maßstab 1:2500. Bewußt wurden die Siedlungselemente Bebauung und Straßen als abstrakte Flächen und Linien dargestellt, um zunächst verschiedene Strukturen in Hinsicht auf ihre Anknüpfung an die Altstadt und die Einbeziehung der angrenzenden Landschaft überprüfen zu können. Die bestehende Altstadtbebauung wurde dabei im gleichen Abstraktionsgrad gezeichnet.
Zwei grundsätzliche Alternativen wurden durch verschiedene Erschließungsschemata gebildet. Einmal verbindet die Querspange die beiden Ausfallstraßen so, daß eine direkte Weiterführung nach Westen gegeben ist (Abb. 6.23). Dadurch wird aber eine bequeme „Schleichverbindung" für den Durchgangsverkehr ermöglicht. Die andere Möglichkeit mit einer abgeknickten, und damit erschwerten Straßenverbindung wird in zwei Varianten (Abb. 6.24, 6.25) skizziert. Entsprechend werden auch die Zuordnungen und die Formen der einzelnen Siedlungsteile variiert.
In dieser Entwurfsphase werden die Elemente Bebauung und Erschließung in ihren Grundzügen entwickelt und auf ihre gegenseitigen Abhängigkeiten hin getestet. Dabei steht die Entwicklung einer Grundidee im Vordergrund, was seinen Ausdruck in einer sehr schematischen Darstellung findet.

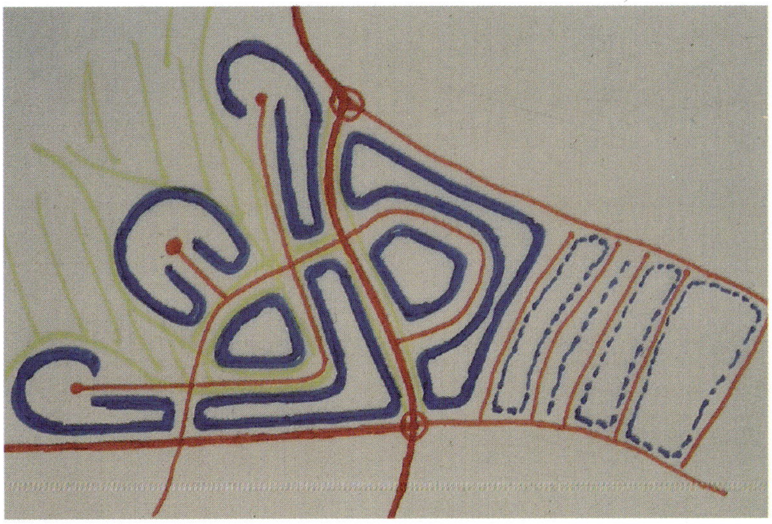

Abb. 6.23

Abb. 6.24

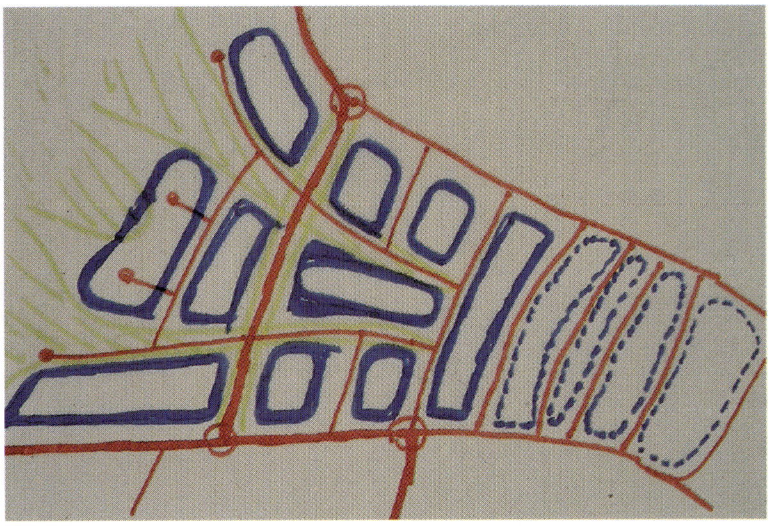

Abb. 6.25

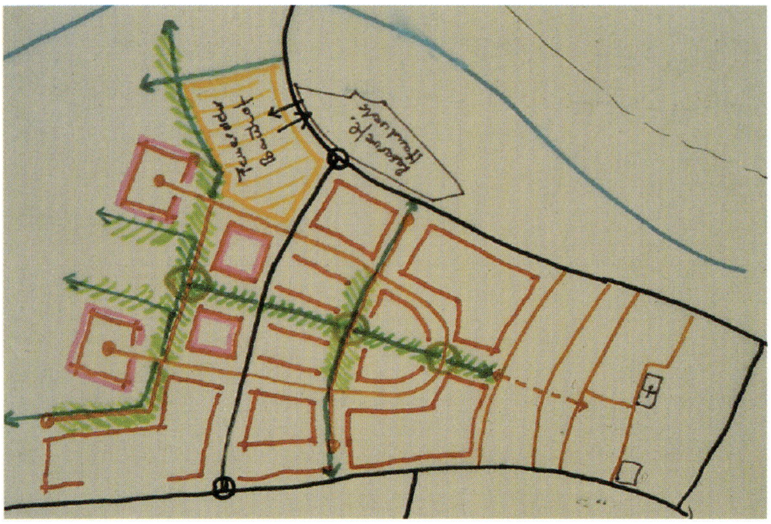

Abb. 6.26

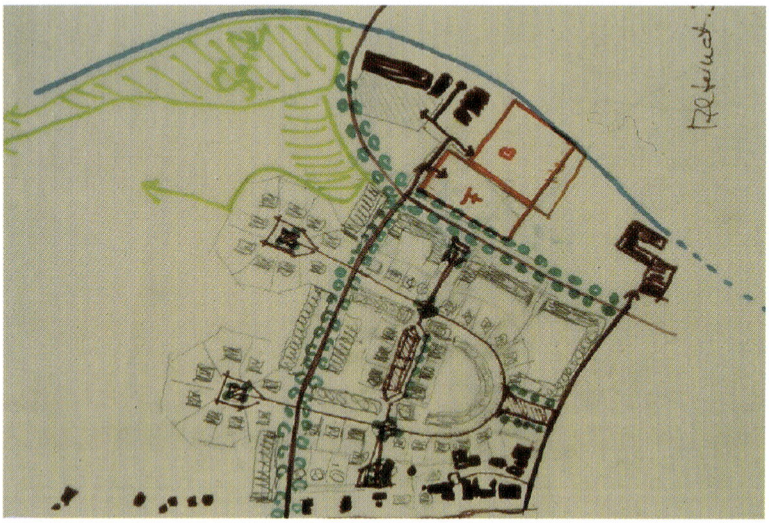

Abb. 6.27

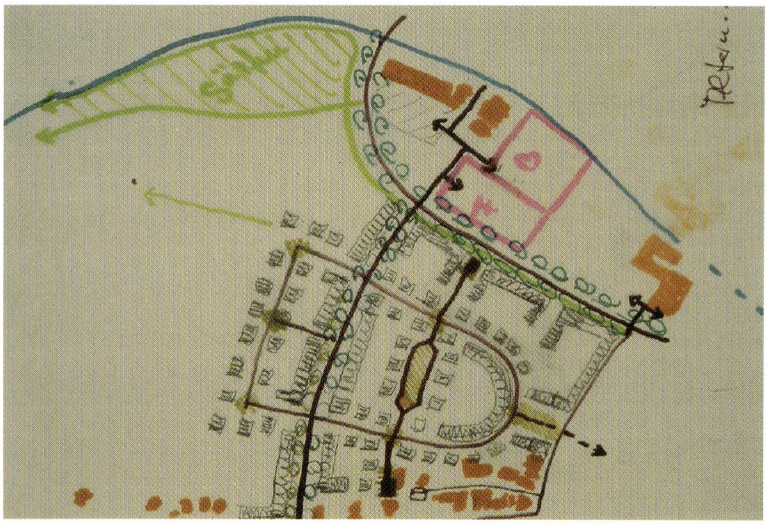

Abb. 6.28

Der nächste Schritt beim Entwerfen beschäftigt sich mit der Ausdifferenzierung der Leitidee, die durch eine Entscheidung für eine Querspange ohne direkte Weiterführung nach Westen festgelegt wurde. Die einzelnen Baubereiche werden präzisiert und durch eine direkte, mittige Wegbeziehung von der Altstadt zur freien Landschaft ergänzt (Abb. 6.26). Noch werden aber keine einzelnen Gebäude, sondern nur Bauflächen dargestellt. Die konzeptionelle Lösung ist jetzt aber soweit gefestigt, daß eine Auseinandersetzung mit der Bebaubarkeit der Siedlungseinzelteile erfolgen kann.
Die beiden nächsten Skizzen, immer noch im Maßstab 1:2500, differenzieren deshalb nach verschiedenen Bauformen, zusammenhängende und Einzelgebäude. Gleichzeitig werden erste Angaben zu baumgeprägten Straßenzügen und deren Verbindung zu Grünbereichen der Landschaft gemacht. Die mittige Wegbeziehung wird bis auf ein Stück, als Verbindung zum Bestand, aufgegeben, da sie zu kleine, schlecht bebaubare Bauflächen erzeugt. Für den Siedlungsrand werden zwei Alternativen, Gebäudegruppen um einen Hof (Abb. 6.27) und Straßenrandbebauung an einer Erschließungsschleife (Abb. 6.28) formuliert.

Nachdem durch die bauliche Differenzierung die Entscheidung für das Grundkonzept bekräftigt wurde, wird die vorläufige Lösung in einem Arbeitsmodell (M. 1:1000) überprüft (Abb. 6.29). Kleine Modellklötzchen lassen sich leicht und schnell zu Strukturen anordnen. Ebenso problemlos können Veränderungen vorgenommen werden, so daß Varianten oder auch Alternativen überprüft werden können. Dabei ist die Topografie, in Form von Höhenlinien, leichter zu berücksichtigen als auf dem ebenen Zeichenpapier.
Durch die Arbeit auf dem Modell haben sich Modifikationen, besonders im nordöstlichen Teil, ergeben, die als Schemaskizze (noch immer im M. 1:2500) zeichnerisch übertragen und präzisiert werden (Abb. 6.30). Jetzt erst erfolgt eine detaillierte Überprüfung der gewählten Konzeption im gleichen Maßstab wie das Arbeitsmodell (M. 1:1000). Aber auch dabei sind die Aussagen zu Gebäuden, Erschließung, Straßenbegrünung und Grundstückszuschnitt noch sehr schematisch (Abb. 6.31). Informationen über mögliche architektonische Einzelheiten sind in diesem „städtebaulichen Plan" zur Verdeutlichung der Siedlungsstruktur bewußt nicht eingearbeitet worden.

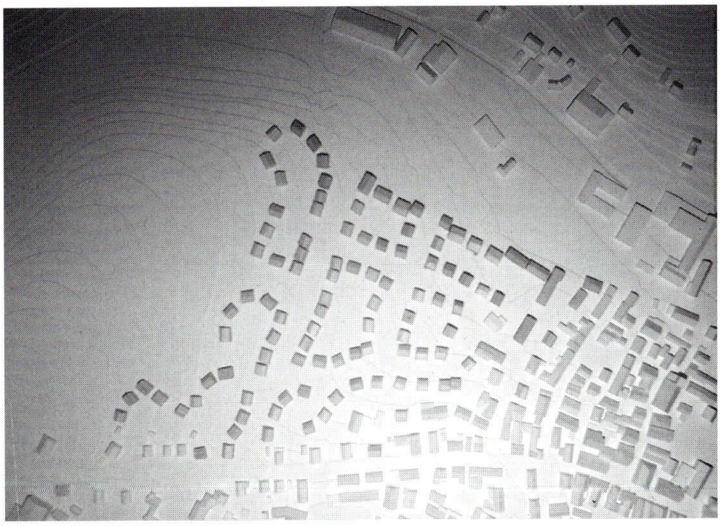

Abb. 6.29

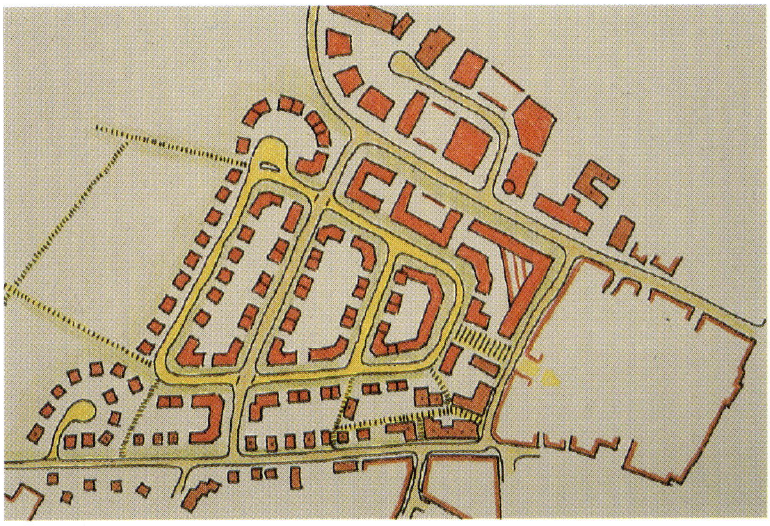

Abb. 6.30

Abb. 6.31

Abb. 6.32

Abb. 6.33

Abb. 6.34

Vor dem endgültigen Auftragen der Entwurfskonzeption wird noch einmal der architektonische Spielraum der städtebaulichen Konzeption getestet (Abb. 6.32). Gleichzeitig werden die Erschließung durch ein Fußwegenetz und die Begrünung der öffentlichen Räume ergänzt und präzisiert. Die starken Differenzierungen der Baukörper und die zahlreichen Versprünge der Baulinien an den Straßen lassen aber unruhige Räume entstehen. Deshalb wird die bauliche Aussage bei der Präsentationszeichnung (Abb. 6.33) wieder gestrafft und so das städtebauliche Konzept stärker betont.

Jetzt werden auch die inhaltlichen Aussagen zum Grünkonzept und dessen Einbindung in die Landschaft sowie die Angaben zum Erschließungssystem und zur Parzellenstruktur vervollständigt. Das Modell (Abb. 6.34) verdeutlicht die räumliche Wirkung sowie die Berücksichtigung der bestehenden Bebauung und der Topografie. Die cremefarbige Einfärbung des Gipsmodells hebt die Neuplanung nur etwas hervor, so daß die strukturelle Einbindung in den Baubestand erkennbar bleibt. Die Erschließung und die wesentlichen Baumstandorte des Grünkonzepts werden durch eine dunkle Tönung hervorgehoben.

Ein beispielhafter Entwurfsprozeß – Vom Abstrakten zum Konkreten

Vorgehen beim Entwurf für einen neuen, separaten Stadtteil in Neuenstadt
Verfasser: Uwe Hein

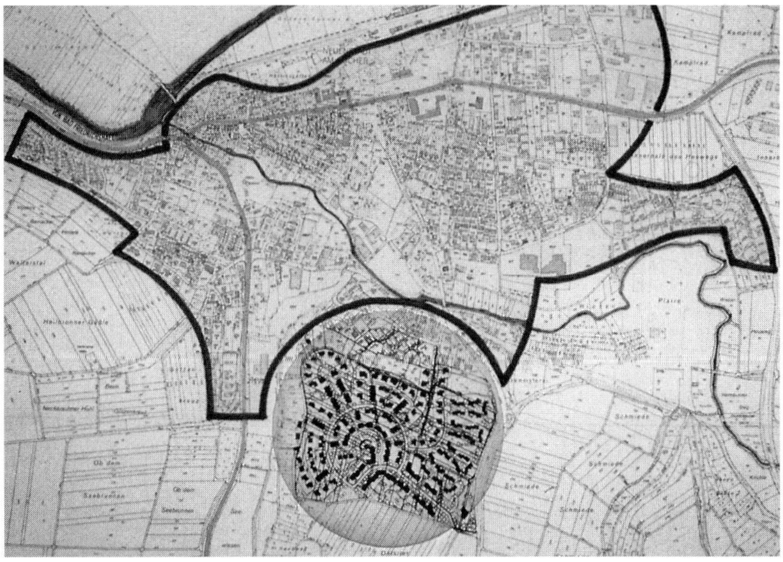

Die Kleinstadt Neuenstadt bei Heilbronn hatte aus topografischen und anderen Gründen keine andere Ausweiterungsmöglichkeit der Siedlungsflächen als auf einem Hochplateau. Dieses grenzt sich durch zum Teil steil abfallende Hänge im Norden und Westen von der bestehenden Bebauung ab und kann nur über einen Hohlweg von Osten erschlossen werden (siehe den Übersichtsplan – Norden ist auf dem Plan oben, Abb. 6.35). Neben einer großen Anzahl von Einfamilienhäusern waren Doppelhäuser und Reihenhäuser vorzusehen. Die wenigen erforderlichen Gemeinbedarfseinrichtungen (Kindergarten, Läden für den täglichen Bedarf usw.) sollten einen Ortsteilmittelpunkt bilden. Die Hänge sollten unbebaut bleiben, und eine Erweiterungsmöglichkeit war nach Süden und Osten vorzusehen. Insgesamt waren neue Siedlungsflächen für etwa 5000 Einwohner zu planen.

Für den ersten Bauabschnitt wird der Entwurfsprozeß einer Studienarbeit anhand von (einigen der vielen) Skizzen und Arbeitsmodellen (Originalmaßstab 1:1000) nachvollzogen. Die Arbeit erhielt bei einem studentenoffenen Wettbewerb den ersten Preis.

Eine fertige Entwurfsarbeit mit einem detaillierten Modell und schön gezeichneten Plänen erweckt einen ganz falschen Eindruck von dem vorausgegangenen Entwurfsprozeß. Sie vermittelt dem Betrachter zunächst die Vorstellung, daß der präsentierte Lösungsvorschlag leicht und elegant aus der Zeichenfeder geflossen ist. Umwege und Fehlversuche sind ja nicht nachzuvollziehen, da nur das Endprodukt dokumentiert wird.

Abb. 6.35–6.37
(von oben nach unten)

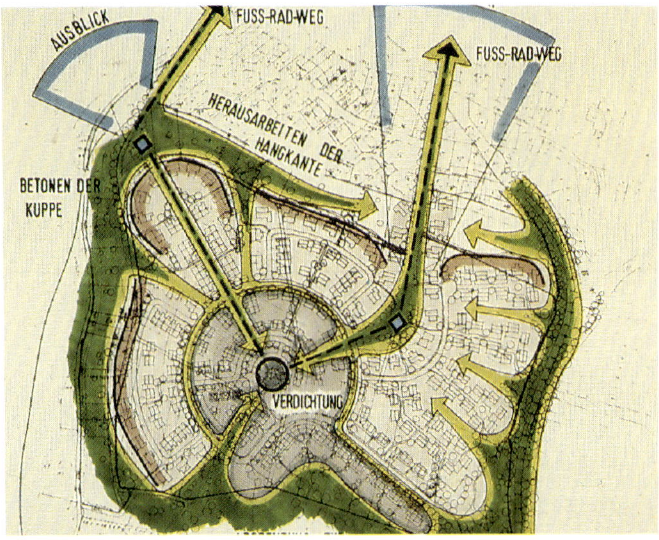

Abb. 6.38

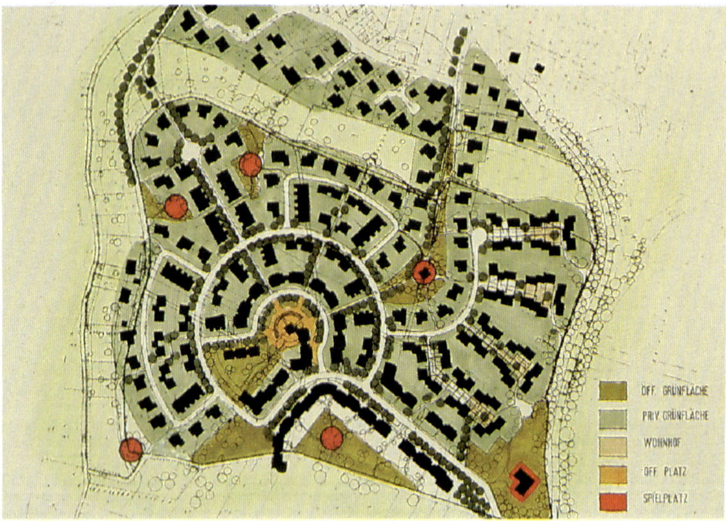

Abb. 6.39

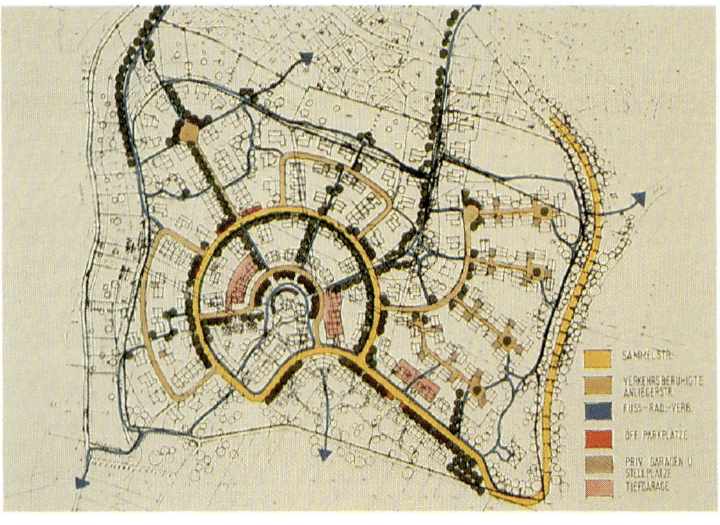

Abb. 6.40

Das Ergebnis

Abb. 6.38–6.40 Die Erläuterung eines Entwurfs durch schematische Skizzen für verschiedene Inhaltsbereiche ist nicht nur bei einem Wettbewerb von großer Bedeutung. Hier sind auf einer Verkleinerung des Grundplans skizziert:

- *Grundidee und Einbildung* (Abb. 6.38): Die Grundkonzeption mit einer verdichteten Mittelzone und den angrenzenden Siedlungsbereichen wird mit ihrer Einbindung in die umgebende Landschaft verdeutlicht. Der Bezug zur Stadt wird durch Pfeile und den Ausblickspunkt aufgezeigt. Durch den eingefügten Text wird die Skizze auch ohne Legende lesbar und verständlich.
- *Bau- und Freiflächenstruktur* (Abb. 6.39): Die Gebäude sind farbig kräftig herausgehoben, so daß ihr städtebauliches Gestaltungsmuster deutlich wird. Die unterschiedliche Farbgebung von privaten und öffentlichen Grünflächen (mit Spielplätzen) im Zusammenhang mit den weißen Linien der Straßen vermittelt einen guten Überblick über deren Verteilung.
- *Straßen- und Wegestruktur* (Abb. 6.40): Das Grundgerüst der Straßen wird betont und mit dem Wegenetz überlagert, wobei die meisten Straßen als beruhigte Zonen auch für Fußgänger und Radfahrer bestens geeignet sind. Außerdem ist die Straßenraumbegrünung angegeben, was zu einer leicht unübersichtlichen Informationsfülle geführt hat.

Bei dieser Arbeit sollen zwei unterschiedliche Versuche, von denen der zweite dann zum Ergebnis führte, vorgestellt und erläutert werden. Dabei werden nur wesentliche inhaltliche Aspekte berücksichtigt, da das Nachvollziehen des entwerferischen Vorgehens im Mittelpunkt des Interesses steht.

Die Abbildungen des Modells (Abb. 6.36) und eines Lageplanausschnitts (Abb. 6.37) sollen über das Ergebnis informieren und außerdem einen kleinen Eindruck von den vorgegebenen Rahmenbedingungen vermitteln. So sind die Hangkanten und die auf der rechten Bildseite gelegene östliche Hauptanbindungsstraße mit der Stadt gut erkennbar.

Der Einstieg

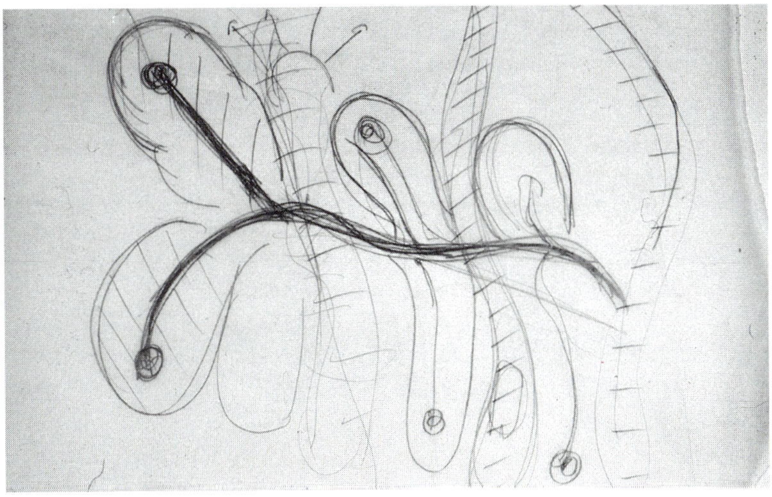

Abb. 6.41

- *Erster Versuch „Straßendorf"*

Abb. 6.41 „Aller Anfang ist schwer" scheint diese erste Skizze zum Ausdruck zu bringen. Der Entwerfer hat die Überlegungen über einen Lösungsansatz mit einem weichen Bleistift auf dem Transparentpapier nachvollzogen und unterstützt. Eine Haupterschließungsstraße knüpft an den Hohlweg zur Stadt an und fächert sich in Sackgassen auf. Erste Vorstellungen von Siedlungsbereichen und Grünzäsuren sind angedeutet. Das Ganze ist aber noch unstrukturiert, eben der unkorrigiert gezeichnete Ideenfluß ohne inhaltliche und formale Fassung.

Abb. 6.42 und 6.43 Dieses Skizzenpaar dokumentiert ein Vorgehen in „konkretisierenden Entwurfsschichten". Aufbauend auf der Ursprungsidee werden Siedlungsteile in der Art eines Puzzles aneinandergelegt und mit einem differenzierten Straßennetz verknüpft. Dabei wird das Grundmuster zunächst mit Bleistift vorskizziert und mit verschiedenfarbigen Filzschreibern „übermalt" (Abb. 6.42), wobei dieser Arbeitsgang bereits eine erste Verfeinerung der entwerferischen Überlegungen beinhaltet.
Auf ein darüber gelegtes Transparent wird dann die nächste „Schicht" aufgetragen. Jetzt werden einzelne inhaltliche Aspekte präzisiert, so die Einbindung in die Landschaft und das Einbeziehen von Grünbereichen, Lage von besonderen öffentlichen Bereichen (z. B. kleine Plätze mit Spielmöglichkeiten) und erste Überlegungen zum „Zentrum" mit Zuordnung der Baumassen.

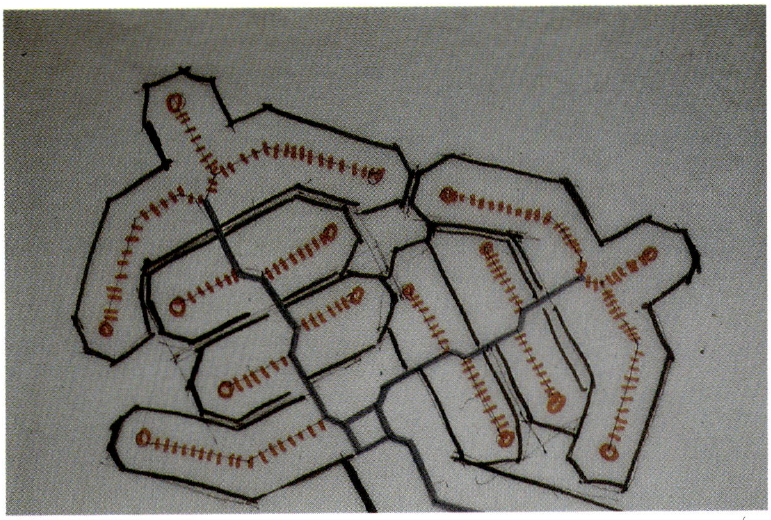

Abb. 6.42

Abb. 6.43

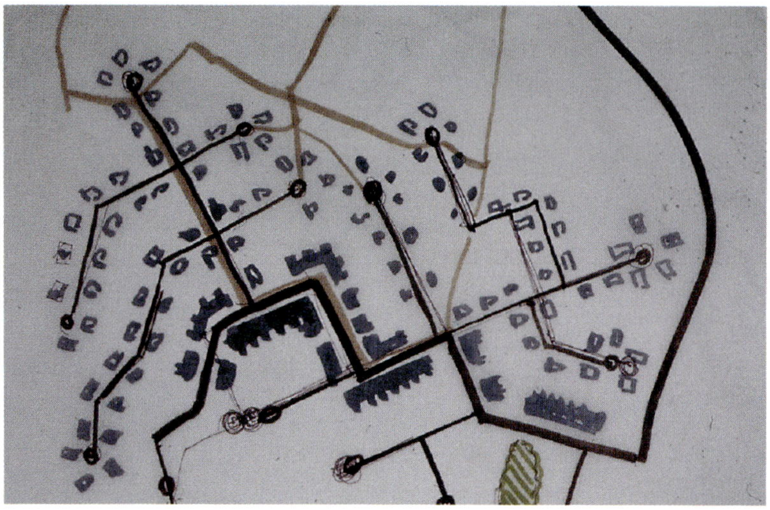

Abb. 6.44

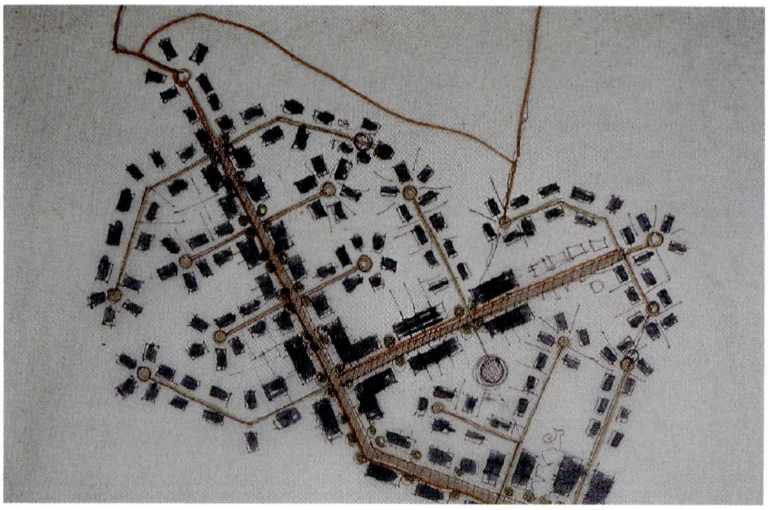

Abb. 6.45

Abb. 6.46

Differenzieren ...

Abb. 6.44 und 6.45 Eine weitere Schicht dient der Überprüfung der vorgesehenen Siedlungsflächen nach ihrer Eignung für die Anordnung und Zuordnung von Gebäuden. Dies geschieht zunächst in grober Skizzenform mit einem dicken Filzer als Deckblatt über den vorangegangenen Skizzen, wobei ein einfaches Muster in dünnen Linien zur Orientierung vorgegeben wird (Abb. 6.44). Gut erkennbar ist die Konzentration von dichteren Bauformen in der Nähe des „Zentrums" und entlang der Haupterschließung.

Jetzt erst kommt ein dünner Filzstift als Hauptarbeitsmittel zum Einsatz. Auf einem nächsten Deckblatt erhalten Gebäude und Straßen maßstabsgerechte Größen. Die umrandeten Flächen werden später farbig ausgemalt. In dieser Skizze (Abb. 6.45) sind erste Ansätze für eine Begrünung und eine Unterteilung der Gesamtfläche in mögliche Grundstücke enthalten. Auch dieser Schritt bringt wieder inhaltliche Veränderungen (z. B. Straffung des Straßennetzes und Verteilung der dichteren Bebauung). Die vorangegangene Fassung wurde eben nicht nur „gedankenlos" detaillierter durchgezeichnet, sondern entwerferisch weiterentwickelt, denn: Denken ist beim Zeichnen nicht verboten!

... und Detaillieren

Abb. 6.46 und 6.47 Der Entwerfer war mit seinem skizzierten Zwischenergebnis zufrieden und wollte das Konzept auch in den Details überprüfen. Ein neues Transparentpapier wird aufgespannt sowie Reißschiene und Dreieck hervorgeholt. Das mit Tusche gezeichnete und kolorierte Ergebnis dieses Arbeitsschrittes zeigt schon alle Elemente einer fertigen Arbeit, wie differenzierte Gebäude, Straßen unterschiedlicher Gestaltung, Begrünung der öffentlichen Räume, Wege und Plätze sowie die Grundstückseinteilung. Nach dem Prinzip „Pars pro toto" wurde aber nur ein Ausschnitt in dieser sehr aufwendigen Art gezeichnet, das übrige Planungsgebiet ist nur durch die Weiterführung der Straßen angedeutet. Eine weitere Zeichnung (Abb. 6.47) beschäftigt sich mit Varianten von Gebäudeformen und Grundstückszuordnung. Diese detaillierte Ausarbeitung ist erforderlich, um die Tragfähigkeit einer Konzeption überprüfen zu können. Grobe Skizzen allein können leicht eine konzeptionelle Stimmigkeit vorgaukeln, die sich später als trügerisch herausstellt. Deshalb ist es nie zu früh, ausschnittsweise Detailzeichnungen anzufertigen. Bei dieser Arbeit hat sich das als sehr hilfreich erwiesen, denn der Entwerfer war mit seinem Konzept nicht zufrieden. Also hat er mit einem neuen Versuch begonnen. Wie sagte schon Eiermann: Entwerfen kommt von wegwerfen. Natürlich endgültig erst, wenn der Entwurf „steht", denn manche Idee oder einige Details sind später wieder, zumindest als Anregung, zu verwerten.

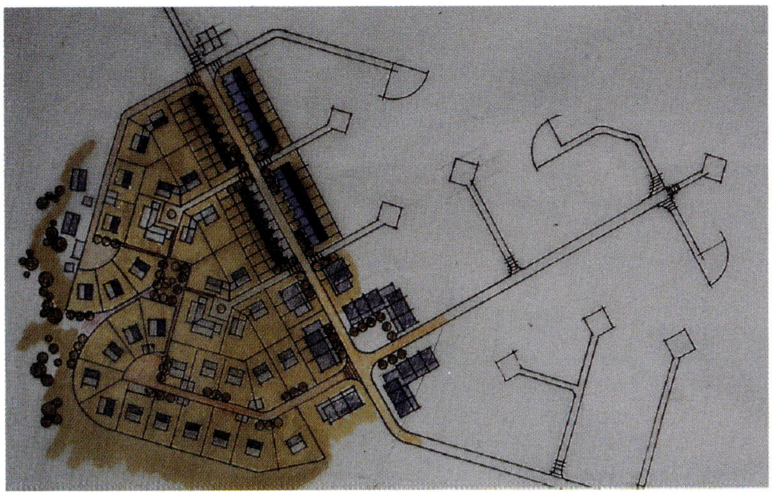

Abb. 6.47

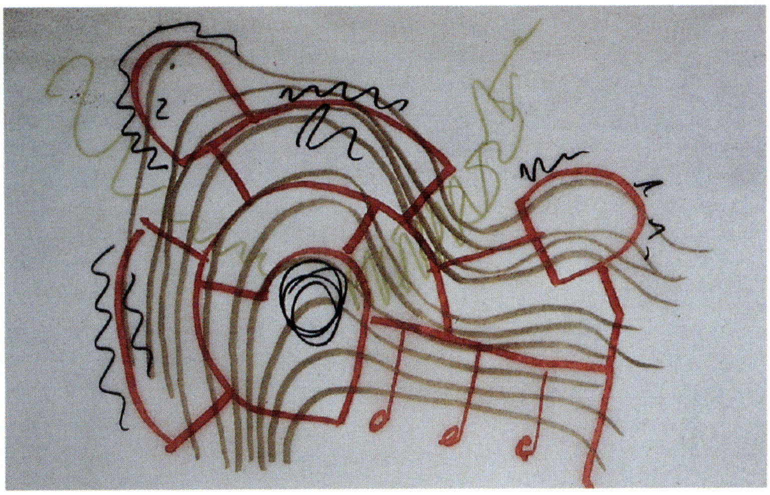

Abb. 6.48

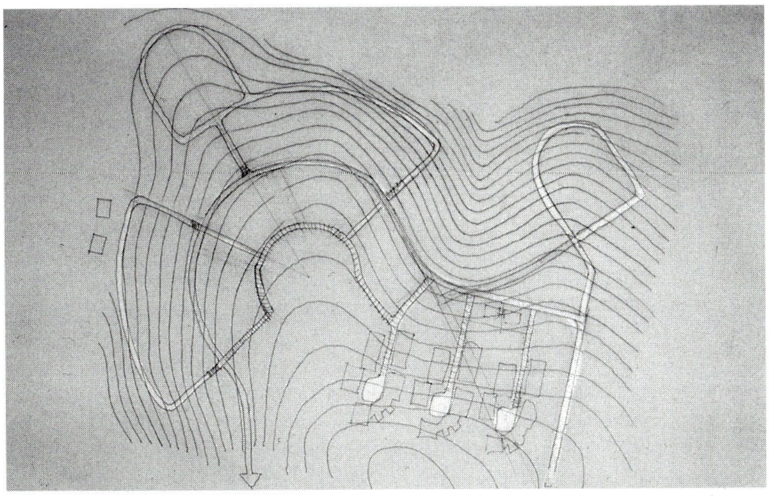

Abb. 6.49

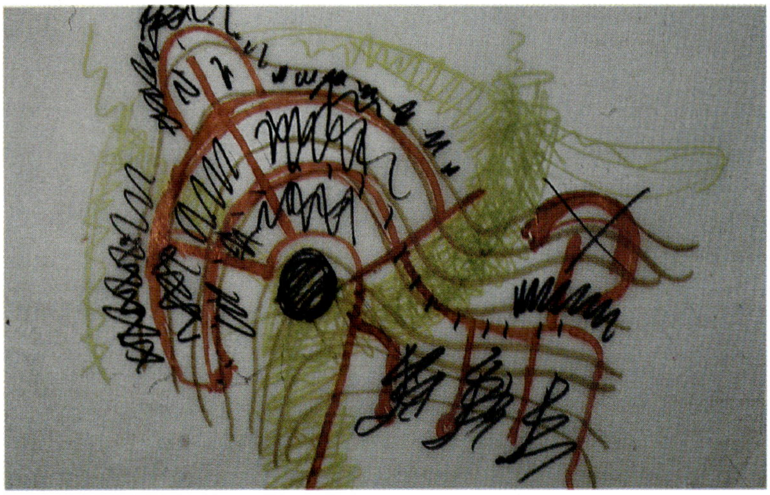

Abb. 6.50

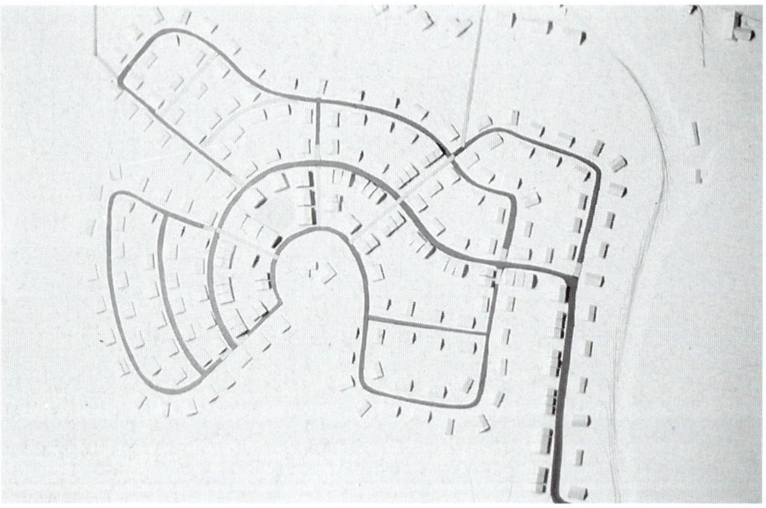

Abb. 6.51

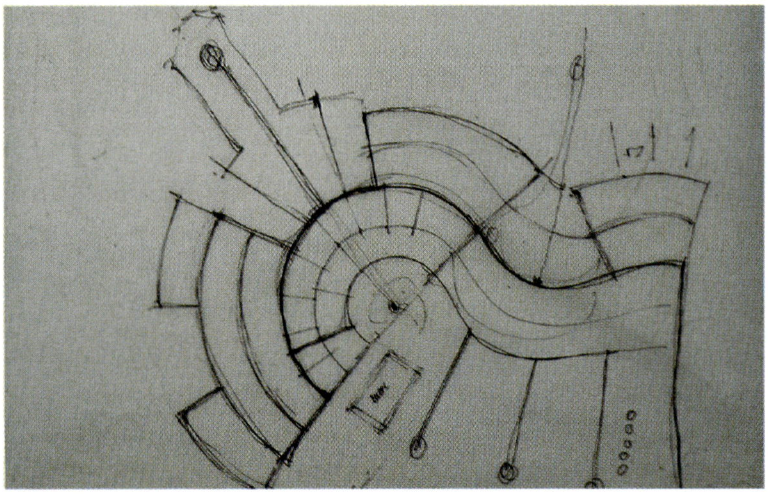

Abb. 6.52

● *Zweiter Versuch „Rundling"*

Abb. 6.48, 6.49 und 6.50 Die formale Konzeption des ersten Versuchs hatte die vorgegebene Topografie zu wenig berücksichtigt. Deshalb setzt der neue Versuch bei den Gegebenheiten des Planungsgebietes an. Die Höhenlinien sind „Leitlinien" für die Straßenführung, und Geländebesonderheiten werden in ein formales Leitbild einbezogen, so die Hangnase an der Nordwestecke der Hochebene und eine Mulde im östlichen Teil. Aus diesen Überlegungen entwickelt sich schon sehr früh ein Siedlungsmuster, das aus kreisförmigen Gebäudereihen besteht, die sich um einen Gebietsmittelpunkt gruppieren.
Die erste Skizze (Abb. 6.48) deutet auf den zugrundegelegten Höhenlinien erste Vorstellungen vom Erschließungssystem an. Die zeichnerische Betonung des „Zentrums" bekräftigt die formale Idee, die durch radiale Grünzüge noch unterstrichen wird. Das Straßennetz mit seinen Differenzierungen, als eine „inhaltliche Schicht", wird noch einmal extra in bezug auf die Übereinstimmung mit der Topografie überprüft (Abb. 6.49), bevor eine weitere Gesamtskizze, als eine „konkretisierende Schicht" die Grundkonzeption weiterentwickelt (Abb. 6.50).

Abb. 6.51, 6.52 und 6.53 Jetzt ist es Zeit für ein weiteres Arbeitsmodell (die vorangegangenen sind leider nicht dokumentiert), das zunächst die gezeichnete Skizze überträgt (Abb. 6.51). Durch Verschieben der Modellhäuschen lassen sich schnell Modifikationen der Konzeption herstellen, die dann nach einer zeichnerischen „Aufarbeitung" verlangen.

Das ins Modell eingelegte Straßennetz wird deshalb skizzenhaft weiterentwickelt (Abb. 6.52), bevor eine erneute Fassung der Entwurfskonzeption erstellt wird, die sich bereits mit einzelnen Gebäuden und ihrer Zuordnung auseinandersetzt (Abb. 6.53).
Dabei erkennt der Entwerfer, daß dieser Schritt zu früh erfolgt ist, denn eine Grundkonzeption für die Bebauung ist noch nicht erarbeitet. Diese Gefahr besteht beim städtebaulichen Entwerfen permanent, da der Reiz, sich mit Gebäudegruppierungen zu beschäftigen, für einen Architekten sehr groß ist. Das Ergebnis ist dann aber meistens unbefriedigend, weil die Aneinanderreihung von Hausgruppen noch lange keinen Städtebau ergibt. Dies ist auch dann der Fall, wenn, wie hier, ein plausibles Straßennetz als entwerferische Leitlinie vorgegeben ist.

Abb. 6.54–6.57 Diese Sequenz von Skizzen kann als „Zwischenspurt" im entwerferischen Konkretisierungsprozeß bezeichnet werden, der seinen Abschluß in einem schon recht differenzierten Arbeitsmodell findet. Zunächst wird in das mit einfachen Strichen aufgetragene Straßennetz ein bauliches Muster eingefügt, das sich am Gesamtzusammenhang orientiert (Abb. 6.54). Deshalb werden auch die Grünbezüge bereits mit angedacht. Der Entwerfer hat diese Skizze nicht fertiggezeichnet, da er sich für einen weiteren Schritt, eine konkretere Schicht, sicher fühlte. Jetzt sind die Straßen und die einzelnen Gebäude in dünnen Linien maßstäblich vorgezeichnet und anschließend farbig angelegt (Abb. 6.55). Wesentliche Leitlinien

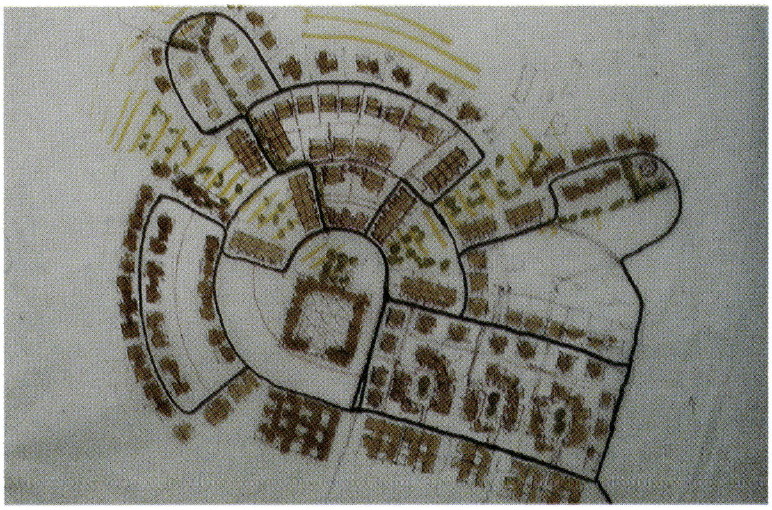

Abb. 6.53

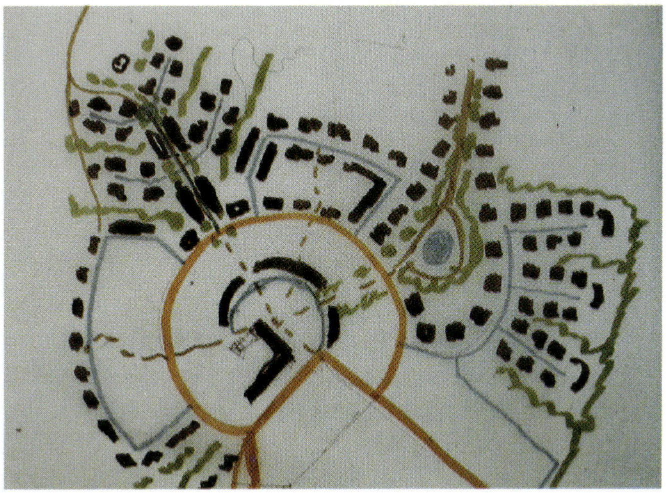

Abb. 6.54

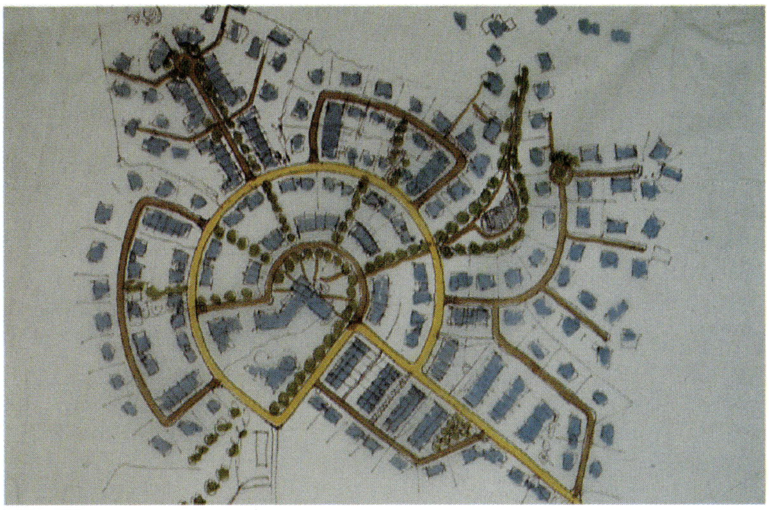

Abb. 6.55

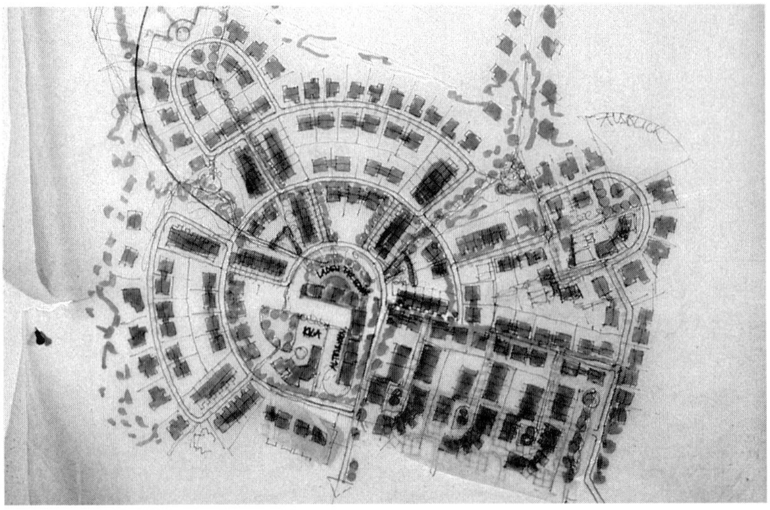

Abb. 6.56

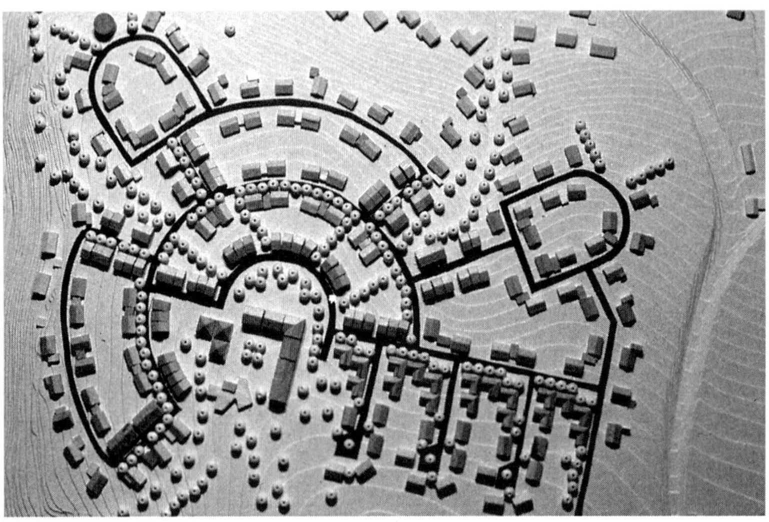

Abb. 6.57

Abb. 6.58

des Begrünungskonzeptes, das sich radial auf den zentralen Bereich ausrichtet und damit den Bezug zur umgebenden Landschaft herstellt, sind ebenfalls schon enthalten.
Das nächste transparente Deckblatt enthält folgerichtig eine weitere Detaillierung der entwerferischen Aussagen (Abb. 6.56). Dabei werden die Vorgaben der zugrundeliegenden Skizze aber nicht einfach präzisiert, sondern auch inhaltlich überprüft. Das Ergebnis ist eine konsequente Weiterentwicklung des Entwurfs. Dieses Entwurfsstadium wird jetzt in einem Arbeitsmodell getestet (Abb. 6.57). Dabei ist eine Steigerung des Genauigkeitsgrades zu beobachten, die sich sowohl auf die größere Detaillierung der Gebäude als auch auf zusätzliche inhaltliche Aussagen bezieht. So ist im Gegensatz zu dem vorigen Arbeitsmodell eine klare Differenzierung der Bebauungsdichten und die Einbeziehung eines Begrünungskonzeptes in die Modellaussage erkennbar.

Abb. 6.58 Bevor dieses Stadium des Entwurfskonzeptes erreicht wurde, das die Grundlage für die endgültige Fertigstellung des Entwurfs war, gab es immer wieder klärungsbedürftige Detailfragen. So schaffte eine perspektivische Skizze einen Eindruck von einer möglichen Ausbildung der nordwestlichen Hangnase als Aussichtspunkt. Oder einzelne Skizzen von Gebäudegruppen klärten die Zuordnung der Häuser untereinander, ihre Erschließung und die Grundstückseinteilung.

Abb. 6.59 Die Einbindung der Entwurfskonzeption für einen Teilbereich in einen größeren Siedlungskomplex zeigt, daß die gefundene Lösung nicht nur allein, sondern auch als Teil eines Ganzen tragfähig ist. Die abstrakte Darstellung (Originalmaßstab des Ausschnitts 1:2500) verdeutlicht sehr schön die entwerferische Leitidee mit ihren einzelnen Inhaltsbereichen: Siedlungsflächen, Grünzäsuren und Einbindung in die umgebende Landschaft, Straßen- und Fußwegenetz sowie Versorgungsmittelpunkte.

Abb. 6.60 und 6.61 Die Präsentation des fertigen Entwurfs hängt davon ab, welche Adressaten angesprochen werden sollen und ob die Möglichkeit zu Erläuterungen durch den Verfasser gegeben ist. „Fertig" ist ein Entwurf nur bezogen auf eine bestimmte Stufe auf dem Wege zur Realisation oder ... in die berüchtigte Schublade. Dieser Entwurf mußte so ausgearbeitet werden, daß er gegenüber den Preisrichtern des Wettbewerbs „für sich selbst sprechen" konnte. Deshalb ist das Modell sehr detailgetreu gearbeitet, wie besonders der Ausschnitt (Abb. 6.61) zeigt.
Die Begrünung der öffentlichen Bereiche wird durch das kontrastierende Material für die Bäume betont. Die Gebäude sind auf wenige „Modelltypen" beschränkt und in einzelne Einheiten unterteilt. Durch kleine Pappestückchen werden Fugen erzeugt, die längere Gebäudereihen differenzieren. Auch Straßen und Wege sind je nach Bedeutung unterschiedlich dargestellt, was durch auf das Geländemodell gelegte dünne Pappestreifen erreicht wird. Obwohl das gesamte Modell weiß überspritzt ist, lassen sich doch die vielfältigen Details bei genauerer Betrachtung gut erkennen. Trotzdem geht der Gesamtzusammenhang der grundsätzlichen Idee wegen der einheitlichen Weißfärbung nicht verloren.

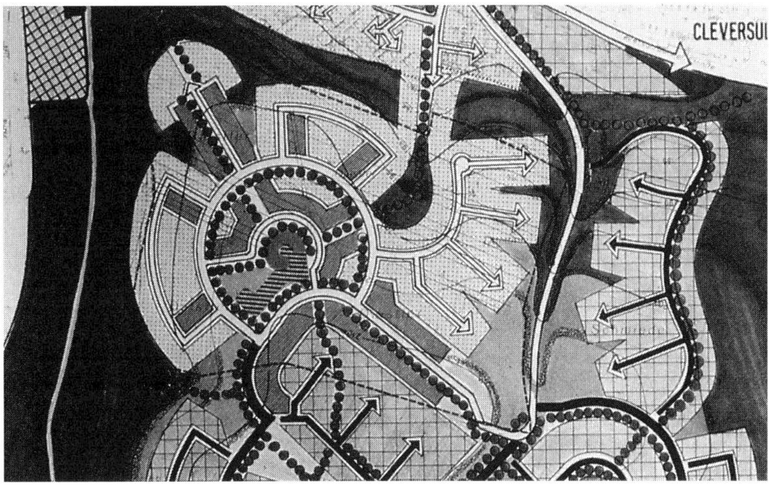

Abb. 6.59

Abb. 6.60

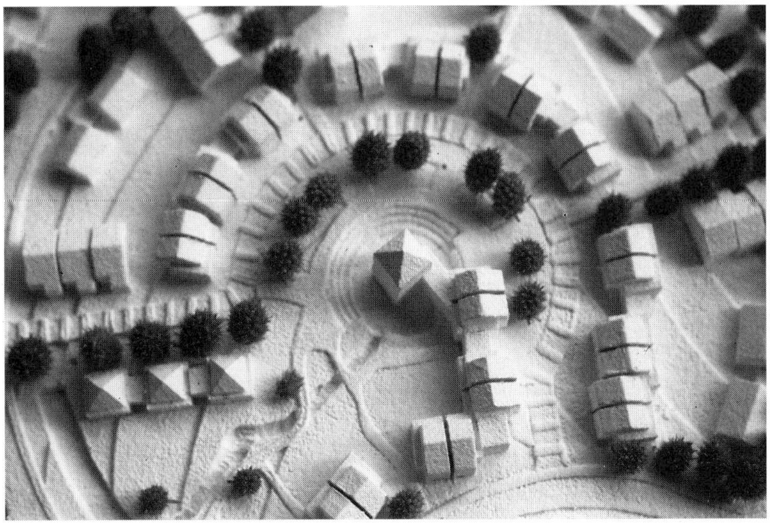

Abb. 6.61

7. Mittel: Zeichnen – Modell – Medien

Die klassische Mitteilungsform des Entwerfers ist die Zeichnung, obwohl sie im Zeitalter der Medien ihre Stellung teilweise eingebüßt hat. Technische Mittel, wie Fotografie, Videotechnik oder CAD, eröffnen heute dem Entwerfer vielfältige Möglichkeiten zur Darstellung seiner Ideen. Aber gerade für den Entwurfsprozeß selbst ist die „Zeichnung als Sprache des Entwerfers" besonders für die „Selbstkommunikation", für die Reflexion und Präzisierung der eigenen Gedanken, unerläßlich. In zweidimensionaler Darstellung werden die verschiedenen Ansichtsebenen, Grundriß, Aufriß und Schnitt, auf eine einzelne beschränkt, wozu ein nicht geringes Abstraktionsvermögen in bezug auf die tatsächlichen räumlichen Wirkungen gehört. Axonometrien und Perspektiven bieten dann die Möglichkeit, räumliche Situationen besser zu „simulieren". Für das Entwerfen haben sie aber in erster Linie die Aufgabe, die Raumwirkung von Konzepten zu überprüfen.

Als unverzichtbares Medium beim Entwerfen ist das Modell zu nennen, das eben nicht nur zur Illustration des fertigen Entwurfs dienen soll. Als Arbeitsmodell schafft es die Voraussetzungen einer schnellen konzeptionellen Veränderung, indem einzelne „Bausteine" einfach umgesetzt werden. Damit ist aber auch eine „Flüchtigkeit" der Ideen verbunden, die allerdings mit technischen Mitteln (Foto, Kopie) dokumentiert werden können. Das Experimentieren mit dem Arbeitsmodell läßt sich auch auf andere Arbeitsweisen übertragen. Montage, Collage und Foto-Montage kombinieren in unterschiedlicher Weise Darstellungsformen und können im Entwurfsprozeß „der Phantasie auf die Sprünge helfen". Durch moderne Apparate, wie Kopierer, Tageslichtprojektoren und Computer, läßt sich das „Lieblingswerkzeug" des Architekten und Städtebauers, der Fotoapparat, vielfältig ergänzen.

Die Anwendung von technischen Hilfsmitteln kann aber immer nur den kreativen Prozeß unterstützen, denn die Ideenproduktion liegt weiterhin beim Entwerfer. Insofern gilt beim Entwerfen auch noch die romantische Vorstellung vom einsamen Entwerfer am Küchentisch mit Skizzenrolle und weichem Bleistift. Aber diese Tätigkeit kann heute bewußter gestaltet werden, indem der eigene Entwurfsprozeß dokumentiert wird. Durch „Entwurfs-Tagebücher", in denen Skizzen, Texte und Detailüberlegungen chronologisch festgehalten werden, lassen sich die vielen Ideen und Überlegungen beim Entwerfen fixieren und stellen damit ein großes Potential für den weiteren kreativen Prozeß dar. Aber dadurch wird auch der Rückblick auf den Entwurfsprozeß erleichtert, um die eigenen Erfahrungen für neue Planungsaufgaben verfügbar zu machen.

7.1 Die Zeichnung ist die Sprache des Entwerfers

Auch im Medienzeitalter hat die Zeichnung ihren zentralen Stellenwert im Entwurfsprozeß nicht verloren. In erster Linie liegt dies an der großen Bandbreite von Möglichkeiten, die sie bietet. Jede Zeichnung, selbst die „rein" technische, hat zwei wesentliche Darstellungsaspekte: Information und Stimmung, oder anders ausgedrückt, Abbildung und Vermittlung. Je nach eingesetzter Zeichentechnik ist das Mischungsverhältnis zwischen beiden Aspekten unterschiedlich. Während Zeichnungen mit Bleistift, Kohle oder Aquarell u.ä. überwiegend Eindrücke vermitteln, haben Zeichnungen mit Tusche oder Filzstift oft einen höheren Informationsgehalt und wirken präziser.

Daher ist es auch gerechtfertigt, die Zeichnung als „Sprache des Entwerfers" zu bezeichnen. Die Art der Darstellung selbst gibt schon Aufschluß über den Verfasser, seine Intentionen und Ambitionen. Insofern „spricht“ die Zeichnung auch ohne Erläuterungen seines Verfassers. Ein weiterer wichtiger Gesichtspunkt bei der Wahl der Darstellungsform ist die unterschiedliche Verdeutlichung von Aussagen einer Zeichnung, je nachdem für wen sie gemacht wird (vgl. Kapitel 9).

Im Entwurfsprozeß richtet sich die Zeichnung zunächst an den Verfasser selbst. Sie muß ihm Aufschluß über sein eigenes kreatives Handeln geben, das oft erst über die Zeichnung beurteilt werden kann. Jede Form der Darstellung dient so auch der Reflexion und Präzisierung der eigenen Gedanken (siehe Abb. 7.1). Daher kommt der Wahl unterschiedlicher zeichnerischer Medien und Darstellungsformen im Entwurfsprozeß (siehe Abb. 7.2, 7.3) eine sehr große Bedeutung zu, deren bewußter Wechsel auch als Prozeß der inhaltlichen Positionssuche gesehen werden muß.

Am häufigsten wird als Grundlage für die Zeichnung das Transparent- oder Skizzenpapier verwendet. Es hat den Vorteil, daß Darstellungen durchgezeichnet werden können und so immer präzisere „Entwurfsschichten“ mit zunehmender Detailklärung entstehen. Darüber sollte man aber nicht die Gefahr übersehen, die sich daraus ergibt. Das Transparentpapier verleitet zum Durchzeichnen der immer gleichen Fehler und nicht tragfähigen Konzeptansätze. Es gibt „große“ Architekten, die das Transparentpapier aus diesem Grunde strikt ablehnen oder seine Verwendung im Laufe des Entwerfens bewußt in Frage stellen und durch „weißes“ Papier ersetzen. Ein Hinterfragen der gewählten Zeichenmittel in der geschilderten Form kann so zur Verstärkung des rationalen Prozesses beim Entwerfen beitragen.

In der Praxis, auch in der Lehrpraxis, wird der autokommunikative Aspekt beim Entwerfen leider stark unterbewertet. Fehlende Kenntnis der zur Verfügung

Abb. 7.1 Lageplan und Perspektive zur Überprüfung einer Konzeption

Abb. 7.2 Ansichtsskizzen zu Saint Dié (Le Corbusier)

Abb. 7.3 Entwurfsskizze zu einer baulichen Veränderung (F. Spengelin)

stehenden Darstellungsmittel erschwert aber nicht nur das eigene Arbeiten, sondern auch die Vermittlung der Ideen nach außen. Dieser Aspekt, die „äußere Kommunikation“ mittels des Mediums Zeichnung, ist schwieriger zu berücksichtigen, da der Adressat oder die Dialogpartner nicht immer bekannt sind. Das gilt in besonderem Maße für die Vorstellung bei Bürgerbeteiligungen und -anhörungen.
Dabei können einerseits klare und schematische Darstellungen leicht zu abstrakt geraten sowie andererseits differenzierte und präzise Zeichnungen durch ihre Informationsfülle die Beurteilungsmöglichkeiten überfordern. Außerdem ist zu bedenken, daß „zarte“ Darstellungsmittel, wie z. B. Blei- und Buntstift, zwar aus der Sicht des Zeichnenden gut lesbar sein mögen, aber aus einiger Entfernung bis zur Unkenntlichkeit verschwimmen. Da sind dann andere Mittel oder Reproduktionsformen wie Dias oder Folien, die projiziert werden können, zu wählen (siehe auch Kapitel 9.5).

7.2 Zeichnungen – zweidimensionale Darstellungen

Üblich ist die Abbildung nur einer Ansichtsebene, die Reduktion der Räumlichkeit auf eine „künstliche“, so in der Realität nicht wahrnehmbare Schicht. Beim städtebaulichen Entwerfen kommt dem Grundriß oder der Aufsicht eine zentrale Bedeutung zu, da dabei die funktionale Zuordnung unterschiedlicher Nutzungsansprüche und ihre bauliche Umsetzung im Vordergrund steht. Die räumlichen Wirkungen können durch die Ergänzung von Aufrissen oder Ansichten und Schnitten nur in die Zeichnung hineininterpretiert werden. Dabei sind je nach Erfahrungen und vorgegebenen Vorstellungen bei einem Betrachter durchaus Fehlinterpretationen möglich. Die Verwirklichung von Plänen führt dann zu Enttäuschungen, die vom ersten Besuch eines Bauherren auf der Baustelle hinlänglich bekannt sind.
Die Darstellung der Komplexität des Städtebaus in nur zwei Dimensionen bedeutet deshalb immer eine Abstraktion, eine Konzentration auf das Wesentliche (vgl. Abb. 7.5). Dies ist das wesentliche Kennzeichen der Zeichnung, die sich von anderen, oft realistischeren Medien, immer durch eine gewisse Abstraktion unterscheidet. Während sich für die Präsentation oder Vermittlung einer Entwurfsidee an Außenstehende realistische Medien wie das Modell oder der Videofilm besonders gut eignen, stellt der Abstraktionsgrad einer Zeichnung in Kombination mit einem Arbeitsmodell (siehe Abb. 7.4) auch einen wichtigen Kontrollvorgang für den Entwerfenden dar.
Das Zusammenfügen der einzelnen Schichten (Grundriß, Ansicht, Schnitt) zu einem räumlichen Eindruck ist und bleibt mühsam. Sehr häufig steht, leider auch beim Städtebau, die Ansicht, das Gesicht von Architektur, im Mittelpunkt des Gestaltungsprozes-

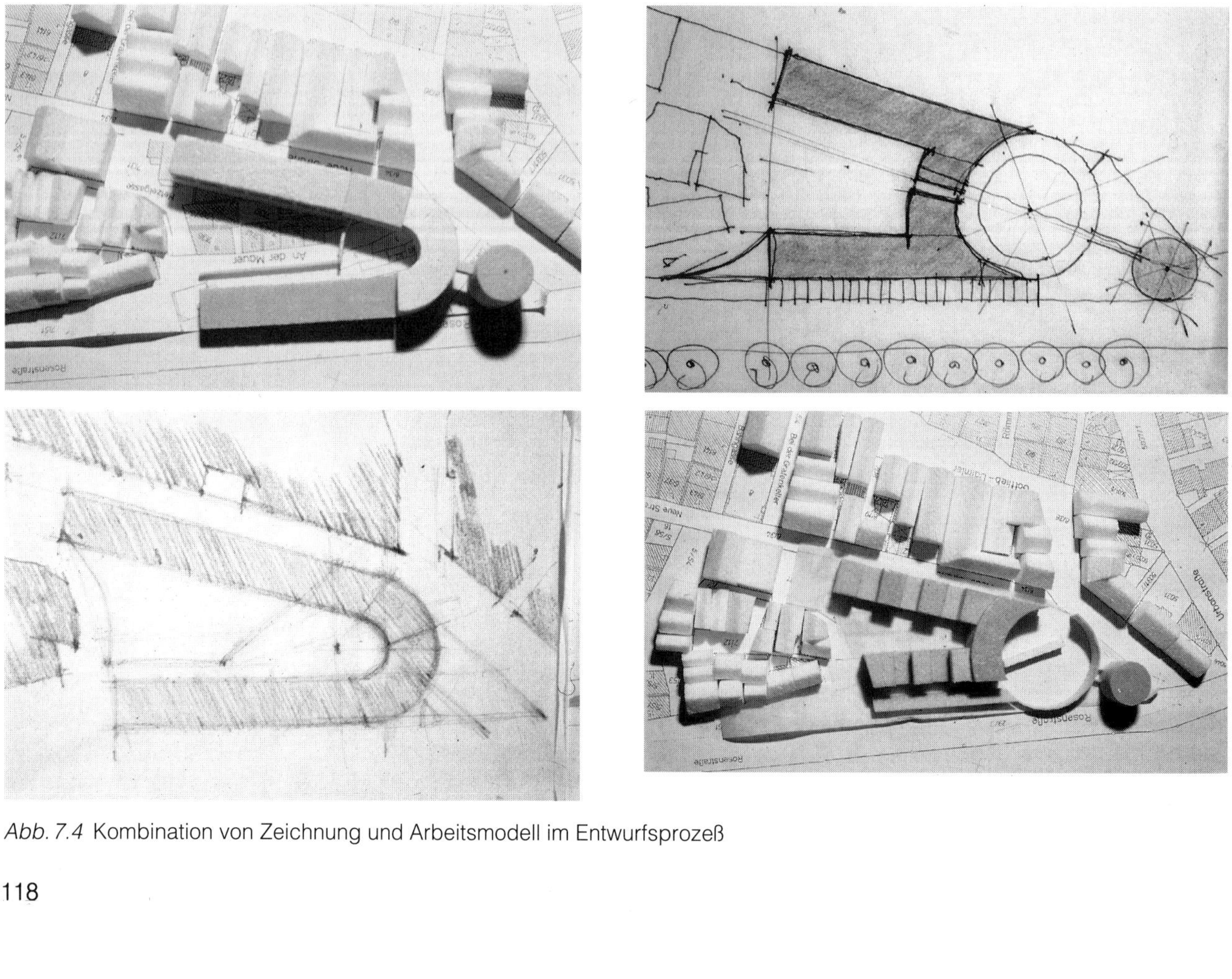

Abb. 7.4 Kombination von Zeichnung und Arbeitsmodell im Entwurfsprozeß

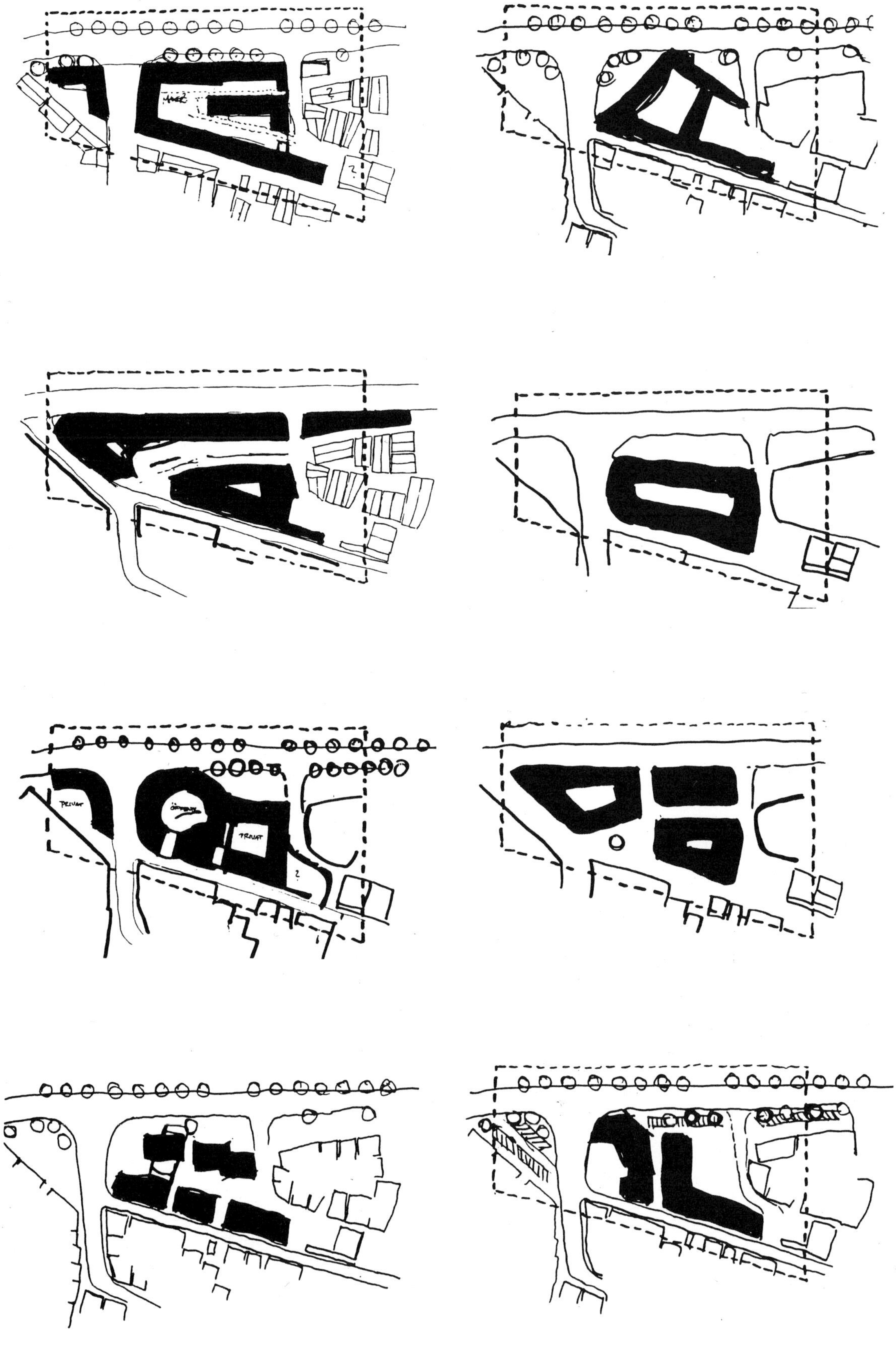

Abb. 7.5 Schemaskizzen von Alternativen – Konzentration auf das Wesentliche

ses. Es gibt Architekturschulen, die kaum anderes als die Lehre von der Symmetrie im Aufriß vermitteln. Nicht von ungefähr finden in Zeiten der allgemeinen Desorientierung Vorstellungen der formalistischen Abbildung und des äußerlichen Designs, wie sie auch in der Strömung der Postmoderne ihren Niederschlag finden, fruchtbaren Boden. Städtebauliches Entwerfen muß aber gerade in der Zusammenschau der unterschiedlichen Betrachtungsebenen und Perspektiven ihren Sinn erkennen. Das Arbeiten mit unterschiedlichen Medien und Dimensionen ist daher besonders wichtig.

7.3 Zeichnungen – dreidimensionale Darstellungen

Die Zeichnung eignet sich nur bedingt zur Darstellung von Räumlichkeiten. Perspektiven und Axonometrien stellen deshalb in gewisser Weise Illusionsmalereien dar, indem sie durch die Wahl besonderer Standpunkte Einblicke in räumliche Zusammenhänge gewähren.

● **Die Axonometrie** (die Isometrie ist eine Sonderform davon) hat den Charakter einer technischen Zeichnung, da sie Aufsicht und Ansicht ohne perspektivische Verzerrungen miteinander kombiniert. Sie dient der Darstellung von Verbindungen zwischen Horizontale und Vertikale, und sollte sinnvollerweise auch nur dort Verwendung finden, wo es um derartige Übergänge geht (Beispiel Vorbauten an Gebäuden). Aber auch als Skizze im Entwurfsprozeß ist die Axonometrie zur räumlichen Überprüfung von unterschiedlichen Konzepten sehr zweckmäßig (siehe Abb. 7.8). Eine umfassende Darstellung der verschiedenen Formen von Axionometrien ist enthalten in Reiner Thomae, *Perspektive und Axonometrie*.

● **Die Perspektive** kann demgegenüber einen realistischen, den Sehgewohnheiten des Menschen entsprechenden Eindruck räumlicher Situationen wiedergeben. Wie aus der Geschichte der Perspektivdarstellung seit der Renaissance erkennbar ist, spielt die Positionsbestimmung oder -auswahl des Betrachters eine wichtige Rolle für den abzubildenden räumlichen Eindruck (vgl. Abb. 7.6, 7.7). Je nach Standpunkt (Augenhöhe), Anzahl der Fluchtpunkte, gewählter Blickrichtung, Behandlung von Vorder- und Hintergrund etc. ergeben sich unterschiedliche Betonungen des Abgebildeten (siehe dazu die Abbildungen 7.9–7.19 und Kapitel 9.4).

Die Auswahl des „richtigen" Darstellungsmittels hängt immer von der beabsichtigten Aussage ab. Bei aller Sorgfalt und Anstrengung läßt sich aber zur Vermittlung der tatsächlichen räumlichen Zusammenhänge, um die es beim Städtebau häufig geht, das Modell als reale „Abbildung" des Raumes nicht umgehen.

Abb. 7.6 Perspektivische Skizze aus der Vogelschau

Abb. 7.7 Perspektivische Montage eines Entwurfs in ein Bestandsfoto

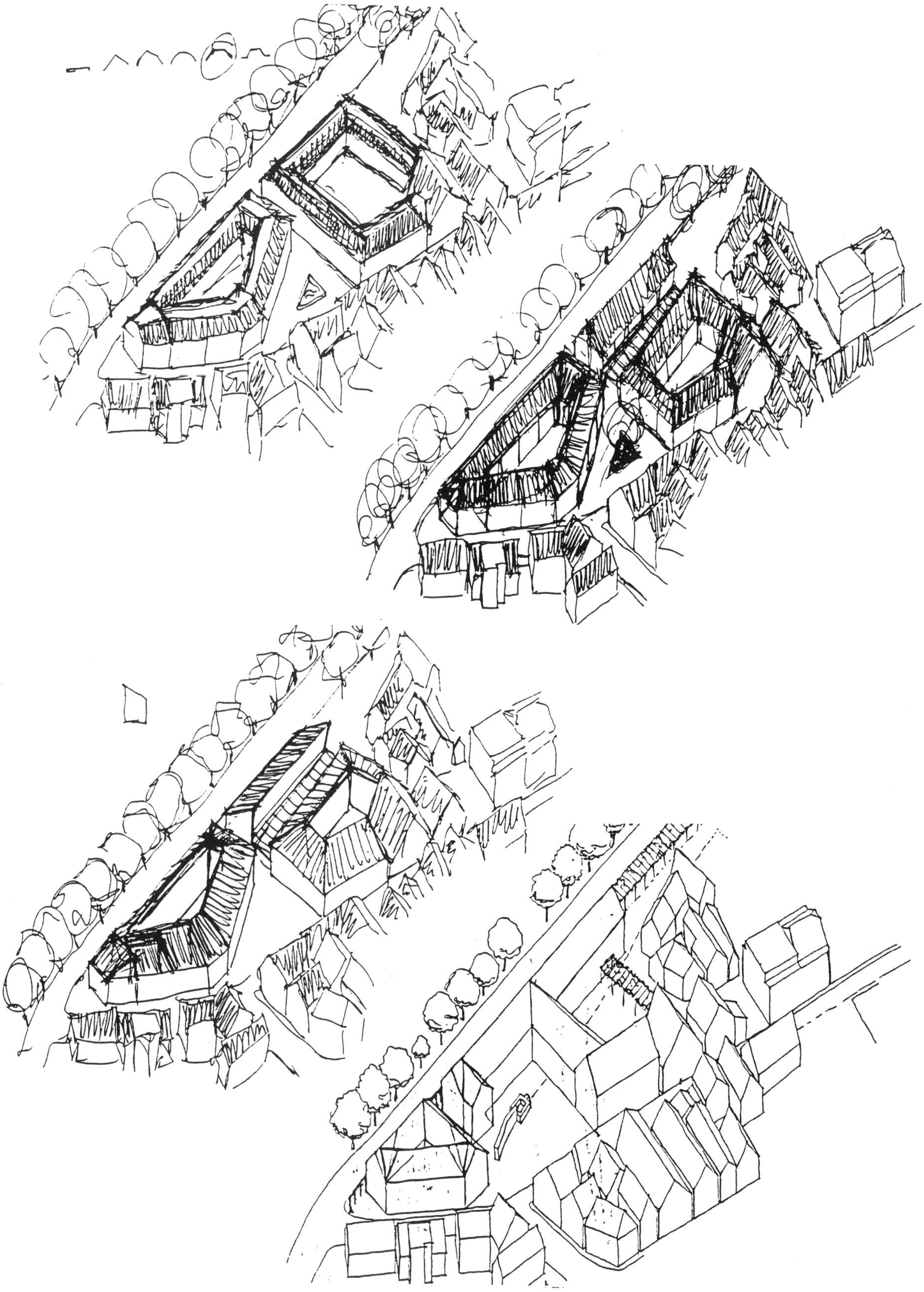

Abb. 7.8 Isometrische Entwurfsskizzen zur Überprüfung von Konzepten

Abb. 7.9 Perspektive als Strichzeichnung

Auch bei der Perspektive können, wie beim Lageplan, unterschiedliche grafische Mittel verschiedene Raumwirkungen erzeugen und bestimmte Elemente oder Aspekte betonen. Die Strichzeichnung (Abb. 7.9) hebt die Einzelelemente hervor, die Details treten gleichgewichtig in Erscheinung. Es wird ein realitätsnahes Bild einer konzipierten räumlichen Situation erzeugt. Durch Reduzierung der architektonischen Details und durch farbliche Behandlung von Flächen (Abb. 7.10) wird der räumliche Eindruck stärker hervorgehoben. Nur wesentliche Einzelheiten, die zur Raumwirkung beitragen, werden gezeichnet. Außerdem erzeugt die plakative Darstellungsweise ein eher abstrahierendes Bild, das die zu überprüfende Konzeption in den Vordergrund stellt.

Perspektiven sind in der Regel Illustrationen zu einem fertigen Entwurf und dienen so dazu, durch die Darstellung einer Raumsituation die städtebauliche Konzeption zu unterstreichen. Quasi als „gezeichnetes Argument" sollen sie die Adressaten von der inhaltlichen und gestalterischen Qualität überzeugen. Dabei bleibt aber einerseits verborgen, daß auch eine schön gezeichnete Perspektive ihre skizzenhaften „Vorläufer" hat (Abb. 7.11).

Andererseits eignen sich diese „Blitzskizzen", wie der Verfasser sie selbst nennt, hervorragend zur Unterstützung des eigenen Entwurfsprozesses. In einem späteren Entwurfsstadium können sie dann überarbeitet und „geschönt" werden (Abb. 7.12). Beide Darstellungsarten, die skizzenhafte Strichzeichnung und die malerisch gestaltete Farbzeichnung, beinhalten unterschiedliche Möglichkeiten zur Vermittlung genereller oder aber stimmungsvoller Raumeindrücke.

Abb. 7.10 Perspektive mit flächiger Darstellung

Abb. 7.11 (oben) und *7.12* (unten) Von der Skizze zur fertigen Perspektive

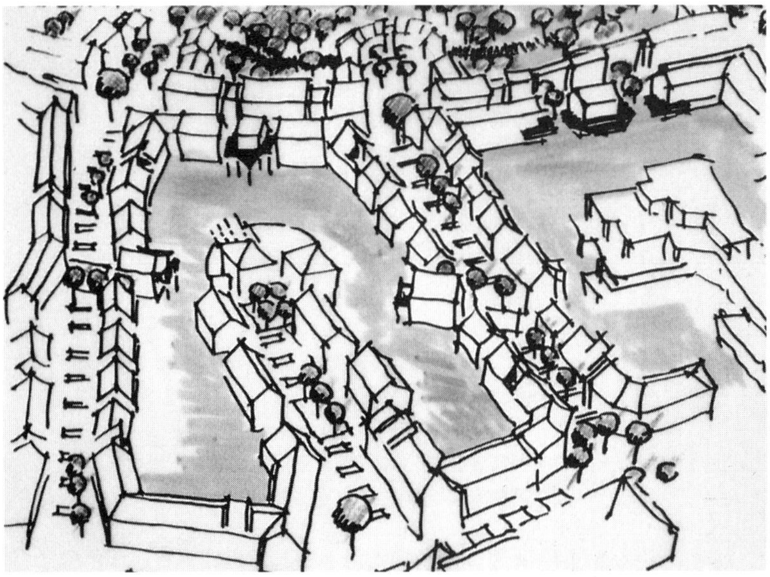

Abb. 7.13 Die Axonometrien/Isometrien und – wie in diesem Fall – Perspektiven eignen sich zur Darstellung städtebaulicher Zusammenhänge aus der Vogelschau. Dadurch lassen sich während des Entwurfsprozesses die Grundlinien, aber auch erste Details einer Konzeption überprüfen. Im Gegensatz zum Modell besteht dabei die Möglichkeit, die Räumlichkeit zugunsten der Linienführung zurücktreten zu lassen. Durch farbliche Unterlegung der Fläche können einzelne Teile, z.B. bauliche Strukturen, stärker hervorgehoben werden.

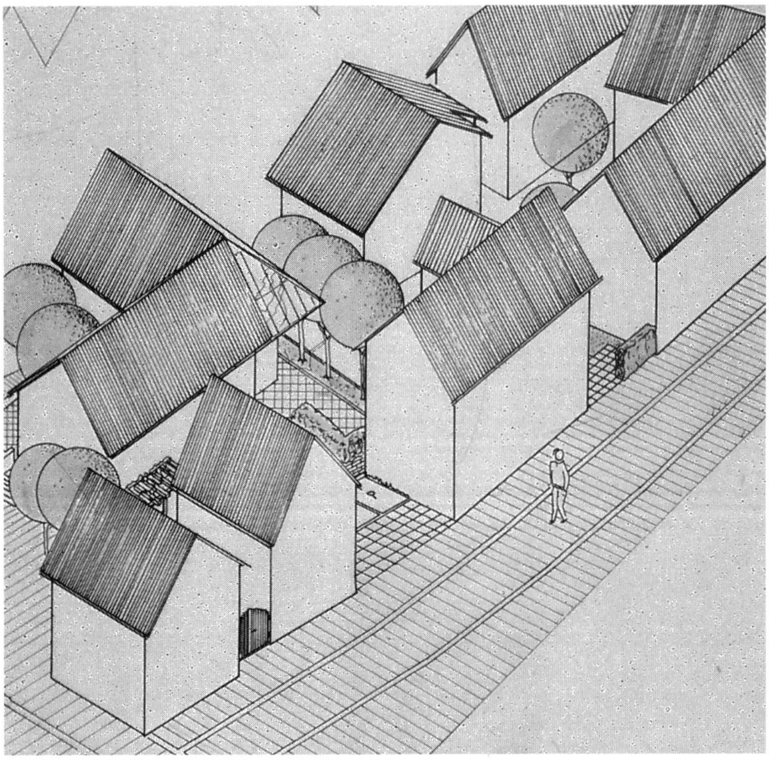

Abb. 7.14 In der Isometrie läßt sich die Raumbildung durch Gebäudestellungen relativ einfach verdeutlichen. Die dritte Dimension ermöglicht außerdem eine Überprüfung der konzipierten Baukörper. Durch Verzicht auf architektonische Details der Gebäude in der Darstellung wird die Spannung zwischen Baukörpern und entstehenden Freiräumen gesteigert und leichter erfaßbar. Die Freiraumqualitäten können durch farbliche Unterlegung der Grünflächen und -elemente hervorgehoben und dadurch betont werden.

Durch einfache Veränderungen lassen sich die Wirkungen von Perspektiven (und anderen Zeichnungen) erheblich steigern. Bei diesem Beispiel wurde die Strichzeichnung einmal mit Buntstiften koloriert (Abb. 7.15, oben) und dann Teile aus einer Kopie der Originalzeichnung ausgeschnitten und auf einen grauen Karton aufgeklebt (Abb. 7.16, unten). Durch die unterschiedliche Behandlung von Vorder- und Hintergrund wird die Räumlichkeit in verschiedener Weise betont. Bei der Strichzeichnung sind die Details von größerer Bedeutung, während sie bei der flächigen Farbgebung stärker zurücktreten.

Abb. 7.17 (oben) und *7.18* (unten) „Entwurfs-Perspektiven" zur räumlichen Überprüfung

Abb. 7.17 und *7.18* Typische „Entwurfs-Perspektiven" sind häufig „lebendiger" als perfekte „Verkaufsbilder", die sehr künstlich wirken können. Deshalb ist es durchaus angebracht, Zeichnungen, die während der Entwurfsarbeit entstanden sind, zur Illustration des fertigen Entwurfs zu verwenden. Die beiden Abbildungen erläutern verschiedene Raumsituationen eines Entwurfs, der noch im Entstehen ist. Durch farbiges Anlegen von Himmel, Hauswänden sowie Straßen- und Wegbelägen wird die Weite der Straßenräume mit ihren Gestaltungselementen und ihrem baulichen Abschluß verstärkt.

Abb. 7.19 Beispiele für „dreidimensionale“ Darstellungsskizzen als Entwurfshilfe

7.4 Arbeitsmodelle und plastische Hilfsmittel

Wer die Arbeit einer Wettbewerbsjury verfolgt hat, kennt die Bewegung zur Genüge: Jemand geht in die Knie, guckt mit vorgestrecktem Kopf und einem zugekniffenem Auge angestrengt nach vorne. Es kann sich nur um den Blick auf oder besser in ein Modell hinein handeln. Diese häufig zu beobachtende Betrachtungsweise einer architektonischen oder städtebaulichen Entwurfsarbeit macht deutlich, wie wichtig zur Beurteilung einer Arbeit die räumliche Vorstellung ist. Nur mit Hilfe des Modells lassen sich alle Zeichenebenen mit verschiedenen, selbst zu wählenden Standpunkten kombinieren. Die Darstellung der Entwurfsidee ist nicht nur für das Endergebnis wichtig. Bereits zu einem frühen Zeitpunkt im Entwurfsprozeß ist der Blick auf das Modell nicht nur hilfreich, sondern der Umgang mit dem Modell kann sogar entwurfsbestimmend sein.

Im Entwurfsprozeß sollte das Modell also nicht nur zur Darstellung der Ideen herangezogen werden, es sollte bereits sehr früh zu einem Medium des Entwerfens selber werden. Das Modell – in dem Fall richtiger: das Arbeitsmodell – hat gegenüber der Zeichnung den großen Vorteil, daß es, bei richtiger Verwendung, durch das bloße Verschieben der verwendeten Bausteine zu einer schnellen Alternativenbildung führt (vgl. Abb. 7.19). Dabei kann, ja sollte das Arbeitsmodell sogar sehr einfache Elemente benutzen, die eine möglichst große Austauschbarkeit und vielfältige Möglichkeiten zur Kombination besitzen.

Da beim Zeichnen die Entwurfsprozedur relativ lange dauert – denn eine Zeichnung setzt sich aus verhältnismäßig vielen Strichen zusammen –, werden häufig viele davon beim Durchzeichnen unbedacht übernommen. Die Überarbeitung von Entwurfskonzepten wird deshalb oft mit alten Fehlern belastet, die auf diese Weise sehr beständig sind. Bei der Verwendung eines Arbeitsmodells tritt dagegen das Manuelle in den Hintergrund des Entwurfsvorgangs. Die kreative Kopfarbeit wird gefördert und das gezielte Herausnehmen eines Gebäudes oder die Umstellung ganzer Hauszeilen werden zu einer bewußt gesteuerten Aktion, die durch kritische Beobachtung begleitet wird. Neue Kombinationen können „spielerisch" erarbeitet, oder eine gezielte Umsetzung (im wahrsten Sinne des Wortes) einer gedanklich neu entwickelten Entwurfsidee kann vorgenommen werden.

Im Vergleich zur Zeichnung besitzt das Arbeitsmodell den Nachteil, daß es flüchtig ist. Jede auch noch so schnell hingeworfene Skizze kann ein bleibendes „Dokument" für ein bestimmtes Entwurfsstadium sein, das für spätere Entwurfsphasen verfügbar bleibt. Da-

Abb. 7.20 Fotos von Alternativen als Dokumentation der Veränderung eines Arbeitsmodells

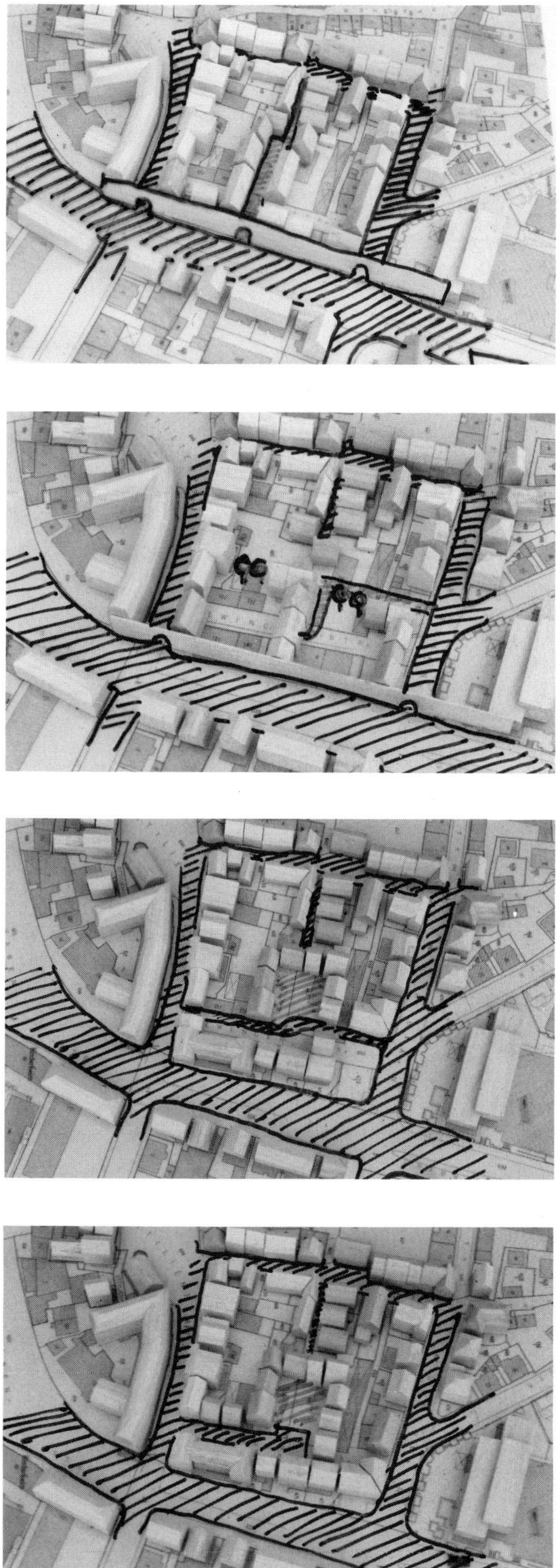

Abb. 7.21 Das Überzeichnen von Fotos eines Arbeitsmodells mit Alternativen läßt die Unterschiede deutlicher hervortreten. Bei diesem Beispiel wird u.a. der durch unterschiedliche Gebäudestellungen begrenzte Platz- und Straßenraum durch Schraffur betont.

gegen verändert sich mit jedem neuen Baustein im Modell die vorher bestehende Konzeption und entzieht sich so der Dokumentation. Das Bauen von mehreren einfachen Arbeitsmodellen, die mit Entwurfsskizzen kombiniert werden können (vgl. Abb. 7.22), ist nur in der ersten Entwurfsphase sinnvoll. Komplexere Arbeitsmodelle in größerer Stückzahl herzustellen ist in der Regel zu aufwendig. Mit Hilfe der „neuen" Techniken lassen sich diese Nachteile jedoch beheben.

Eine präzise, wenn auch nicht ganz billige Möglichkeit besteht in der Dokumentation durch Sofortbilder. Die umgestellten Bausteine eines Arbeitsmodells lassen sich schnell festhalten und zu einem Vergleich unterschiedlicher Entwurfsansätze heranziehen. Zusätzlich können auf den Fotos selbst oder auf einer Klarsichtfolie wesentliche Entwurfsaspekte zeichnerisch hervorgehoben werden (siehe Abb. 7.21). Eine andere, aber nicht ganz so realitätsnahe Art besteht darin, die Einzelbausteine mit Montagekleber zu fixieren und das Arbeitsmodell zu kopieren. Wie bei Papiervorlagen wird das Modell, das nicht zu große Höhenunterschiede aufweisen sollte, verkehrt herum auf den Kopierer gelegt. Dabei entstehen Unterlagen, die sich – da maßstabsgetreu – als Zeichenunterlage für weitere Überarbeitungen verwenden lassen, wodurch der größere Zeitaufwand aufgewogen wird.

Das „endgültige" Modell mit seiner detaillierten Bearbeitung dient der Präsentation des fertigen Entwurfes (vgl. Kapitel 9.6) und nicht als Hilfsmittel beim Entwerfen. Es kann aber gleichwohl Schwächen des Entwurfsprozesses aufzeigen, wenn das Ergebnis nicht im gewünschten Maße zufriedenstellt. Dann ist es aber in der Regel zu spät.

7.5 Darstellungsexperimente

Zur Auflockerung des Entwurfsprozesses sollte auch einmal mit den verfügbaren Medien experimentiert werden, denn nichts ist beim Entwerfen hinderlicher als eine verkrampfte Arbeitseinstellung. Das Experimentieren mit Medien steigert die Freude am Ent-

Nächste Seite:

Abb. 7.22 Das Arbeitsmodell sollte wichtiger Teil des Entwurfsprozesses von Anfang an sein. Auf der Grundlage eines grob skizzierten Lageplans (Das Relief spielte im vorliegenden Fall eine untergeordnete Rolle) werden durch Umstellung der Styrol-Klötzchen Alternativen erzeugt. Einmal wird die Wirkung der durchgehenden Straße durch die platzartige Aufweitung gemildert (oben). Dagegen betont die Bebauung im anderen Fall den Straßenraum (unten). Beide Male ist aber die Kombination von Modell und Skizzen auf der Plangrundlage eine wesentliche Entwurfshilfe.

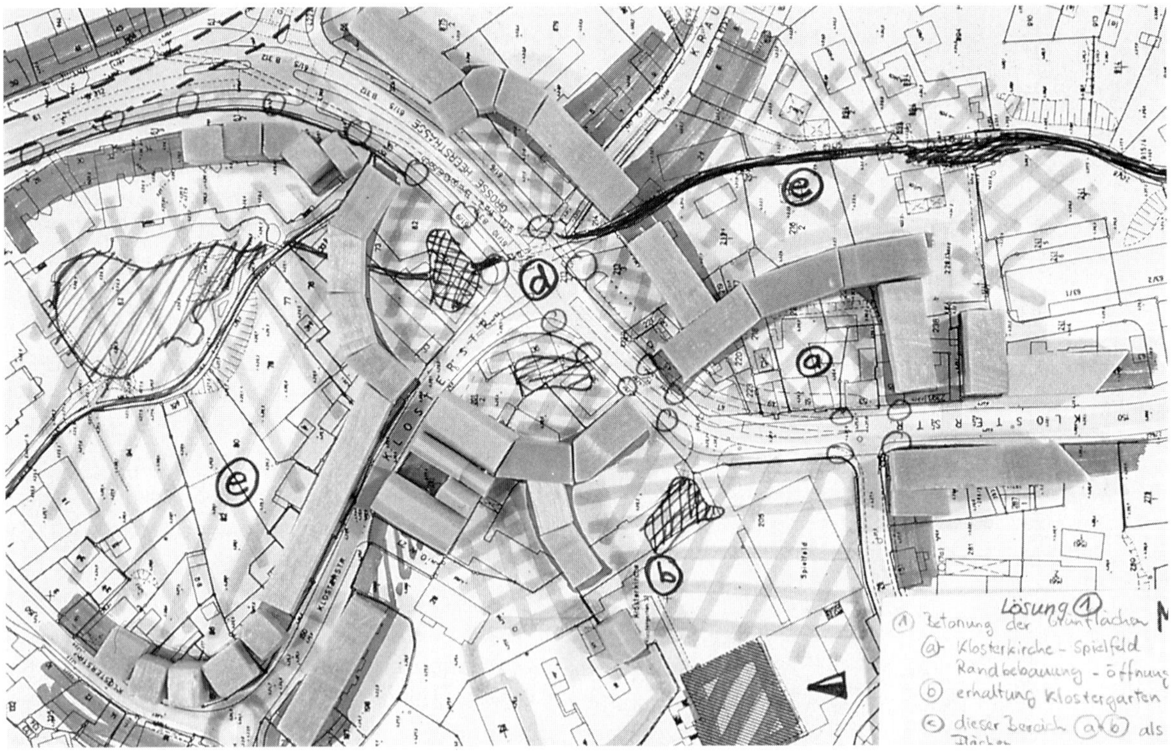

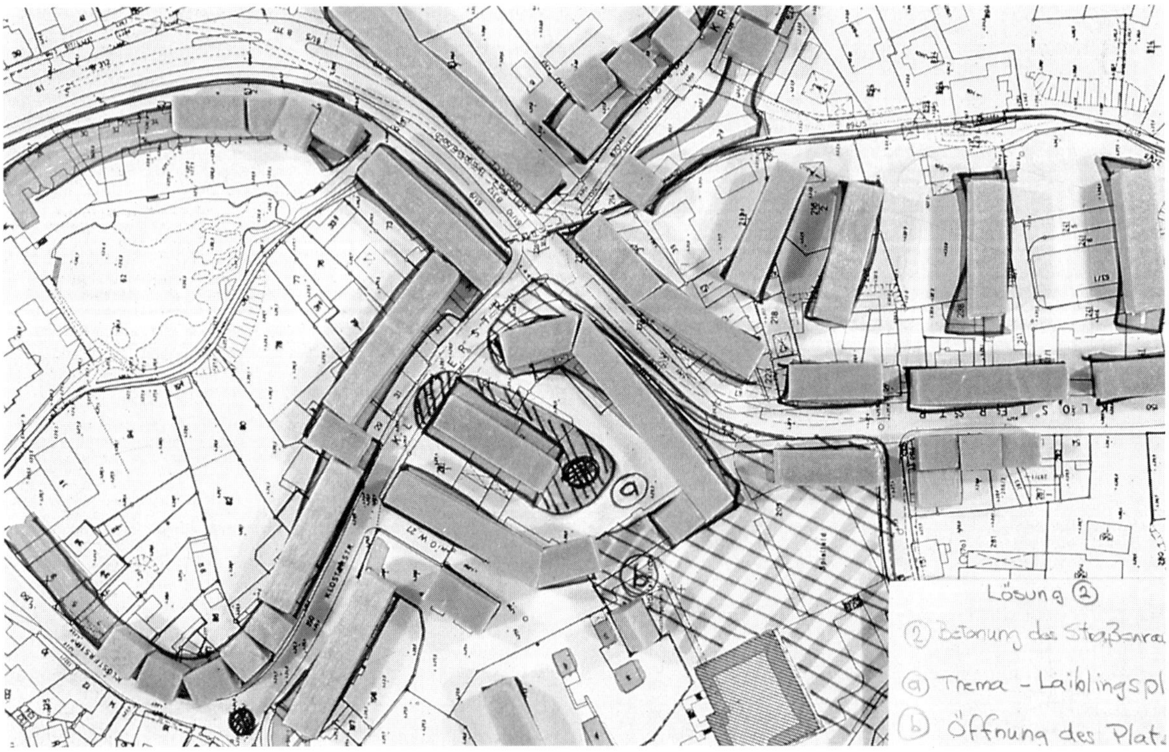

Abb. 7.22 Zeichnung und Arbeitsmodell als integriertes Entwurfsmittel

Abb. 7.23 Straßenraumbildung in einer Skizze durch kollagierte Bäume. Durch die Verwendung eines Fotos mit Blattmasse wird ein realistischer, stark plastischer Eindruck erweckt.

Abb. 7.24 Einfache Montage von Gebäuden und Bäumen in einer Platzansicht zur Bildung unterschiedlicher Nutzungsbereiche und Teilräume. Vor einer gezeichneten „Kulisse" werden dabei die „Raum-Darsteller", aus farbigen Zeichnungen ausgeschnitten, unterschiedlich plaziert. Verschiedene Alternativen lassen sich so ausprobieren, bevor sie durch Aufkleben der Raum-Elemente fixiert werden. Diese kulissenartige Darstellung vermittelt sogar eine gewisse räumliche Wirkung.

Abb. 7.25 Vom Überzeichnen eines Fotos zur Foto-Kollage

Abb. 7.26 Fotos als Entwurfshilfe.
Fotos lassen sich mit Zeichnungen verändern oder zu Kollagen kombinieren. Anders als bei reinen Fotomontagen, die eine mögliche neue Realität täuschend echt suggerieren, wird die geplante Veränderung durch die unterschiedlichen Darstellungsmittel betont.
Mit Filzstiften lassen sich Veränderungen einer räumlichen Situation schnell in ein Foto eintragen (unten). Dadurch kann eine Konzeption schnell überprüft werden. Bei Verwendung von natürlichen Strukturen, z. B. Kopien von Irisch Moos (oben) läßt sich eine größere Realitätsnähe erzeugen. Schließlich kann eine Entwurfszeichnung in ein Foto montiert werden (Mitte), wodurch verschiedene Gestaltungselemente (Bäume, Beläge u. ä.) in ihrer Veränderung getestet werden können.

Abb. 7.27 Überprüfung der Wirkung von baulichen Veränderungen in einer Foto-Montage. Diese Fotomontage zeigt drei von mehreren Bildern, die verschiedene Alternativen von Gebäudeentwürfen (Neubau einer Schule in einem Gebirgsort) auf ihre ortsbildverändernde Wirkung hin verdeutlichen sollte. Die architektonischen Entwurfszeichnungen und Modelle hatten keine Grundlage für die städtebauliche Beurteilung abgegeben. Erst in der perspektivischen Betrachtung mit Hilfe der Fotomontagen wurde deutlich, daß sich ein Entwurf stark dem Ortsbild anpaßt und ihn ergänzt (oben). Ein zweiter Entwurf (Mitte) zeigt schon kräftigere Veränderungen der bestehenden Situation, während eine dritte Konzeption (unten) so stark dominiert, daß sie städtebaulich nicht zu vertreten war. Zur Erlangung einer möglichst wirklichkeitsgetreuen Abbildung wurden die Konstruktionslinien von Geodäten vorgegeben.

wurfsprozeß und fördert den spielerischen Umgang mit Ideen. Dadurch wird zum einen die eigene Kreativität zusätzlich angeregt und zum anderen kann auch der „Adressat" durch eine ungewohnte Darstellungsform zur einer intensiveren Auseinandersetzung mit der Entwurfsidee oder mit Alternativen animiert werden.

● **Die Montage** ist eine wesentliche Technik beim Experimentieren. Durch die Kombination unterschiedlicher zeichnerischer Elemente oder Materialien ergeben sich neue, unter Umständen bisher nicht bedachte Ansätze (Abb. 7.22, 7.23). Die Montage hilft der Phantasie auf die Sprünge. Sie sollte auch immer dann eingesetzt werden, wenn der Entwurfsprozeß ins Stocken geraten ist.

● **Die Kollage**, eine besondere Form der Montage, bei der unterschiedliche Bildmaterialien (Zeichnung, Foto, Struktur u. a.) miteinander kombiniert werden, ist ähnlich zu beurteilen. Der Vorteil der Kollage liegt in der größeren Detailgenauigkeit, die durch den Einsatz von Fotomaterial erreicht werden kann. Durch die Unterschiede in der Textur des verwendeten Materials können einzelne Teile hervorgehoben werden, z. B. bei Verwendung von farbigen Vorlagen mit Schwarz-Weiß-Zeichnungen (Abb. 7.24, 7.25).

● **Die Foto-Montage** als ein übliches Experiment, bezieht Fotomaterial als Grundlage direkt in den Entwurfsprozeß ein, indem auf ihnen gezeichnet wird. So können in Aufnahmen vom Planungsgebiet oder vom Arbeitsmodell durch einzelne Striche wesentliche Teile oder eine ganze Entwurfsidee herausgehoben und überprüft werden (vgl. Abb. 7.26 und 7.7). Perfekte Foto-Montagen, durch Einretuschieren von Modellfotos oder Einfügen von anderen realen Situationen, bewirken die Illusion eines bereits realisierten Entwurfs. Diese Illustrationsform ist für Bürgerbeteiligungen sehr geeignet.

7.6 Medien und Apparate

Der Architekt oder Städtebauer hat beispielsweise gegenüber einem Arzt einen großen Vorteil, denn er kann seinen Beruf ohne große Investitionen ausüben, jedenfalls in der Anfangsphase. (Dafür hat er den Nachteil in der Endphase, denn seine „Kunstfehler" stehen sichtbar über der Erde.) Auf dem Küchentisch, mit Skizzenrolle und Bleistift versehen, kann der Architekt seinen Ideen zur Geburt verhelfen. Dieses romantische Bild einer vergangenen Zeit, dem armen Poeten von Spitzweg vergleichbar, wird aber nicht mehr der Realität gerecht. Zumindest im Umfeld des Entwerfens, bei der Aufarbeitung von Zwischenergebnissen und der Betriebsorganisation zum Beispiel, aber auch zunehmend beim Entwerfen selbst, ist es erforderlich, daß er sich bestimmter Medien und Apparate bedient.

Das „Computer Aided Design" (CAD) ist von einer Zukunftsvision zu einem integralen Bestandteil vieler – und nicht nur großer – Architekturbüros geworden (vgl. dazu Cejka). Dieser Aspekt von Entwurfshilfen ist aber so speziell, daß er hier, wo es mehr um Handwerkliches im eigentlichen Wortsinn geht, nicht behandelt werden kann. Damit ist aber keine Wertung der zukünftigen Bedeutung für das Entwerfen verbunden, wenn auch darauf hinzuweisen ist, daß eine „Technologiefolgen-Abschätzung" in diesem Kreativbereich schon angebracht wäre.

Der Einsatz von Medien und Apparaten hat einen doppelten Sinn: die Erleichterung der Arbeit und die Steigerung der Qualität. Unter diesem Aspekt muß beim Entwerfen großer Wert insbesondere auf den (zeit)ökonomischen Faktor gelegt werden, denn alle technischen Hilfsmittel sollten der Befreiung des Geistes von unnötigem Ballast dienen.

● **Der Fotoapparat** ist zweifelsohne der beliebteste Apparat des Architekten und Städtebauers. Er ist die schnelle Hilfe zur Dokumentation von komplexen städtebaulichen Situationen, beispielsweise bei der Umwelterkundung (vgl. Kapitel 2.3), kann aber keine Bestandsaufnahme ersetzen (vgl. Kapitel 2.4). Fotomaterial läßt sich unterschiedlich einsetzen: zur Illustration oder als Beleg einer These, als Ausgangsmaterial für Kollagen oder Fotomontagen oder als Grundlage für Perspektivzeichnungen. Je nach Einsatzbereich ist es sinnvoll, Dias, Schwarz-Weiß-Abzüge oder Farbbilder zu verwenden.

● **Tageslichtprojektoren**, in die Dias eingelegt werden können, sind gut geeignet, auf einfache Weise naturalistische Perspektivzeichnungen herzustellen. So kann man horizontal auf der Glasplatte des Projektors zeichnen, ohne daß man im Licht des Diaprojektors seine eigene Zeichenvorlage verdeckt. Bei etwas handwerklicher Geschicklichkeit lassen sich

aber auch mit Hilfe eines Spiegels und einer Glasscheibe diese Mängel beheben und gleiche Arbeitsbedingungen schaffen.
Die Gefahr dieser Technik besteht in der großen Detailgenauigkeit. Aus der Fülle der Informationen eines Dias müssen jene Teile und Elemente ausgesiebt werden, die unwichtig für die Entwurfsidee sind. Die Umsetzung eines Dias in eine Zeichnung erfordert deshalb einen gewissen Grad der Abstraktion. Insofern kann das Foto nur als Hilfsmittel angesehen werden, zumal Fotos selten unter den besten Bedingungen (Sonne, richtige Tages- oder Jahreszeit, keine störenden Dinge im Vordergrund u. ä.) aufgenommen werden.

● **Der Fotokopierer** ist ein weiterer, inzwischen unverzichtbarer Apparat beim Entwerfen. Er sorgt für eine schnelle Transformation von Vorlagen in unterschiedliche Maßstäbe (Vergrößerung, Verkleinerung) und auf unterschiedliche Unterlagen (Papier, Karton, Transparent, Klebefolie). Mit Hilfe des Fotokopierers lassen sich Zeichenunterlagen in beliebiger Menge für das Entwerfen in Alternativen herstellen. Darüber hinaus lassen sich unterschiedliche Arbeitsphasen dokumentieren, auf die gegebenenfalls zurückgegriffen werden kann.

7.7 Notizen, Erläuterungen und Entwurfstagebücher

Der Entwurfsvorgang im Städtebau ist äußerst komplex, und deshalb erfordern einzelne Arbeitsschritte, Zwischenergebnisse, Teil- und Endergebnisse unterschiedliche Formen der Dokumentation. Für den Entwurfsprozeß selbst ist das Festhalten von Ideen, Gedanken und Bewertungen ein wesentlicher Zwischenschritt, der nicht nur in zeichnerischer Form, sondern auch in Form von Texten und erläuternden Skizzen erfolgen sollte. Diese „Notationen“ dienen nicht in erster Linie der Darstellung nach außen, sie können aber durchaus als Argumentationshilfe in Gesprächen und Diskussionen oder als Gedächtnisstütze bei der Abfassung von Erläuterungstexten herangezogen werden (siehe Abb. 7.28–7.30).
In den letzten Jahren, seit Architekturzeichnungen galerie- und museentauglich geworden sind, machte sich ein Trend zur „antiseptischen“ Zeichnung, zur perfekten Grafik bemerkbar. Dabei wird häufig jegliche Schrift, auch die „normale“ Beschriftung weggelassen, um die „reine“ Linie oder Fläche zu präsentieren. Wie bei allem, was rein äußerlich nur das Auge anspricht, bleiben solche Zeichnungen häufig sehr oberflächlich und inhaltsleer.
In der Kombination von Bild und Schrift lassen sich dagegen viele zusätzliche Informationen und Erkenntnisse transportieren. Der erläuternde Text kommt besonders gut bei der Gegenüberstellung von Alternativen zur Geltung, indem auf Unterschiede, Vor- und Nachteile hingewiesen wird. Diese Wertungen können ergänzt werden durch Schemadarstellungen, die das Gesamtkonzept verdeutlichen helfen, oder durch Detaillösungen, die Einzelheiten verständlicher machen. Notizen und Erläuterungen können auf diese Weise den Aussagegehalt eines Planes erhöhen und die grafische Wirkung steigern.
Die Dokumentation der verschiedenen entwerferischen Schritte und Ebenen kann aber auch in Form eines „Entwurfs-Tagebuches“ erfolgen. Der Entwurfsprozeß läßt sich dann beim Vorliegen des fertigen Entwurfs einfach nachvollziehen. Die Chronologie der Aufzeichnungen und Beschreibungen verschafft so einen guten Überblick über den „kreativen Weg“ mit seinen zielstrebigen Abschnitten, aber auch mit seinen ungeordneten Phasen und Sackgassen.

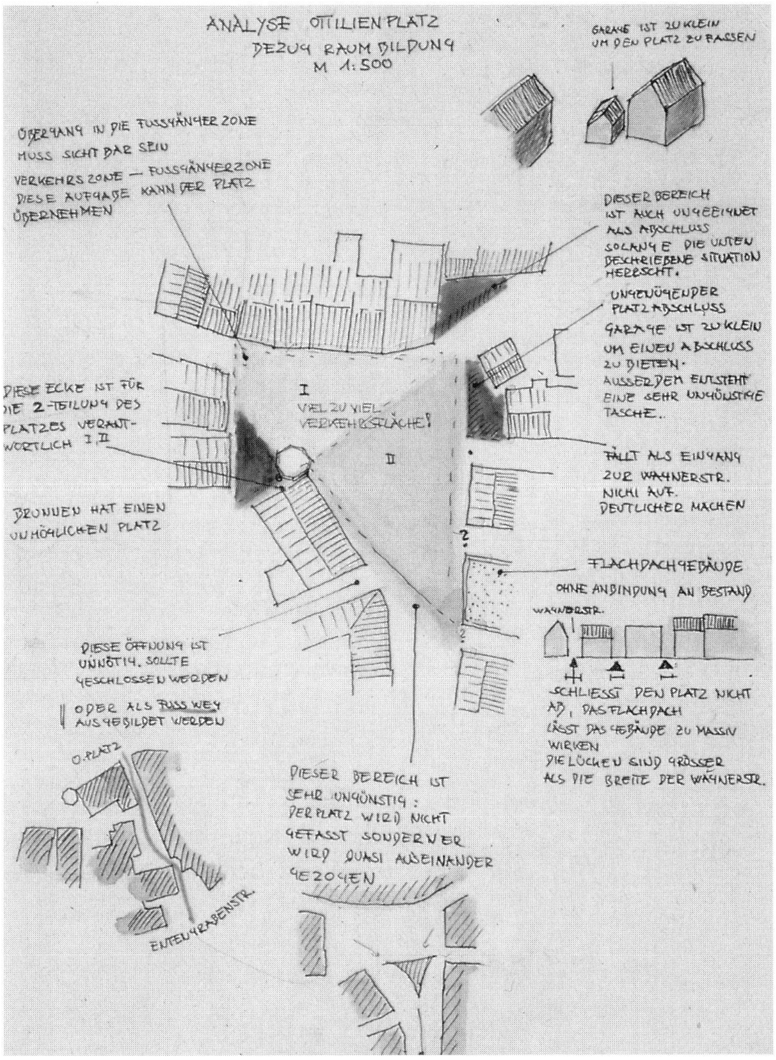

Abb. 7.28 Die beschrifteten Skizzen sind auch ohne mündliche Erläuterungen des Verfassers verständlich. Probleme und Vorteile der Entwurfsidee werden nachvollziehbar.

Auf den kleinen Maßstabsebenen können grundsätzliche Ideen durch abstrakte Symbole (Pfeile, Schraffuren u.ä.) zum Ausdruck gebracht werden. In dem Wechselspiel zwischen Grundrißschema, Text und Perspektive wird die Stimmigkeit der Entwurfsidee – auch durch ergänzende Texte – überprüft.

In der Verbindung verschiedener entwerferischer Ebenen liegt der große Reiz von „Entwurfs-Tagebüchern". Formale Spielereien, ergänzt durch Alternativlösungen im größeren Maßstab und erläuternde Texte, machen den Entwurfsvorgang nachvollziehbar.

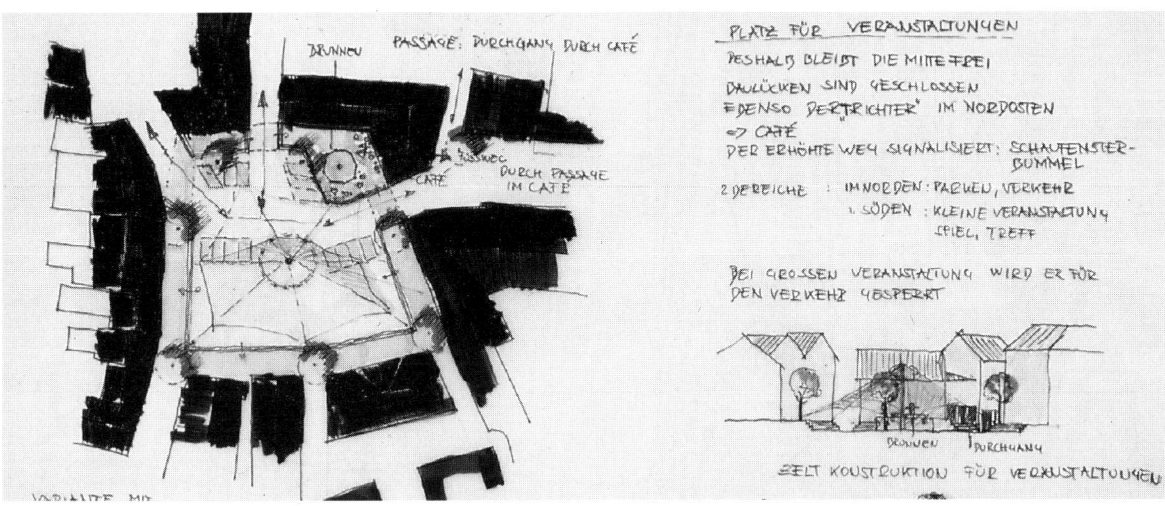

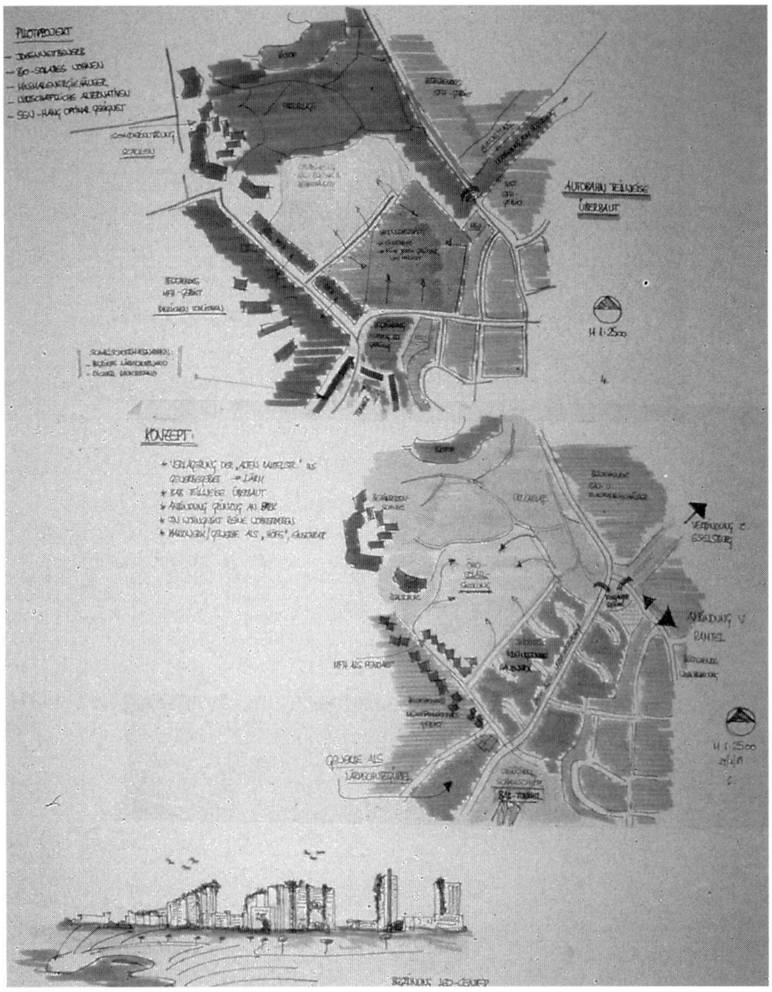

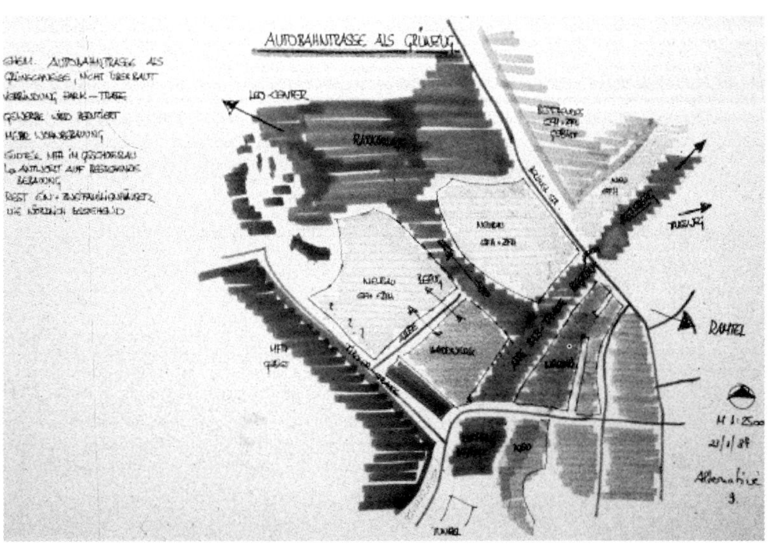

Abb. 7.29 Notizen können auch den Entwurfsprozeß dokumentieren. Die Herleitung des Konzeptes aus den verschiedenen Arbeitsschritten hilft die gewählte Lösung verstehen. Ein derartiges Dokument ist eine wichtige Voraussetzung zur Überprüfung der Stimmigkeit eines Konzepts.
Das Dokumentieren von Vorgaben und erkannten Konflikten hilft, die Ausgangsvoraussetzungen des Entwerfens zu klären. Es erleichtert einerseits die Begrenzung der Variablen und bietet andererseits die Möglichkeit der Kontrolle zu einem späteren Zeitpunkt.

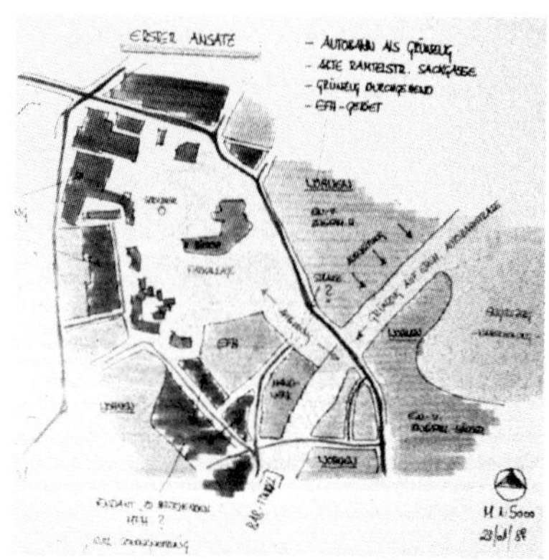

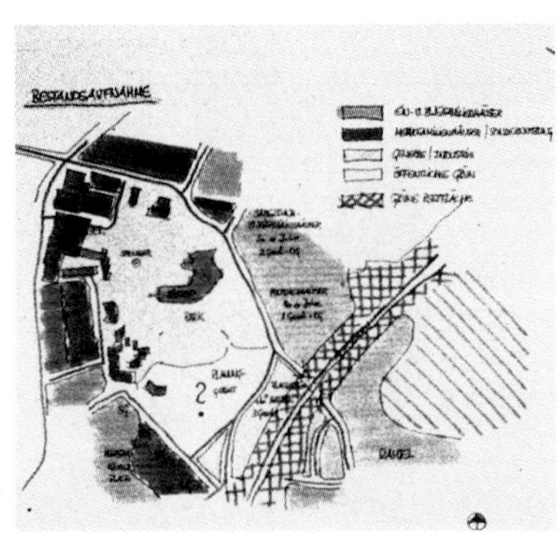

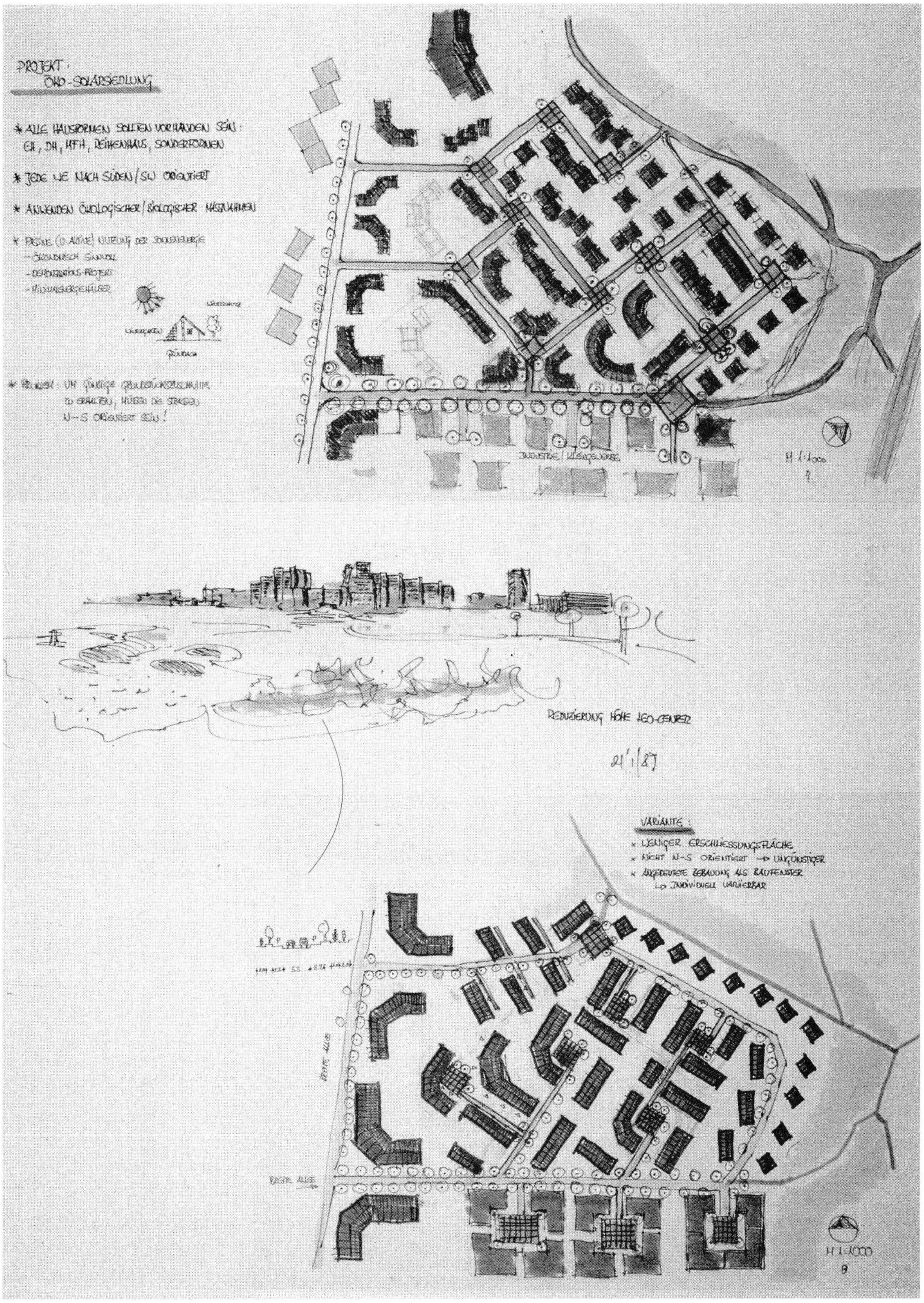

Abb. 7.30 Entwerfen heißt: Zeichnen, Zeichnen und immer wieder Zeichnen

8. Kommunikationsprozesse: Absender – Botschaft – Adressat

Die vorausgegangenen Kapitel haben vom eigentlichen Entwurfsprozeß, als Vorgang der Produktion von Ideen und Durcharbeitung von Konzepten, gehandelt. Es wurden Wege durch das Labyrinth und die Fallstricke des städtebaulichen Entwerfens skizziert. Der Entwurf ist aber kein Selbstzweck, denn er ist früher oder später in einen Kommunikationsprozeß mit bestimmten Adressaten eingebunden, seien es Auftraggeber wie ein städtisches Amt, Juroren eines Wettbewerbs, Gemeinderäte, Betroffene oder interessierte Bürger. Die genannten möglichen Adressaten haben unterschiedliche Vorkenntnisse und Vorstellungen über die Materie des Städtebaus und über die Lösungsmöglichkeiten eines bestimmten planerischen Problems.

Zum Entwerfen gehört auch das Argumentieren, das Einbringen von subjektiven Vorstellungen über ein inhaltliches Konzept, aber auch die Auseinandersetzung mit anderen Meinungen. Selbst wenn ein guter Entwurf – von dem der Entwerfer natürlich überzeugt ist, und das sollte der Normalfall sein – für sich selbst spricht und die Grundidee und deren Ausformung ablesbar ist, muß der „Schöpfer" dafür werben und sie sogar oft verteidigen. Er muß aber auch Zugeständnisse machen können. Diesen Dialog zwischen Planungsbeteiligten kann man als „argumentatives Entwerfen" bezeichnen.

Nicht nur das Endergebnis eines Entwurfsprozesses ist Gegenstand der widerstreitenden Meinungen, sondern bereits Zwischenergebnisse beim Entwerfen. Der Entwerfer muß diese so zu diskussionsfähigen Zwischenstadien aufbereiten, daß eine fruchtbare Auseinandersetzung darüber möglich ist. Die Präsentation sollte dabei dem inhaltlichen Arbeitsfortschritt entsprechen und, je nach Aufgabenstellung, Alternativen aufzeigen. In der Diskussion darf der Entwerfer nicht den Adressaten – Auftraggeber, Bürger usw. – das Argumentationsfeld und damit die Vorbereitung einer Entscheidung allein überlassen.

Das Beziehen von inhaltlichen Positionen ist, wie beim eigenen Entwurfsprozeß, auch in der Auseinandersetzung mit anderen, ein wichtiges Kennzeichen erfolgreicher kreativer Tätigkeit. Ein gewisses Selbstbewußtsein darf aber nicht zur Selbstherrlichkeit gesteigert werden. Die Übermittlung der Botschaft, der Entwurfsidee des Konzepts, muß vom Entwerfer überzeugend erfolgen. Dabei ist nicht nur Rationalität gefragt, sondern auch emotionales Engagement für die Planungsaufgabe. Besonders die Verdeutlichung der Ziele, die ja immer auch Anschauungen und Meinungen beinhalten, unterscheidet sich da von der Vermittlung von funktionalen und technischen Einzelheiten. In jedem Fall sollte der Entwerfer die Möglichkeiten der Darstellungsmedien nutzen, um sich verständlich zu machen.

Nicht jeder ist in der Lage, einen Plan zu lesen oder zu verstehen. Deshalb muß der Entwurfsprozeß in eine angemessene Form der Präsentation gebracht werden, um sich auch inhaltlich Geltung verschaffen zu können. Auftretende Verständigungsschwierigkeiten zwischen Absender und Adressat müssen vom Entwerfer vorausschauend bei der Konzept- und Entwurfsaufbereitung bedacht werden. Fachleute darf man nicht mit allgemeinen Ausführungen langweilen, und Laien sollten nicht durch zu umfangreiche und detaillierte Informationen überfordert werden.

Zustimmung und Widerspruch setzen aber auch voraus, daß Entscheidungsmöglichkeiten noch gegeben sind. Dabei wird der Entwerfer nicht immer auf der „Gewinnerseite" sein. Die geäußerte Kritik wirkt dann konstruktiv, wenn sie von vornherein nicht ausgeschlossen und nach der Erörterung einer Konzeption kreativ zur Optimierung einer Problemlösung eingesetzt wird. Frustration ist nur als „Nährboden" für erneutes Engagement zeitlich befristet erlaubt.

8.1 Argumentatives Entwerfen

Die Erarbeitung von Lösungsvorschlägen für ein räumliches Problem kann unterschiedliche Motive haben. Als Extreme sind die reine Selbstdarstellung eines Künstlerarchitekten und die nur auf Inhalte bezogene Beratungstätigkeit vorstellbar. Das Spektrum der Entwerferrollen ist zwischen diesen beiden Polen sehr weit gefächert. Jede Aufgabe erfordert aber beide Aspekte, den gestalterischen und den inhaltlich-technischen, in unterschiedlichem Ausmaß.
Während sich der expressiv bzw. expressionistisch arbeitende Künstlerarchitekt auf die Absolutheit seines Standpunktes zurückziehen kann, muß der Beratungsarchitekt den Kampf der Logik und der Sachzwänge überstehen. Wer aber etwas bewirken will, muß überzeugen, wozu er gute Argumente haben oder entwickeln muß. Die Vielfalt der Argumentationsebenen beim Städtebau hat Erich Kühn (S. 216) so verdeutlicht:

Städtebau ist als Aufgabe
in der Notwendigkeit, für Zeit und Zukunft zu handeln, Ausdruck einer Weltanschauung,
in der Notwendigkeit des Formens Kunst,
in der Notwendigkeit des Durchsetzens Politik und
in der Notwendigkeit des Forschens Wissenschaft.

Viele der Gedanken, die in einem städtebaulichen Entwurf stecken, lassen sich in logische, begründbare Zusammenhänge einbetten. Wichtig für die Verständlichkeit ist aber immer die Nachvollziehbarkeit. Bei funktionalen und technisch-konstruktiven Aspekten ist diese leichter zu erzeugen als bei gestalterischen Vorgängen. In jedem Fall wird die Nachvollziehbarkeit eines Lösungsvorschlages erleichtert, wenn Unterschiede, Vor- und Nachteile verschiedener Lösungen einander gegenübergestellt werden. Argumentieren fällt leichter, wenn ein bestimmter Lösungsansatz durch Gegenüberstellung von anderen Möglichkeiten deutlich gemacht werden kann. Es ist daher eine große Hilfe, in Alternativen zu entwerfen, und diese in den Diskussionsprozeß einzubeziehen.
Die Nachvollziehbarkeit getroffener Entscheidungen beim Entwerfen hat aber auch ihre Grenzen. Irgendwo trifft jeder seine subjektiven Entscheidungen oder äußert seine Vorlieben. Dies ist eigentlich kein Problem, wenn man mit der eigenen Subjektivität bewußt umgeht. Man muß sie als solche kenntlich machen, um auch andere ebenfalls subjektive Positionen zu ermöglichen. Die Nachvollziehbarkeit ist daher eine relative, bei der die Grenze der Subjektivität möglichst weit in Richtung Objektivität hinausgeschoben wird.

8.2 Absender – Übermittlung und Überzeugung

Die Art der Präsentation einer Idee hängt wesentlich vom Zeitpunkt der Auseinandersetzung mit ihr ab. Es ist ein erheblicher Unterschied, ob ein Entwurf am Schluß als fertiges Produkt präsentiert werden soll, oder ob ein Zwischenstadium und die Fortführung einer Idee diskutiert werden sollen. Dem beabsichtigten Ergebnis entsprechend, muß die Darstellung überzeugen und informieren. Für Zwischenergebnisse eignen sich keine perfekten Darstellungen, deren äußere Form nicht mit dem bislang erreichten Grad der Durcharbeitung übereinstimmt. Mangelhaft durchgearbeitete, aber scheinbar perfekt dargestellte Entwürfe reizen zur Kritik oder ersticken jede inhaltliche Diskussion im Keim.
Umgekehrt kann eine mangelhafte Präsentation als Ausdruck fehlender Durcharbeitung interpretiert werden. Es ist daher bei der Darstellung von diskussionsfähigen Zwischenergebnissen wichtig, das angemessene Maß der Aufbereitung anzustreben. Eine gewisse Skizzenhaftigkeit der Darstellung in Verbindung mit angedeuteten Detailbearbeitungen ermöglichen eine Diskussion, ohne die Endgültigkeit einer Lösung zu suggerieren.
Die Aufgabe der eingesetzten Darstellungsmedien ist die Übermittlung von Informationen, die je nach Medium eher rational oder emotional erfolgen kann. Wichtig sind dabei aber sowohl Komplexität als auch Genauigkeit, die erst gemeinsam eine Verständlichkeit der übermittelten Informationen bewirken. Um zu überzeugen, bedarf es nicht nur eines richtigen Ansatzes und einer sauberen Durcharbeitung. Ein guter Entwurf, der als solcher gewertet wird, hat eine Prise Unverständliches und Irrationales, das aber die Funktionalität eines Entwurfes nicht grundsätzlich beeinträchtigt. Dadurch, daß eben nicht alles erklärbar erscheint, werden Spielräume für Interpretationen und sogar Spekulationen eröffnet.
Überzeugend kann aber letztlich nur eine angemessene Ausgewogenheit zwischen der Erfüllung der gestellten Aufgaben und der gestalterischen Freiheit wirken. Diesem Grundsatz muß auch die Präsentation der Entwurfslösung in Form von Zeichnung und Modell folgen.

8.3 Botschaft – Verdeutlichung der Ziele und der Details

Jede Art der menschlichen Artikulation hat ihre Chancen und Unzulänglichkeiten. Es ist charakteristisch für die verschiedenen Künste, daß jede auf ihre Weise versucht, sich Außenstehenden verständ-

Erläuterungsskizzen zur Verdeutlichung von Entwurfszielen

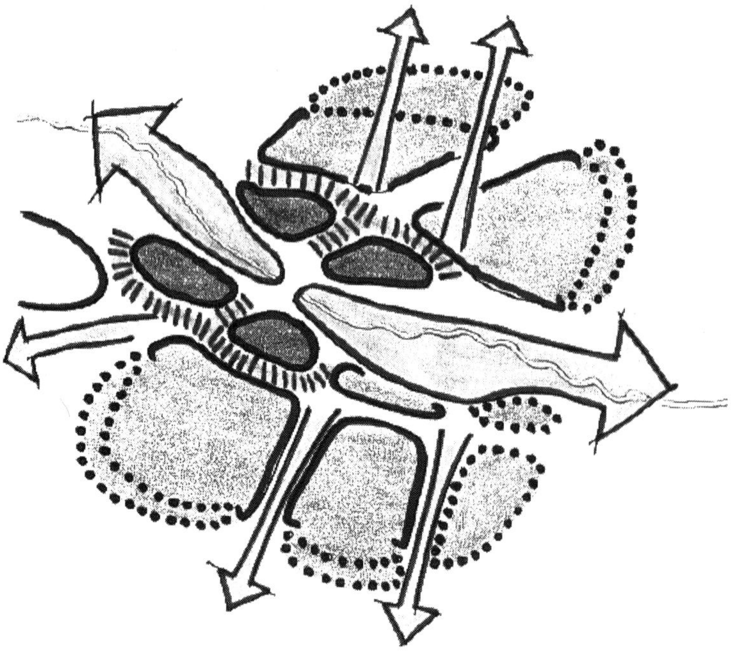

Abb. 8.1 Entwicklungsleitbild.
Im kleinen Maßstab läßt sich eine Grundidee stark vereinfacht darstellen. Ein „Entwicklungsleitbild", wie im vorliegenden Fall für einen Wettbewerb (Böblingen-Dagersheim), kann so als Erläuterungsskizze für ein Konzept fungieren, das in der Ausarbeitung zu viele Details enthält. Mit dieser Hilfe läßt sich das durchgearbeitete Konzept besser lesen und verstehen. (Büro Werk-Stadt Stuttgart; Reinborn, Fritsch)

Abb. 8.2 Lageplan der Neugestaltung der Ortsmitte (Originalzeichnung M. 1:500).

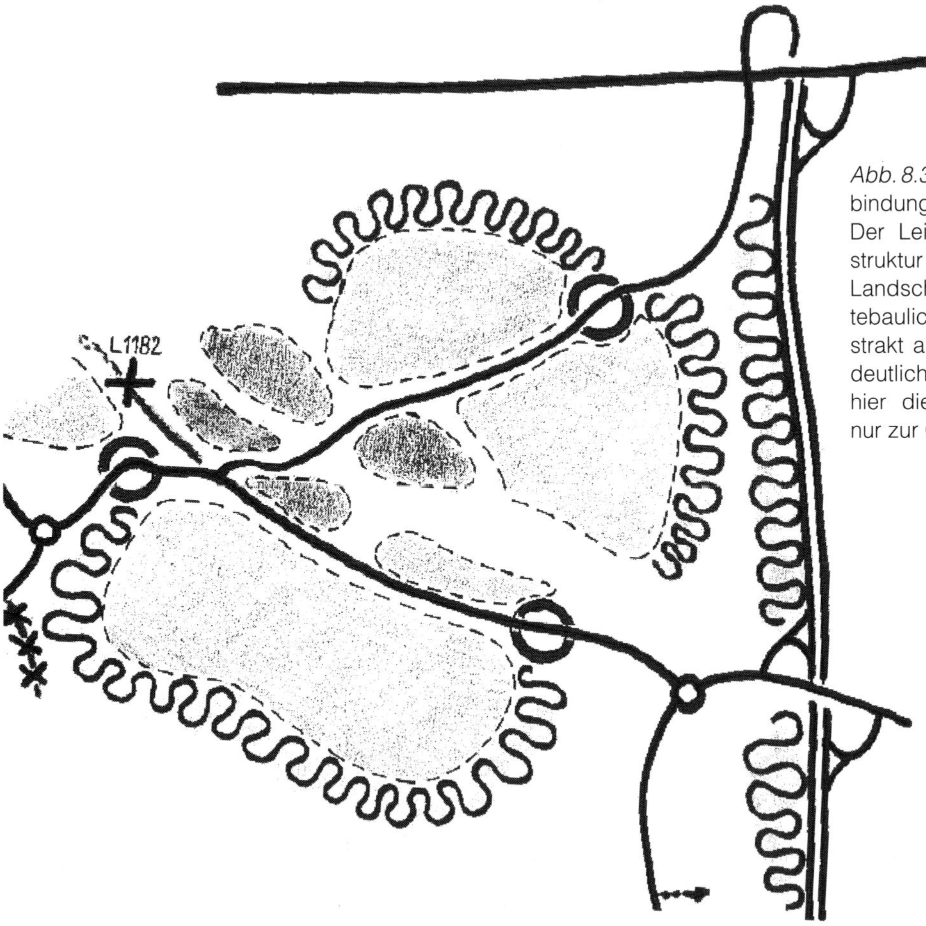

Abb. 8.3. Verkehrsstruktur und Einbindung in die Landschaft.
Der Leitgedanke für die Verkehrsstruktur und die Einbindung in die Landschaft läßt sich bei einem städtebaulichen Entwurf ebenfalls abstrakt als grafische Erläuterung verdeutlichen. Andere Aspekte, wie hier die Siedlungsflächen, werden nur zur Orientierung angedeutet.

Abb. 8.4 Detail Ortsmitte.
In einem etwas größeren Maßstab wird für ein Teilgebiet das Entwicklungsleitbild präzisiert. Dadurch läßt sich näher erläutern, wie der Leitgedanke detaillierter ausformuliert wurde, wobei aber auch hier die Zusammenhänge wichtiger sind als die Einzelheiten.

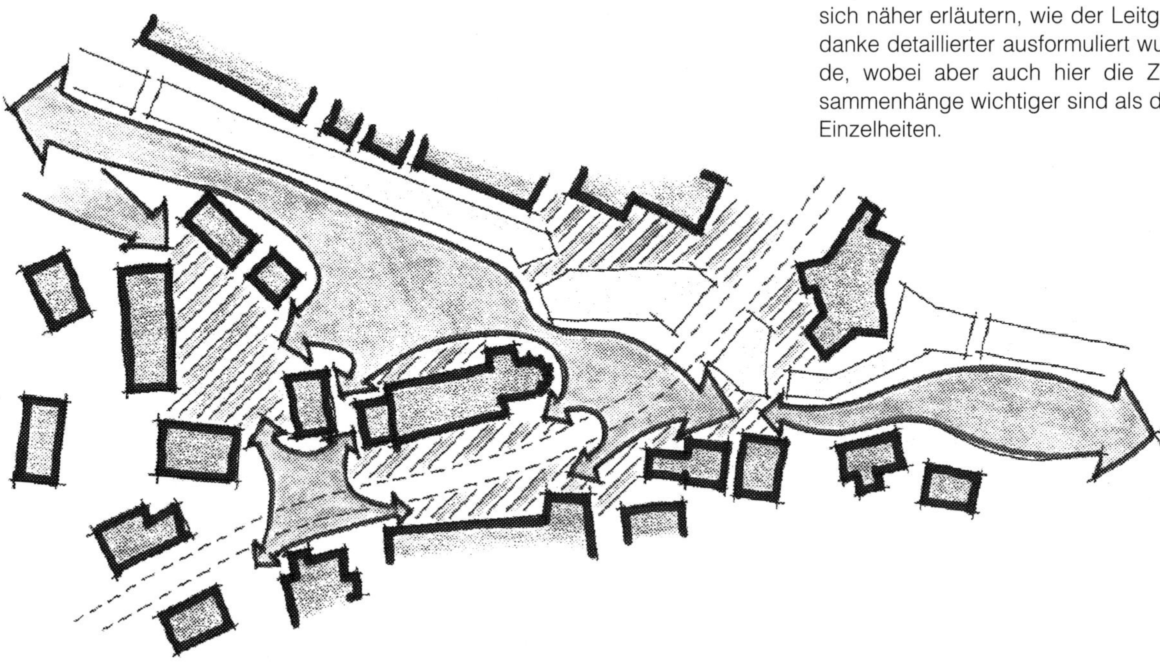

lich zu machen. Wohl wissend, daß nicht alles mit Worten auszudrücken ist, bzw. daß Worte mißverständlich sind, spricht jede Kunstform unterschiedliche Sinnesreize des Menschen an.
Die Schwierigkeit des Entwerfens ist, die geplante Räumlichkeit von Gebautem durch bloße optische Reize zu suggerieren. Dabei soll die Zeichnung oder das Modell nicht nur betören, sondern sie müssen die Vorstellungskraft des Betrachters aktivieren. Nicht viele Menschen besitzen aber die Fähigkeit, sich aus einer zweidimensionalen Abbildung einen Raum vorzustellen, der in Wirklichkeit nur aus der Bewegung heraus erlebbar wird.
Daher kommt im multimedialen Zeitalter dem Einsatz von Techniken, die den räumlichen Eindruck von Architektur und Städtebau vermitteln helfen, eine wachsende Bedeutung zu. Das Modell und noch stärker der Videofilm auf der Basis der Endoskopie oder die Computersimulation sind in der Lage, Realität zumindest teilweise zu simulieren (siehe Kapitel 9.6). Der Drang nach Realitätstreue und Detailgenauigkeit kann aber auch schnell dazu führen, daß der eigentliche Grundgedanke, das Wesentliche eines Entwurfes von zahllosen Nebensächlichkeiten verdeckt wird.
Zur Verdeutlichung von Entwurfsideen ist die Konzentration auf wenige, wesentliche Aussagen, teilweise in abstrahierter Form, wichtiger als Realitätstreue und Detailgenauigkeit. Für solche schematischen Aussagen hilft oft der kleine Maßstab, der zu detaillierte Aussagen nicht zuläßt. Im Städtebau ist dies im wesentlichen die Ebene des Maßstabs 1:2500, auf der sich Grundkonzepte am deutlichsten darstellen lassen. Aber auch unmaßstäbliche Schemaskizzen sind für diesen Zweck sehr geeignet. Gerade bei Wettbewerben, bei denen meistens wenig Zeit für die Erfassung der einzelnen Arbeiten vorhanden ist, werden gerne skizzenhafte Erläuterungen gemacht, um die Grundgedanken von Gebäudestrukturen, Verkehrserschließungen oder landschaftlicher Einbindung zu verdeutlichen (siehe Abb. 8.1–8.4).
Der Planungs- und Bausektor wird geprägt von einer Vielzahl unterschiedlicher Spezialisten. Die Aufgabe des Planers und Gestalters ist es, die unterschiedlichen Teilaspekte zu koordinieren, damit sie ein sinnvolles Ganzes ergeben. Diese Koordination setzt voraus, daß ein Ganzes, eine Grundidee vorhanden ist, die in zunehmender Präzisierung ausgestaltet und in Realität umgesetzt wird. Die Stimmigkeit einer groben und meistens verschwommenen Idee zu Beginn des Entwurfsprozesses läßt sich nur durch eine Ausformung der Einzelheiten und an den Bedingungen ihrer Umsetzung überprüfen.
Das Detail muß deshalb einerseits Bestandteil der Grundidee sein. Andererseits darf es aber nicht nur Nachweis für die Machbarkeit einer Idee sein, sondern muß als deren Bestandteil zusätzliche Informationen zur Grundidee liefern. Diese lassen sich beim Entwerfen aber nur im großen Maßstab herausarbeiten. Dabei ist die maßstäbliche Vergrößerung einer Grundkonzeption noch weit von einer Lösung von Detailproblemen entfernt. Der Sprung in den nächsten Maßstab erfordert meistens einen fast eigenständigen Entwurfsvorgang, der zum Teil erhebliche Auswirkungen auf die grundsätzlichen Ideen haben kann. Deshalb ist immer wieder bei der Detailbearbeitung eine Überprüfung der Grundkonzeption durch Rückgriff auf den kleineren Maßstab erforderlich (vgl. Kapitel 5.7).

8.4 Adressat – Aufnahmefähigkeit und Verständigungsschwierigkeiten

Wie jede Form der geistigen Produktion bedarf das Entwerfen einer Umsetzung und Vermittlung für die zu erwartenden Adressaten. Neben dem eigentlichen Gehalt eines Entwurfskonzeptes spielt deshalb die Übersetzung in eine verständliche und anschauliche Form eine zentrale Rolle. Das darf aber nicht mit reiner „Entwurfsgrafik" verwechselt werden, denn die Präsentation eines Entwurfes sollte nicht zur inhaltsleeren Verpackung werden.
Die Verständlichkeit hängt von der Aufnahmefähigkeit der Adressaten ab. Diese sind, wie bereits angesprochen (siehe Kapitel 1.4), beim städtebaulichen Planen und Entwerfen häufig sehr verschieden und besitzen unterschiedliche Voraussetzungen und Vorbildungen. Es ist daher eine wesentliche Aufgabe des Entwerfers, seine möglicherweise verschiedenen Adressaten in entsprechender Weise anzusprechen und zu informieren. Dabei muß er sich geeigneter Möglichkeiten der Artikulation bedienen (vgl. Kapitel 9). Das setzt aber auch voraus, daß der Entwerfer seine Adressaten und ihre jeweiligen Anforderungen kennt und sich mit ihnen auseinandersetzt.
Pläne können aufgrund ihres hohen Abstraktionsniveaus unterschiedlich gelesen werden. Nicht immer wird der Entwurf auf Anhieb so verstanden, wie sich das sein Urheber gewünscht oder vorgestellt haben mag. Wer um diese Schwierigkeiten weiß, wird sich nicht auf die Verständlichkeit eines Mediums allein verlassen. Sachverhalte und Absichten in unterschiedlicher Form zum Ausdruck zu bringen, schafft Möglichkeiten zur besseren Verständlichkeit und zur Vermeidung latent vorhandener Verständigungsschwierigkeiten.
Ein Gutteil der Kommunikationshemmnisse liegt in der Vorstellung und Erwartungshaltung des Rezipienten begründet. Wer selbst Vorstellungen einer Pro-

blemlösung entwickelt hat, muß sich zunächst davon freimachen, um andere Überlegungen wahrnehmen und gelten lassen zu können. Dieses ist die erste und schwerste Barriere, die ein Entwerfer zu durchbrechen hat. Er muß die Aufmerksamkeit eines Außenstehenden oder eines erstmals mit dem Problem Konfrontierten soweit ansprechen, daß dieser bereit ist, sich vertieft mit einer Entwurfsidee auseinanderzusetzen.

8.5 Dialog und Auseinandersetzung

Die Bereitschaft zum Dialog und zur konstruktiven Auseinandersetzung über ein Planungsproblem und mögliche Lösungsansätze ist bei den Beteiligten am Planungsprozeß nicht ohne weiteres vorhanden. Jeder hat seine speziellen Interessen und auch Vorurteile dem anderen gegenüber. Deshalb ist es erforderlich, den Kommunikationsprozeß so zu strukturieren, daß ein Höchstmaß an Interessenausgleich erreicht werden kann. Diese „Abwägung" der verschiedenen Interessen, bei der auch bestehende Vorurteile abgebaut oder zumindest abgemildert werden sollten, darf aber nicht zur „Verwässerung" der Entwurfskonzeption führen. Sind die Interessengegensätze allerdings zu groß, ist es besser, nach einem neuen Lösungsansatz zu suchen. Bei solchen Kommunikationsprozessen sind folgende Aspekte zu berücksichtigen:

● **Identifikation mit dem Problem:** Eine Bestandsanalyse liefert nicht unbedingt oder nur sehr begrenzt Ansätze für eine Problemlösung. Sie ist aber wichtige Grundlage zum Verständnis einer Entwurfskonzeption. Über die Situationsanalyse kann, gerade wenn sie optisch z. B. durch Fotos aufbereitet wird, eine Identifikation des Außenstehenden mit einem Planungsproblem hergestellt werden.
Bei Planungsaufgaben in der Praxis ist immer wieder zu beobachten, daß Bewohner eines Stadtteils, die von einer Maßnahme betroffen sind, zunächst die Lage ihres Hauses, in dem sie wohnen, auf einem Plan ausfindig machen. Treten bereits zu diesem Zeitpunkt Ungereimtheiten, Unstimmigkeiten oder selbst nur Unvollständigkeiten auf, hat es ein Planer immer schwer, sich und seiner Idee Gehör zu verschaffen. Aber auch politische Entscheidungsträger sind nicht immer so vollständig mit den Gegebenheiten bei einer Planungsaufgabe vertraut, daß sie die eigentlichen Probleme identifizieren können.

● **Entscheidungsfreiheit:** Bei der Konzeption einer Problemlösung kann eine Entwurfsidee allgemein überzeugend sein. Die Betonung liegt hier auf

„kann", sie muß es aber nicht. In der politischen Landschaft kann in steigendem Maße beobachtet werden, daß fast jede Idee Fürsprecher und Gegner hat. Dabei spielen nicht immer nur sachliche Argumente eine Rolle, denn vielfach verbergen sich hinter den Diskussionen um Planungsaufgaben und Problemlösungen eine große Anzahl von Ängsten und Unzufriedenheiten, die wenig mit der Entwurfsaufgabe selbst zu tun haben.
So wie beim Entwerfen die Auseinandersetzung mit alternativen Lösungsmöglichkeiten zu besseren Entscheidungen führt, kann das Aufzeigen unterschiedlicher Lösungsansätze die Bereitschaft zur Auseinandersetzung mit einer letztlich gewählten Entwurfslösung steigern. Hier spielt das Gefühl, nicht vor vollendete Tatsachen gestellt zu sein und sich noch entscheiden zu können bzw. zumindest eine getroffene Entscheidung nachvollziehen zu können, eine wesentliche Rolle. Die Angst, überrumpelt zu werden, ist bei vielen Bürgern ausgeprägt. Ihr kann durch die Diskussion möglicher alternativer Lösungswege wirksam begegnet werden. Sie vermitteln zumindest das Gefühl der Entscheidungs- und Wahlfreiheit. Wer seine Planungsaufgabe als beratende Dienstleistung mit Engagement versteht, wird dieses Gefühl kaum enttäuschen wollen.

● **Überzeugung:** Letztlich erwarten gerade Politiker eine klare Empfehlung, eine eindeutige Stellungnahme zu einem Planungsproblem. Der Entwerfer muß daher in der Lage sein, aus den verschiedenen Lösungsmöglichkeiten, die sich im Laufe des Entwurfsprozesses ergeben haben, jene auszuwählen, die nach seiner begründeten und begründbaren Auffassung das größte Problemlösungspotential beinhaltet. Die eindeutige Stellungnahme setzt eine eigene Bewertung der verschiedenen Lösungsansätze voraus. Aber nur, wenn die getroffene Auswahl nachvollziehbar ist, kann man mit einer Zustimmung zum eigenen Konzept rechnen.

● **Emotionalität und Intellekt:** Jeder Verständigungsprozeß beinhaltet rationale und emotionale Aspekte. Je nach Disposition des Einzelnen werden die Schwerpunkte dabei unterschiedlich gesetzt sein. Der Planer muß sich dieser Gratwanderung bewußt sein, wenn er seine Entwurfsüberlegungen an den Adressaten bringen will. Die Aufgeschlossenheit für Neuerungen und damit Ungewohntes kann aber nicht bei allen Planungsbeteiligten unterstellt werden, besonders wenn noch nicht genügend Zeit war, sich damit zu beschäftigen.
Unbekannter, fremder Stoff oder neue Begriffe wirken zunächst feindlich, erzeugen also Frustration und Lernabwehr. Neugierde ist der wichtigste Naturtrieb, der diese innere Abwehr überwindet. Wo Neugier, Faszination und Erwartung fehlen, wird die so wichtige Lernbereitschaft nicht geweckt. (VESTER, S. 191)
Einzelne Architekturschulen wie der Rationalismus bauen auf das Selbstverständnis (im Wortsinn: aus sich selbst heraus verständlich) des gezeichneten Plans. Sie setzen intellektuelle Fähigkeiten bzw. Kenntnisse voraus, deren Fehlen den Adressaten disqualifiziert. Diese Pläne kommen weitgehend ohne Beschriftungen aus, da sie ohnehin nur von Auserwählten verstanden werden wollen. Sie sind nicht für das „gemeine Volk" gedacht.
Städtebau aber ist eine Sache der Allgemeinheit und muß deshalb auch allgemein verstanden werden können. Das aber heißt nicht, daß die Ansprüche möglichst niedrig sein müssen. Vielmehr muß eine geeignete Aufbereitung und eine offene Dialogbereitschaft deren Vermittlung an verschiedene Adressaten begünstigen und ermöglichen.

8.6 Kritik und Frustration

Das Leben wäre eintönig, wollten alle Menschen das Gleiche. Es macht gerade den Reiz höher entwickelter Kulturen aus, daß sie Vielfalt und Gegensätzlichkeit produzieren und in hohem Maße integrieren. Der Städtebau ist ein wichtiges Aufgabenfeld, diesem Integrationsversuch Ausdruck zu verleihen. Dabei wird jeder, der zu einem Problem oder zu einer Fragestellung Stellung bezieht, erleben, daß seine Vorstellung nur selten ungeteilte Zustimmung erfährt. Aber auf Kritik kann man unterschiedlich reagieren:

● **Das Genie:** Wer produziert, braucht Anerkennung, um Erfolg haben zu können. Nicht jeder aber bemüht sich um den Erfolg. Es gibt viele Künstler, unter ihnen auch Architekten, die gerade aus der Ablehnung ihrer Vorstellungen einen Großteil der eigenen Motivation bezogen haben. „Der Widerstand schärft die Waffen". Beispiele liefert die Kunstgeschichte genügend: van Gogh unter den Malern, Arnold Schönberg unter den Musikern, Arno Schmidt unter den Literaten oder Bruno Taut und Hugo Häring unter den Architekten.
Kennzeichen des überzeugten Künstlers ist sein Arbeiten an der Sache, die Fortentwicklung einer Idee, die deshalb nie vollständig, sondern ständig im Werden ist. Dabei wird auf Kritik nur soweit eingegangen, daß sie verarbeitet, nicht unbedingt akzeptiert wird. Das Genie ist seiner Zeit voraus, die Überzeugung von der Richtigkeit des eigenen Weges hält es über Wasser. Maßstäbe zur Beurteilung von Genialität kann es nicht geben, da diese sich der Meßbarkeit entzieht, denn nur das Genie selbst und die Nachwelt wissen um seinen Wert.

● **Das verkannte Genie oder die „Dummheit des Volkes":** Eine andere Möglichkeit im Umgang mit Kritik ist die Ignoranz. Der Vorteil liegt darin, daß man sich mit der Kritik nicht weiter auseinandersetzen muß, da sie per Definition unberechtigt ist. Wer sich verkannt fühlt, kann sich auf die „Dummheit des Volkes" herausreden.

Abgesehen von der Armut, die damit verbunden ist, hat der Verkannte es mit seinem Alter leichter; er lebt unverbraucht in seinem Anspruch, ein Kommender zu sein. (FRISCH, 1972, S. 318)

● **Der Naive:** Im Gegensatz zum verkannten Genie geht der Naive auf jede Kritik, unabhängig von ihrer Berechtigung, ein. Er wird versuchen, es allen recht zu machen, bis er schließlich merkt, daß dies niemals zu leisten ist. In seiner Verzweiflung wird er schließlich – nicht ganz unberechtigt – vom eigenen Scheitern überzeugt sein. Hier besteht die Gefahr, in Frustration zu ersticken, denn die Bewältigung der Frustration ist nur möglich, wenn die Ansprüche an eine Arbeit, die als Kritik geäußert werden, auf ihre Berechtigung hin überprüft werden.

● **Der Leichtgläubige:** Es gibt Entwerfer, denen gelingt alles. Sie haben Erfolg und Anerkennung, ohne daß sie sich scheinbar groß abmühen müßten. Aber auch positive Kritik muß reflektiert werden. Wer sich forttragen läßt von der allseits geäußerten Zustimmung, unterliegt leicht einer Selbsttäuschung, aus der er plötzlich erwacht, wenn ihm die Gunst der Stunde versagt bleibt. So folgen häufig einem hochgelobten und ausgezeichneten „Erstlingswerk" nur noch abgeflachte Aufgüsse dieses Werkes oder erfolglose Fehlversuche.
Man kann sich gegen derlei Unbilden und „Ungerechtigkeiten" nur schützen, indem man sich die Ursachen für die Anerkennung und die eventuell darauf folgende Ablehnung bewußt macht. Anerkennung tut gut, sie ersetzt aber nicht die eigene Beurteilung der Arbeit, die auch Selbstkritik beinhalten muß. Wer eine eigene Position hat, kann sie auch ohne Zustimmung weiterverfolgen, wenn der momentane Erfolg sich z. B. als Modeerscheinung oder als die kühl kalkulierte Vertretung fremder Interessen erweist.

● **Der Skeptiker:** Wer um die Vielfalt möglicher Positionen weiß, wird sich auf inhaltliche Auseinandersetzungen vorbereiten. Wer von vornherein versucht, eine Antwort auf mögliche Kritik zu finden, wird nicht von geäußerter Kritik enttäuscht oder überrascht. Er versucht die Kritik vorwegzunehmen, was aber nur möglich ist, wenn man sich beim Entwerfen die möglichen unterschiedlichen Standpunkte in Form von Alternativen klarmacht und sich darauf argumentativ einstellt (vgl. Kapitel 3.3 und 5.5). Das setzt aber keineswegs eine generell skeptische Grundhaltung beim Entwerfen voraus, die sich immer hemmend bei der Arbeit auswirkt. Eine positive Einstellung zur eigenen Schaffenskraft beinhaltet auch immer einen Schuß Skepsis als Würze der Kreativität und als Ansporn zur Qualitätssteigerung.

Eigentlich ist für mich das wichtigste die ethische Haltung. Die Studenten müssen sich ihrer späteren kritischen Rolle des Architekten bewußt werden. Leute, die Kultur produzieren, müssen ihre Rolle seriös ausüben, müssen kritisch sein. Meine wichtigste Aufgabe (Anm.: als Professor) ist es, die Widerstandskraft der Studenten zu wecken. Man muß Widerstand leisten auf allen Gebieten, weil eigentlich der Inhalt der Architektur der Mensch ist und seine Umwelt. Ich ziehe einen Studenten vor, der kritisch denkt und der vorbereitet ist zum täglichen Kampf und der noch Schwierigkeiten hat in seiner architektonischen Äußerung, dem brillanten Studenten, der „Playboy-Architektur" verwirklicht. (SNOZZI, S. 58)

9. Ergebnis: Darstellung – Aufbereitung – Umsetzung

(Kapitel 9.1–9.5 von Ulrich Seitz)

Das Wesentliche eines Entwurfs soll auch in der Darstellung zum Ausdruck kommen. Die Präsentation der grundsätzlichen Idee und einzelner Details kann dabei in unterschiedlicher Weise erfolgen. Ob präzise und technische oder eher malerische und poetische Zeichnungen angefertigt werden, hängt davon ab, an welche Adressaten sie sich wenden und welche „Botschaft" sie vermitteln sollen. Aber auch der persönliche Stil des Entwerfers und schließlich die jeweilige Mode können die Darstellungsmethode und -weise bestimmen. In jedem Fall darf die grafische Aufbereitung den Inhalt und die Intention des Entwurfs nicht in den Hintergrund treten oder unkenntlich werden lassen.

Plandarstellungen haben eine lange Geschichte und wandelten sich stark im Laufe der Zeitepochen. Wenn auch die Zeichentechniken vor einigen tausend oder hundert Jahren noch nicht sehr ausgebildet waren, so dienten die Abbildungen doch immer dem Zweck, eine neue Realität in abstrahierter Form als Handlungsanweisung vorwegzunehmen. Eine andere Aufgabe bestand darin, den Bestand festzuhalten oder einfach ein Bild einer bestehenden Situation zu erzeugen. In dieser Hinsicht sind die Ansichten von Städten bis ins Spätmittelalter, die sich in Chroniken und Pilgerhandbüchern finden, zu nennen. Aus der Zeit danach sind besonders die zahlreichen Veduten von Merian bekannt, die ein sehr naturgetreues Bild der damaligen Stadt vermitteln. Besonders mit der Weiterentwicklung der Reproduktionstechniken vom Kupferstich über die Lithographie bis zum Lichtpausverfahren um 1900 wuchs die Anzahl der städtebaulichen Darstellungen sprunghaft an.

Die Gestaltung von Plänen ist sehr stark abhängig von deren Inhalt. Eine Bestandsaufnahme erfordert eine andere Technik als die Analyse der Besonderheiten eines Ortes, und ein städtebaulicher Lageplan im Maßstab 1:500, der die Konzeption eines Entwurfes zum Ausdruck bringen soll, muß anders gezeichnet werden als ein Detailplan im 1:200, der schon wesentlich mehr einzelne Informationen enthält. Die räumliche Wirkung von Entwurfsideen läßt sich durch Schlagschatten im Lageplan oder, noch besser, durch dreidimensionale Darstellungen, wie Axonometrien oder Perspektiven, zum Ausdruck bringen.

Neben den verschiedenen Darstellungsformen ist auch das Material zum Zeichnen für die Ausdrucksweise und Wirkung eines Plans entscheidend. Zarte Bleistiftzeichnungen mit fließenden Übergängen vermitteln eine andere Botschaft als kontrastreiche Tuschedarstellungen. Außer diesem eher künstlerischen Aspekt spielen aber auch rein pragmatische Überlegungen eine Rolle, wenn es z. B. erforderlich ist, daß ein Plan häufig vervielfältigt werden muß. Die Weiterentwicklung des Kopierverfahrens für große Pläne erlaubt es heute auch Kollagen vielfältiger Darstellungsformen beliebig oft zu reproduzieren.

Die verschiedenen Modellbautechniken und plastischen Darstellungsweisen können nur kurz umrissen werden. In der Praxis wird diese Aufgabe häufig Spezialisten übertragen, obwohl die „Arbeit am Modell" gerade beim städtebaulichen Entwurf wegen der dreidimensionalen Überprüfung der Konzeption sehr wichtig ist. Eine zusammenfassende Präsentation von verkleinerten Plänen, Erläuterungstext, Abbildungen und Modellfotos in Broschüren hat sich dann als sehr zweckmäßig erwiesen, wenn ein großer Kreis von Personen an Entscheidungen beteiligt ist und die notwendigen Informationen zum Entwurf nicht nur verkürzt vorgetragen werden sollen. Gerade auch bei Bürgerinformationen sind Faltblätter oder ähnliche Materialien mit knappen und leicht verständlichen Darstellungen unterschiedlicher Art als Grundlage für eine weitergehende Diskussion unentbehrlich.

9.1 Auf die Pläne, fertig, los

Was beim Entwerfen herauskommt, muß „unter die Leute gebracht werden", in Form zwei- und dreidimensionaler Darstellung sowie ergänzt durch erklärende Bilder und Texte. Jede Darstellung muß dabei zunächst und vor allem anschaulich, das heißt, den Inhalt vermittelnd, sein. Die „Botschaft" des Entwerfers muß für die Adressaten verständlich und entsprechend lesbar sein. Zeichnungen und Modell sind dabei das hauptsächliche Kommunikationsmedium, sie sind die Sprache der Architekten und Planer. Entwürfe lassen sich nicht nur verbal darstellen, denn eine textliche „Verortung" räumlicher Vorstellungen ist viel zu kompliziert und damit unzweckmäßig.
Die Botschaft kann gleichwohl unterschiedlich „verpackt" sein. Sie mag technisch, präzise, trocken und damit vielleicht langweilig sein, um für die Ausführung der Planung klare Handlungsanweisungen zu geben, oder eher plakativ, vielleicht sogar malerisch und poetisch, um Aufmerksamkeit beim Preisgericht oder im Gemeinderat zu erregen. Welche Art und welche Form der Darstellung man wählt, hängt von ganz verschiedenen Dingen ab, beispielsweise

- vom **Inhalt**: Der Straßenatlas für Touristen sieht anders aus als der amtliche Katasterplan; der Lageplan eines Stadtquartiers anders als ein entsprechender Bebauungsplan.

- vom **Adressaten**: Die Maßnahmen zur Umgestaltung einer Wohnstraße müssen in einer Informationsbroschüre für die betroffenen Bürger anders dargestellt werden als im Ausführungsplan für den Tiefbauer (siehe Kapitel 9.8).

- von der **Mode**: Schließlich spielt es für die Art der Darstellung auch eine Rolle, wer sie anfertigt und zu welcher Zeit sie „auf das Papier" kommt, denn das Aussehen von Plänen wird nicht zuletzt von Fragen des Stils oder gar der jeweiligen Mode bestimmt. Der Berliner Fluchtlinienplan aus dem 19. Jahrhundert unterscheidet sich vom Siedlungsentwurf aus den Zwanziger Jahren, Behnisch zeichnet anders als Krier usw.

Es versteht sich eigentlich von selbst, daß die Darstellungsweise den Inhalt nicht „verstellen" darf, obwohl gerade dieses nicht selten geschieht. Die Präsentation eines Entwurfs als Verdeutlichung der Ideen und der Intentionen einer Konzeption will eben gelernt und geübt sein. Ein „Produkt" braucht seine angemessene „Verpackung", ohne daß sie zur „Mogelpackung" wird. Ein schlechter Entwurf wird nämlich durch schicke Grafik inhaltlich nicht besser, er täuscht nur etwas vor, was nicht vorhanden ist.

Die anschließend abgebildeten Lagepläne, Diagramme, Isometrien, Freihandskizzen etc. sind Beispiele für die vielfältigen Möglichkeiten, städtebauliche Entwürfe, Bestandsaufnahmen, Analysen und andere Planinhalte mit zeichnerischen Mitteln darzustellen. Sie sollen dabei ein möglichst breites Spektrum von allgemein üblichen und technisch nicht zu aufwendigen Darstellungsmethoden aufzeigen und in erster Linie dazu anregen, damit zu experimentieren und sich weitere grafische Möglichkeiten zu erschließen. Die getroffene Auswahl ist unvermeidlich subjektiv und ihrem Umfang nach eingeschränkt.
Unter „Darstellung" wird in den ersten Teilen dieses Kapitels das Zeichnen von städtebaulichen Plänen und deren Ausarbeitung mit einfachen grafischen Mitteln verstanden. Farbe, airbrush, Folien und Schrift, die für die Darstellung von städtebaulichen Entwürfen auch wichtig sind, werden nur andeutungsweise oder nicht behandelt. Zur Vertiefung wird auf Spezialliteratur verwiesen, wie z.B. Jan Cejka, *Darstellungstechniken in der Architektur – Von der Bleistiftzeichnung zum CAD* (natürlich auch für den Städtebau verwendbar, siehe Abb. 9.1).

Abb. 9.1 Beginn und Ende einer Zeichnung mit der Spritzpistole (farbiges Original)

Modelle sowie deren Bau und Wirkungsweisen werden dann anschließend behandelt, wo ebenfalls auf vertiefende Literatur hingewiesen wird. Einige Anmerkungen dazu wurden aber bereits in vorangegangenen Kapiteln (z. B. zu Arbeitsmodellen, siehe Kapitel 5.5) gemacht.

9.2 Pläne im Wandel der Zeiten

Vor rund 3500 Jahren wurde der erste kartografische Stadtplan angefertigt. Er zeigt die sumerische Stadt Nippur und ist offenbar maßstabsgetreu. Die Zeichnung, die auf einer Tontafel festgehalten ist, existiert heute noch. Weitere Beispiele dafür, daß man schon sehr früh Bauaufgaben mit Hilfe von Zeichnungen vorbereitet hat, sind aus der Antike bekannt. Außer dem Zeichenmaterial haben sich seither vor allem auch Inhalt und Darstellungsweise städtebaulicher Pläne gewandelt. Bessere Kenntnisse der Geometrie, weiter entwickelte grafische Techniken, der Zweck der Darstellung und nicht zuletzt die künstlerische Mode der jeweiligen Zeit bestimmten und bestimmen auch heute noch das Aussehen von Plänen und Stadtansichten.

Einer der ältesten gezeichneten Architekturpläne überhaupt stammt aus dem Jahr 820. Das Benediktinerkloster von St. Gallen wird als idealtypische Stadtanlage dargestellt. Der von einem Mönch mit Tusche auf Pergament (zum Beschreiben aufbereitete Tierhaut) gezeichnete Plan (Abb. 9.2) zeigt die einzelnen Gebäude im Grundriß mit Angaben der Mauerstärken, der Möblierung und der Außenanlage. Aus der Zeit der Gotik gibt es eine ganze Reihe erhaltener Baupläne, beispielsweise die Zeichnungen zum Straßburger oder Ulmer Münster. Dagegen sind städtebauliche Pläne aus dem Mittelalter als Entwurfszeichnungen ebensowenig erhalten wie aus der griechischen und römischen Antike. Erst 1511 werden Vitruvs Entwürfe als Lageplandiagramme zu idealen Stadtanlagen in Italien veröffentlicht (Abb. 9.3, 9.4).

Ansichten von Städten, oft in der Art von Landkarten oder aus der Vogelschau dargestellt, finden sich bis zum 16. Jahrhundert hauptsächlich in Chroniken und Pilgerbüchern sowie als Gemäldehintergrund. Außer den teils sehr anschaulichen und detailgenauen Porträts wichtiger Städte sind insbesondere Ansichten von Jerusalem oder Rom sehr verbreitet (Abb. 9.5). Mit der Renaissance und im Zug der Entdeckungsreisen kommen Ansichten neuer und fremder Städte hinzu. Als Holzschnitte oder Kupferstiche werden sie in Atlanten, Kosmographien und Enzyklopädien ver-

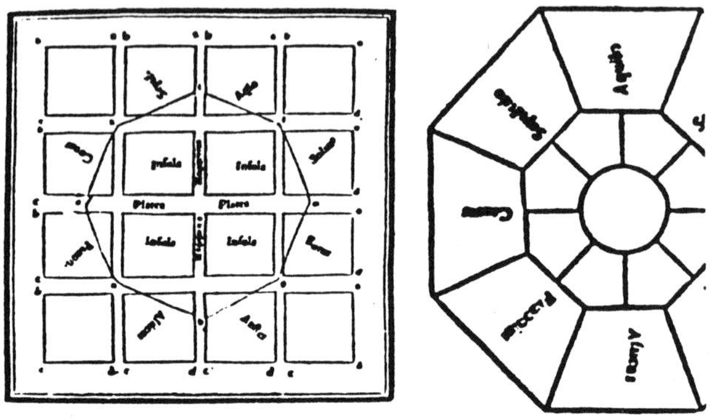

Abb. 9.3 Idealstadtentwürfe aus der ersten illustrierten Vitruv-Ausgabe von Fra Gioconda 1511

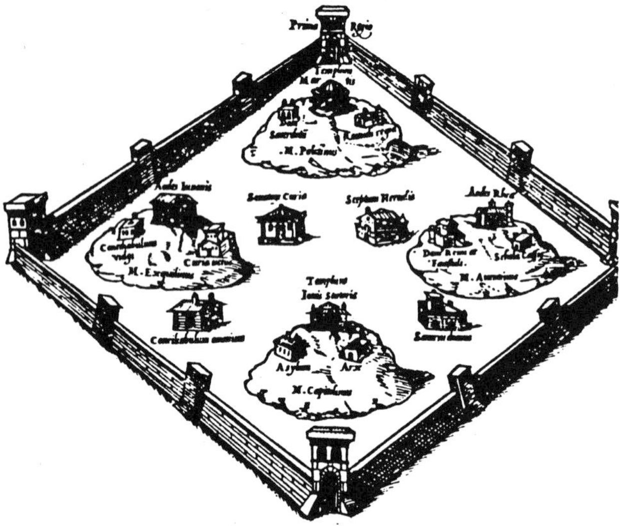

Abb. 9.4 Idealplan der Stadt Rom von Calvo 1527

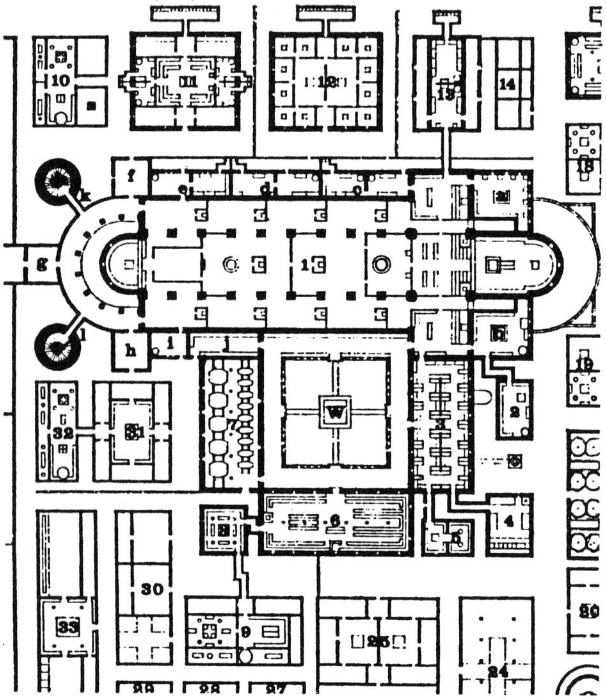

Abb. 9.2 Der Klosterplan St. Gallen von 820

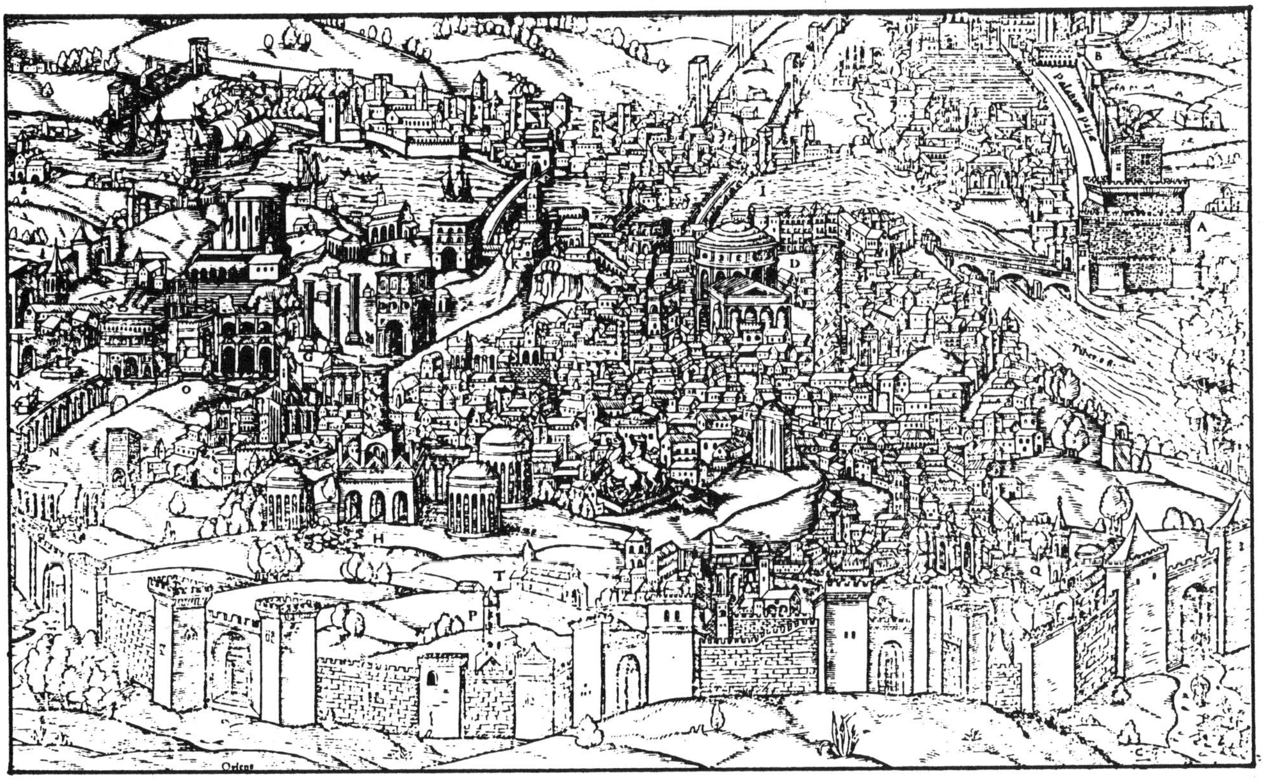

Abb. 9.5 Rom und seine antiken Denkmäler; Holzschnitt von Sebastian Münster ca. 1550

Abb. 9.6 Perspektivdarstellung aus der Renaissance

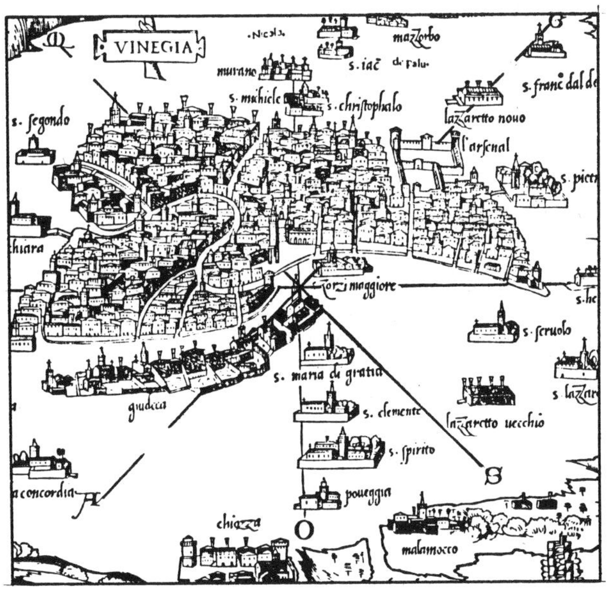

Abb. 9.7 Vinegia (Venedig) von Bordone 1528

öffentlicht. Es sind ideale Ansichten, subjektive Stadtbilder zur Belehrung und Erbauung.
Fortschritte in der Geometrie, vor allem auch in der Perspektivdarstellung (Abb. 9.6) bringen Veduten (naturgetreue Darstellung einer Landschaft) und Kartenwerke hervor, die um Objektivität und kartografisch richtige Wiedergabe der topografischen und städtebaulichen Situation bemüht sind. So zeigt der Plan von Venedig aus dem Jahr 1528 (Abb. 9.7) die Gebäude maßstäblich und nicht mehr ihrer Bedeutung entsprechend überzeichnet. Die Lage der Stadt ist anhand einer Windrose ablesbar. Der bekannteste Vedutenkünstler des 17. Jahrhunderts ist Matthäus Merian.
Der Basler Künstler veröffentlichte mehr als zweitausend Ansichten und Pläne von Städten aus ganz Europa als Kupferstiche (so von Stuttgart 1643, Abb. 9.8), die ein sehr anschauliches und kartografisch exaktes Bild der Stadt seiner Zeit vermitteln.

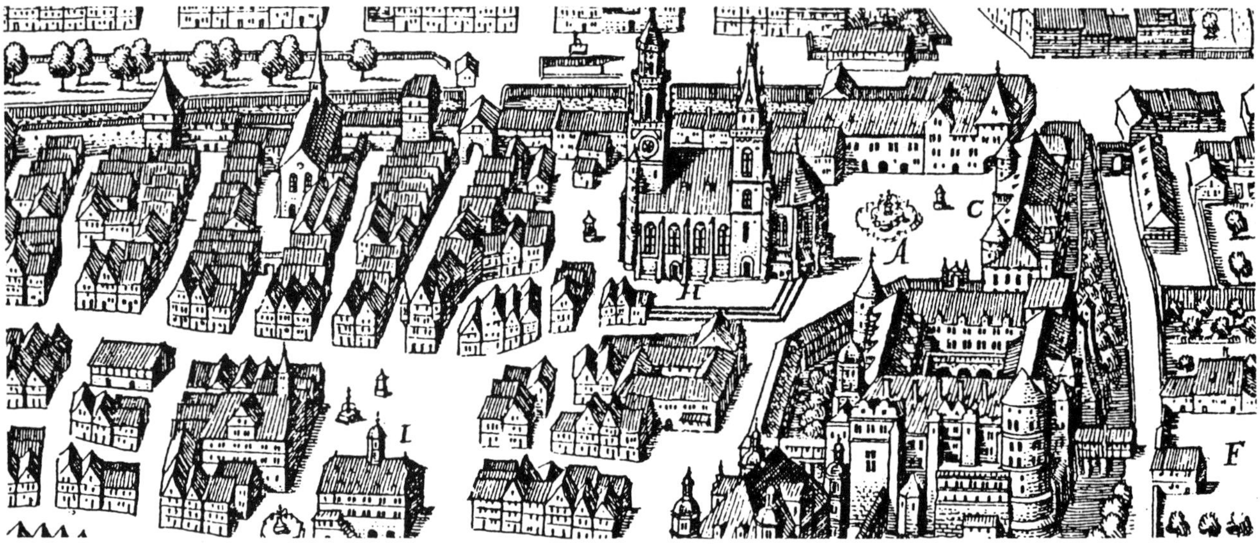

Abb. 9.8 Innere Stadt von Stuttgart; Kupferstich von Mathäus Merian 1643

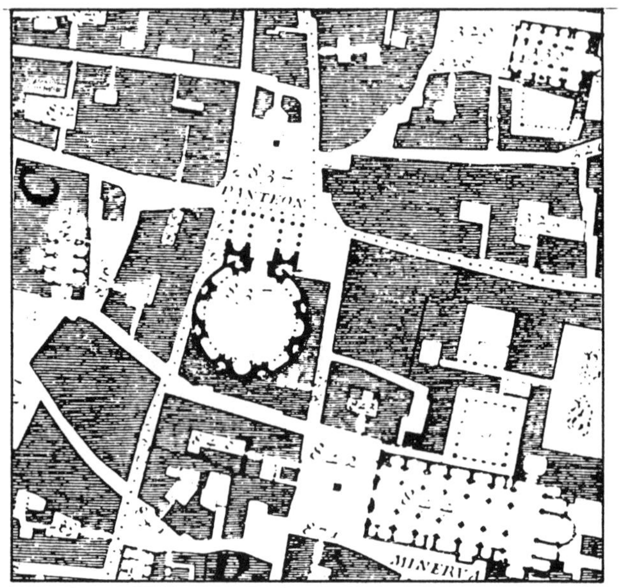

Abb. 9.9 Stadtplan von Rom; G. B. Nolli 1748

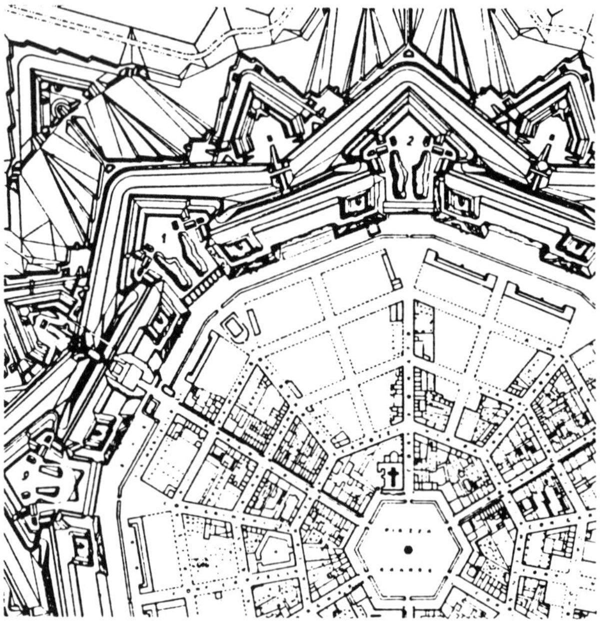

Abb. 9.10 Stadtplan von Palmanova; Katasteraufnahme der österreichischen Militärverwaltung 1852

Der berühmte Katasterplan von Rom (G.B. Nolli 1748, Abb. 9.9) ist ein Beispiel für die im Barock üblichen umfassenden städtebaulichen Bestandsaufnahmen. Der Plan stellt in zwölf Blättern bebaute und freie Grundstücke, Parks und Gärten dar. Als Besonderheit sind die Erdgeschosse von Kirchen und anderen öffentlichen Bauten sowie Innenhöfe als Grundrisse gezeichnet. Damit wird der städtische öffentliche Raum als ein zusammenhängendes System von Außen- und Innenräumen erkennbar.
Die kartografischen Verbesserungen seit dem 17. Jahrhundert gehen nicht zuletzt auch auf den Einfluß der Festungs-„Baukunst" zurück. Geometrisch exakte Plandarstellungen (Abb. 9.10) aufgrund genauer Vermessungen wurden bei der Planung von neuen Städten oder bei Stadterweiterungen üblich und so im zivilen Bereich eingeführt. Architekten und Planer waren häufig gelernte Artilleristen oder Festungsingenieure, wie z. B. Balthasar Neumann.
Mit den großen Erweiterungen der Städte im ausgehenden 19. Jahrhundert entwickelte sich das Darstellungsrepertoire des Städtebaus wie es, von Stilvarianten abgesehen, im großen und ganzen heute noch angewandt wird. Bis zum Beginn des zwanzigsten Jahrhunderts werden Pläne als Federzeichnungen auf Papier bzw. Karton angefertigt. Aquarell oder Sepialavierungen dienen der Anschaulichkeit. Vervielfältigungen werden als Kupferstich, später als Litho-

Abb. 9.11 Bebauungsplan Einsiedel bei Chemnitz; Paul Klopfer 1908

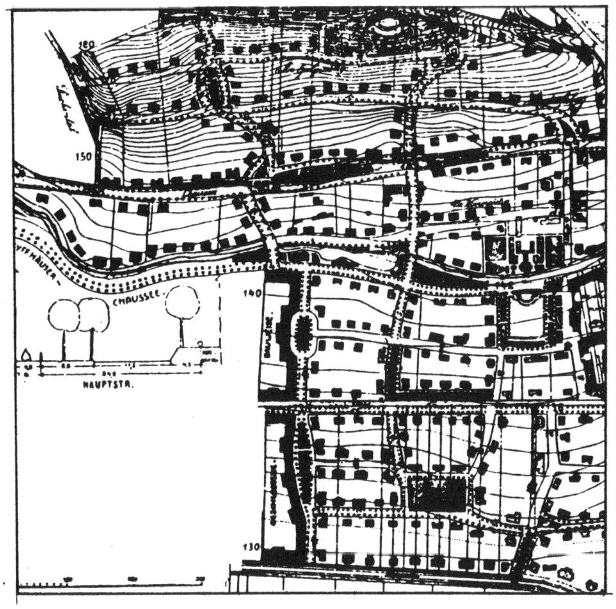

Abb. 9.12 Stadterweiterung Frankenhausen am Kyffhäuser; Wettbewerbsentwurf H. Jansen 1910

graphie (Steindruck) ausgeführt (Abb. 9.11, 9.12). Die Erfindung des Lichtpausverfahrens um 1900 führt zur vorwiegend schwarz-weißen Zeichnung, die dann mit Buntstift koloriert wird. Aber auch das ist wieder sehr zeitgemäß.

9.3 Planinhalte, Plangestaltung und Maßstäbe

Der Inhalt von Plänen bestimmt in erster Linie die Art der Darstellung, den Maßstab (siehe auch Kapitel 5.7) sowie Art und Umfang der grafischen Ausarbeitung. Auch eine sehr realistische Darstellung städtebaulicher Wirklichkeit, z. B. als maßstabsgetreues Luftbild (Abb. 9.13), ersetzt nicht die Lageplanskizze, die grafische Notiz, das Diagramm oder die perspektivische Illustration. Außer der eigentlichen **Entwurfszeichnung**, etwa als Lageplan, sind für den Städtebauer Pläne, Diagramme und Schaubilder zur **Analyse**, für die **Interpretation** und die Bewertung gegebener Situationen wichtig. So lassen sich, etwa im Rahmen einer **Bestandsaufnahme** die topografischen Besonderheiten eines Ortes (Abb. 9.14) herausarbeiten, historische Entwicklungen (Abb. 9.15) oder auch soziale Strukturen (Abb. 9.16) illustrieren.

Um eine Entwurfslösung herzuleiten oder zu begründen, lassen sich sehr gut grafische Mittel einsetzen. Man kann also „visuell argumentieren" und auf diese Weise den konzeptionellen Ansatz des Entwurfs, räumliche Zusammenhänge, Lösungsalternativen und ihre Auswirkungen grafisch anschaulich erläutern und deutlich machen (Abb. 9.17, 9.18). Solche Zeichnungen sollten mit einem schriftlichen **Erläuterungsbericht** kombiniert werden (siehe Kapitel 9.7). Vorschriften oder DIN-Normen für derartige Darstellungen gibt es, anders als für Baugesuche oder Werkpläne, nicht. Ausschlaggebend für die Qualität analytischer Diagramme und Erläuterungsskizzen ist letztlich, ob sie gut lesbar und leicht verständlich sind, denn: Erlaubt ist alles, was dem Verständnis dient.

Abb. 9.13 Luftbild und Bestandsaufanhme mit Notizen im Maßstab 1:5000

Kernstück jedes städtebaulichen Entwurfs ist der **Lageplan**, der im allgemeinen als Dachaufsicht in Maß-

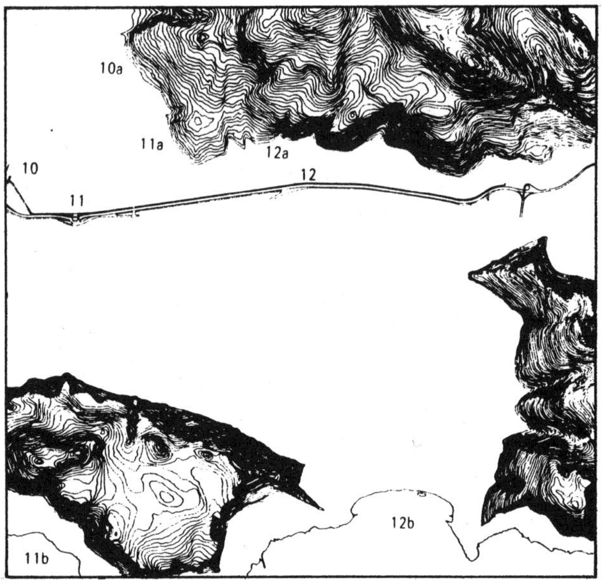

Abb. 9.14 Palermo – Analyse der topografischen Situation

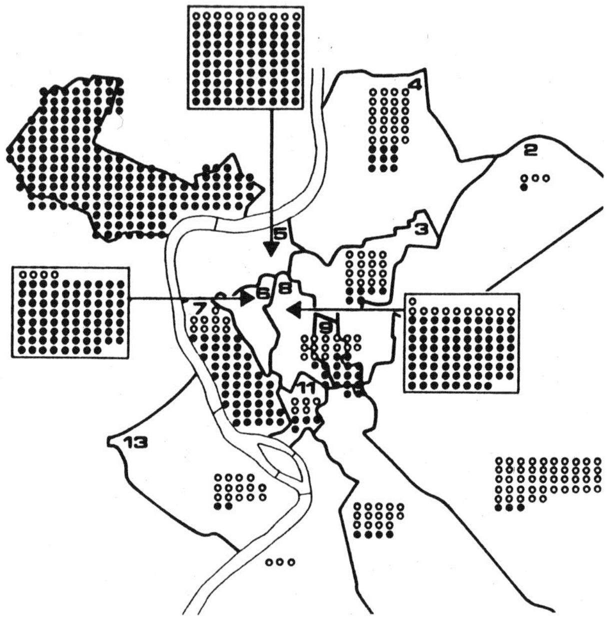

Abb. 9.16 Schematische Darstellung der Bevölkerungsverteilung in Rom

Abb. 9.15 Die besiedelte Fläche von London im 17. und 19. Jahrhundert

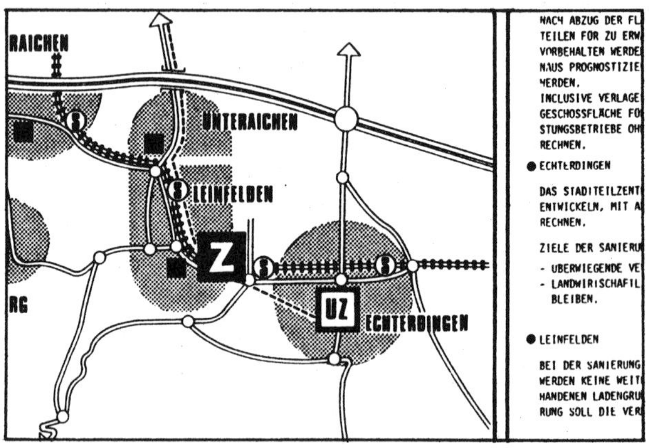

Abb. 9.17 Grafisches Modell der Siedlungsentwicklung und Zentrenbildung einer Kleinstadt

stäben von 1:500 bis 1:2500 gezeichnet wird (Abb. 9.19–9.20). Lagepläne enthalten Angaben über die Bebauung, die Verkehrs- und Grünflächen mit der Vegetation und zeigen die funktionalen und räumlichen Zusammenhänge mit der Umgebung sowie die Zuordnung öffentlicher und privater Flächen. Die Parzellierung der Grundstücke kann ebenfalls im Lageplan vorgenommen werden.

Will man die räumliche Wirkung der Baumassen oder von Einzelelementen, wie z. B. Bäumen, herausarbeiten, werden Schlagschatten gezeichnet, wodurch die „Körperhaftigkeit" und die Gebäudehöhe abgelesen werden kann. Für genauere Aussagen, beispielswei-

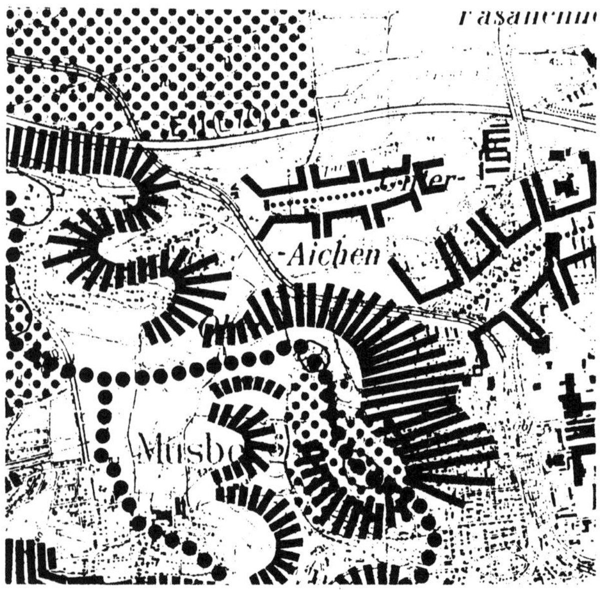

Abb. 9.18 Landschaftsanalyse im Rahmen einer Stadtentwicklungsplanung

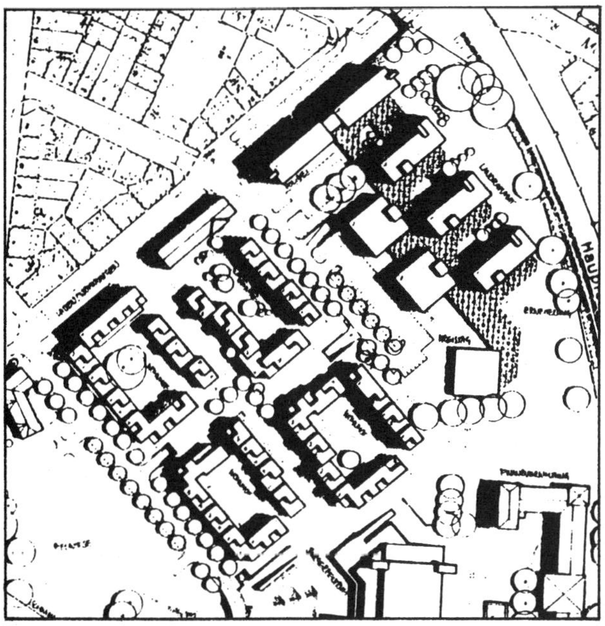

Abb. 9.19 Lageplan zu einem Wettbewerb (Original M. 1:1000)

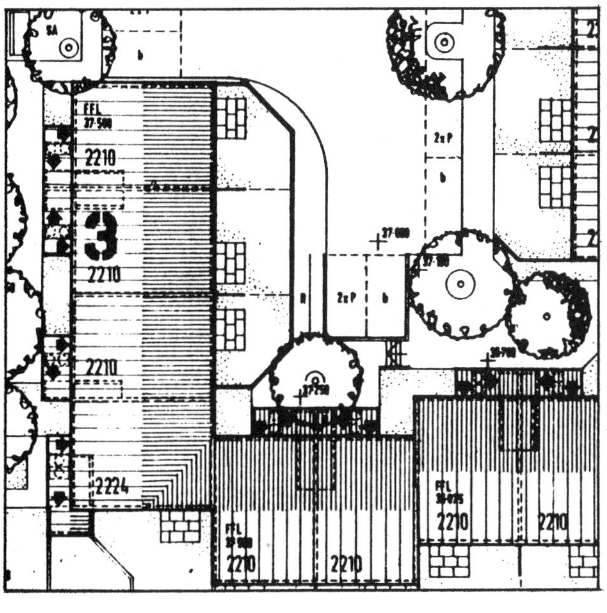

Abb. 9.20 Wohnquartier mit Reihenhäusern, Lageplan M. 1:500

se zu den Belägen eines Platzes, zur Beleuchtung oder Bepflanzung eignet sich der Maßstab 1:200 als **städtebaulicher Detailplan** (Abb. 9.21). Der Übergang zwischen öffentlichem Raum und privaten Erdgeschoß-Zonen der angrenzenden Gebäude läßt sich in diesem Maßstab ebenfalls sehr gut darstellen. Mit **Ansichten, Axonometrien** und **Perspektiven** können, ergänzend zum Lageplan, größere Zusammenhänge in der städtischen Struktur, durch die Darstellung der dritten Dimension räumliche Wirkungen oder auch Entwurfsdetails illustriert werden.
Hier ist noch auf die Plandarstellung der **Bauleitplanung** hinzuweisen, für die es gesetzlich festgelegte

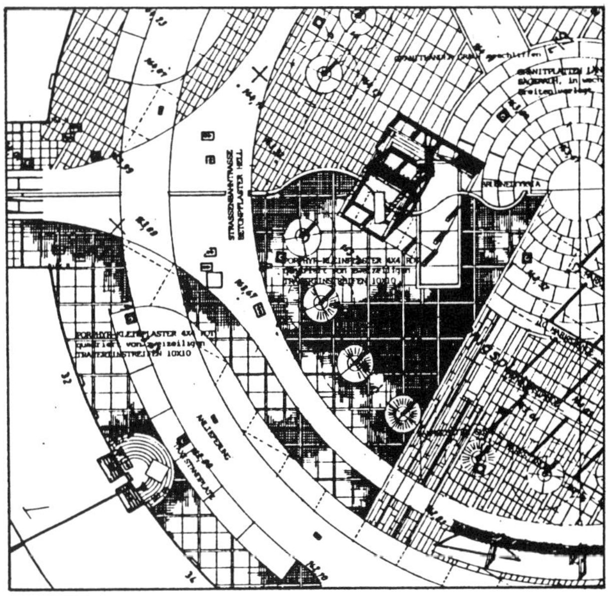

Abb. 9.21 Platzgestaltung (Original M. 1:200)

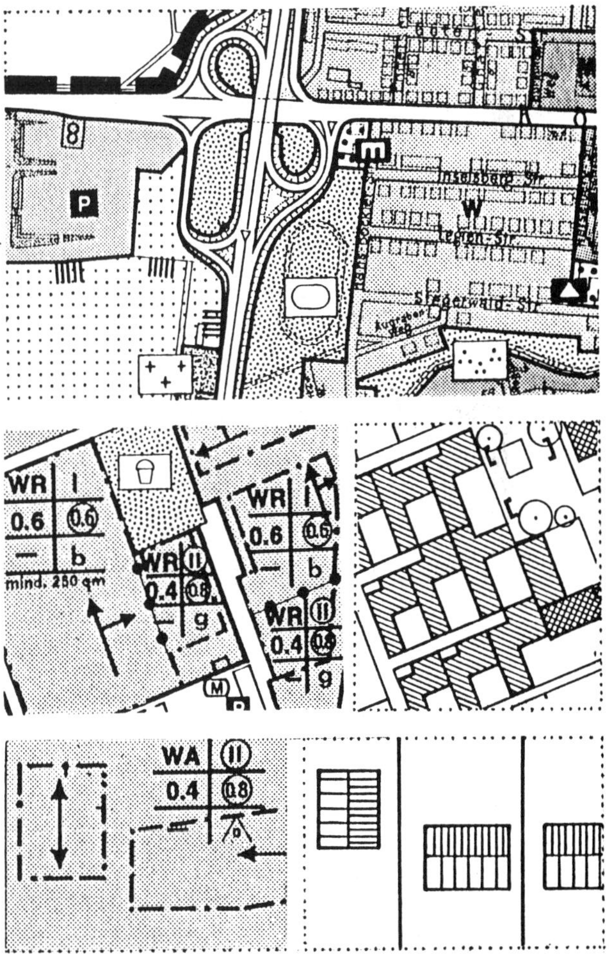

Abb. 9.22 Flächennutzungsplan (oben) mit Verkehrs-, Grün- und Wohnbauflächen. Bebauungsplan für verdichtete Wohnbebauung (Mitte) und für Wohnbebauung in offener Bauweise (unten)

Regeln gibt. **Flächennutzungsplan** und **Bebauungsplan** haben den Charakter und die Wirkung von gemeindlichen Gesetzen, in denen die Art und das

Maß möglicher Bebauung in zeichnerischer und textlicher Form festgesetzt werden. Die verwendeten Zeichen, Linien, Schraffuren und Farben haben deshalb rechtlich definierte Bedeutungen und sind entsprechend rechtsverbindlich. Die einzelnen Vorschriften finden sich im **Baugesetzbuch**, in der **Baunutzungsverordnung** und den Darstellungsvorschriften der **Planzeichenverordnung** (Beispiele siehe Abb. 9.22 und Kapitel 4.8).

Welchen **Maßstab** man für einen Lageplan wählt, hängt, wie bereits erwähnt, zunächst davon ab, was man darstellen will. In den meisten Fällen ist es außerdem wichtig, zu wissen, in welchem Maßstab amtliche Karten als Grundlage für den eigenen Entwurf zur Verfügung stehen. Die Abbildungen 9.23 bis 9.30 zeigen vier gebräuchliche Karten als Ausschnitte im Originalmaßstab.

- **Die topographische Karte 1 : 25 000** wird hauptsächlich für überörtliche, regionale und Übersichts-Pläne verwendet (Abb. 9.23, 9.24). In Vergrößerung dient sie als Grundlage für Stadtpläne im Maßstab 1 : 10 000 und 1 : 15 000.
- **Die Karte 1 : 5 000** mit Flurstücksgrenzen und -nummern, Gebäuden, Hausnummern und mei-

Abb. 9.23 M. 1 : 25 000 Topografische Karte

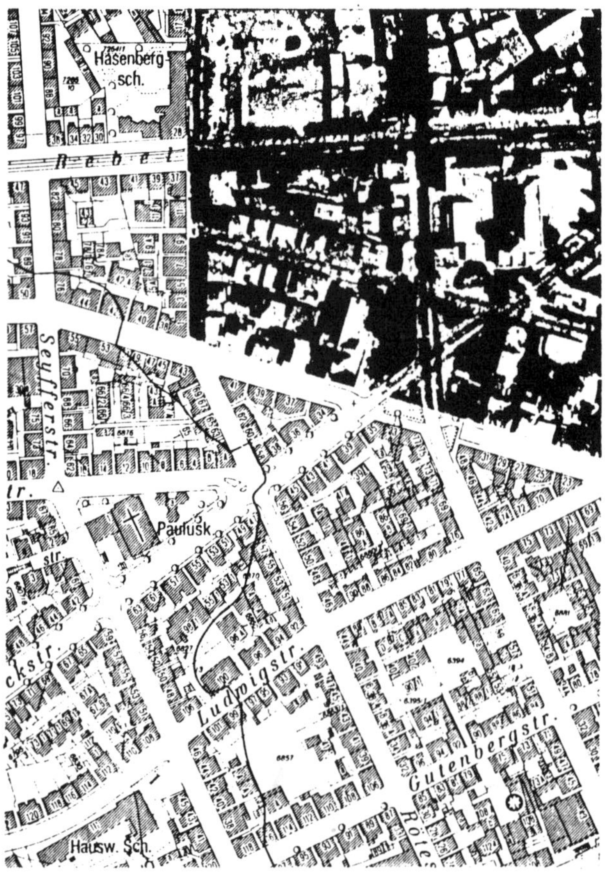

Abb. 9.25 M. 1 : 5 000 Karte und Luftbild

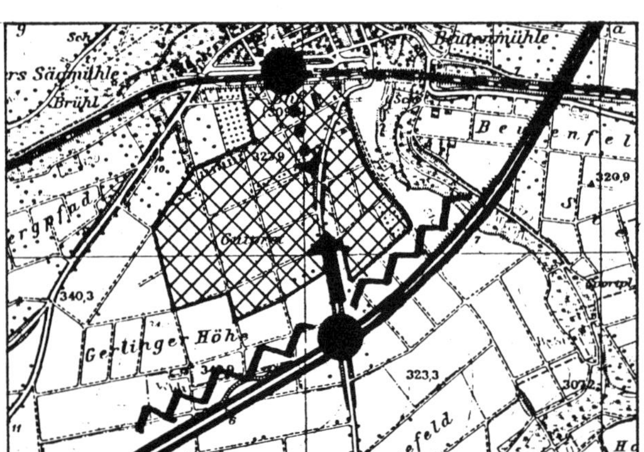

Abb. 9.24 M. 1 : 25 000 Planungsbeispiel

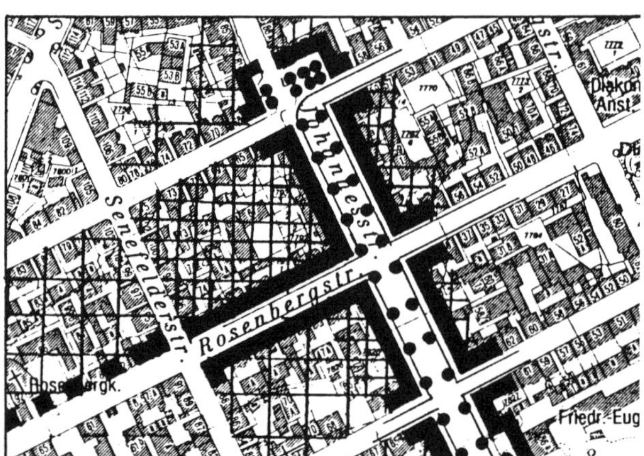

Abb. 9.26 M. 1 : 5 000 Planungsbeispiel

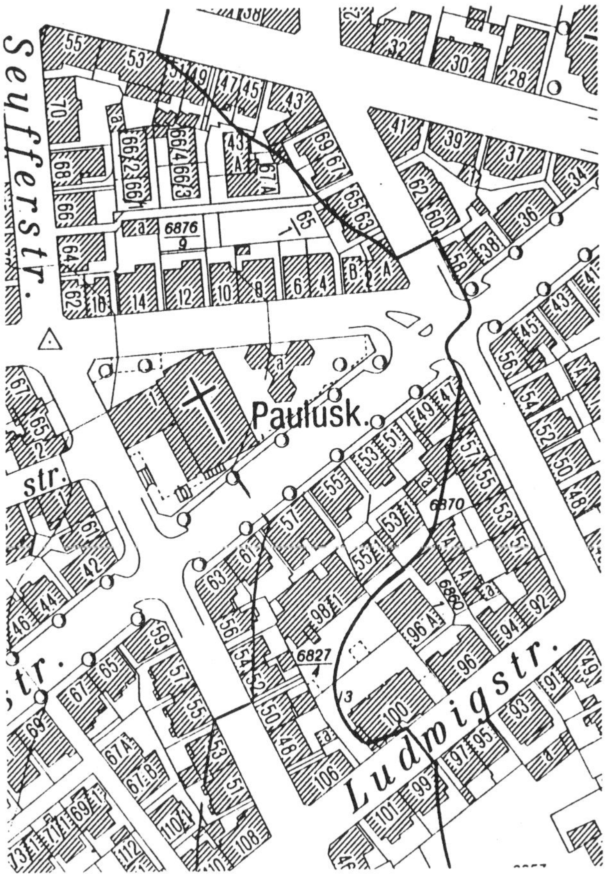

Abb. 9.27 M. 1:2500 Katasterkarte

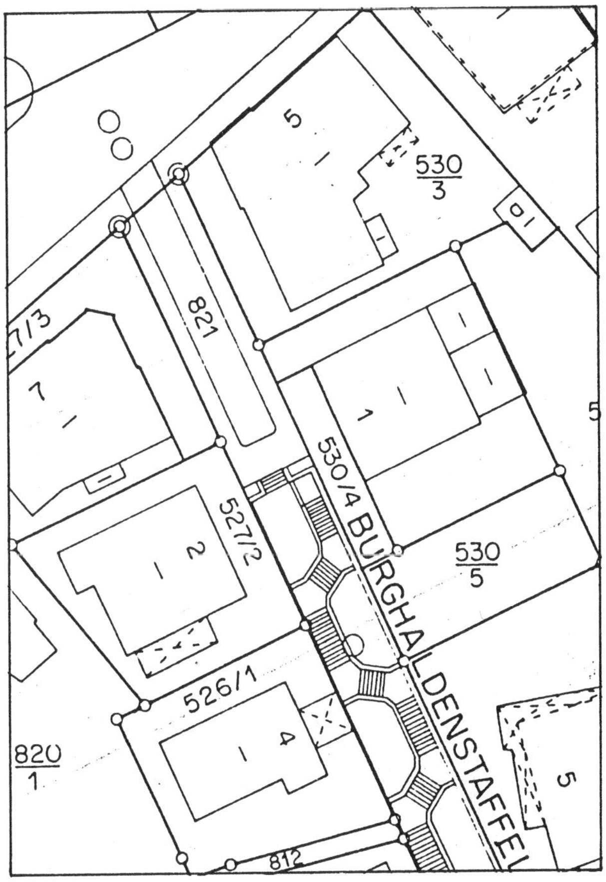

Abb. 9.29 M. 1:500 Grundkarte

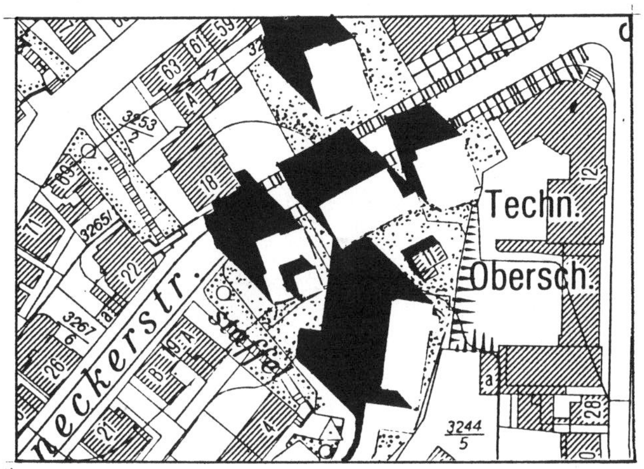

Abb. 9.28 M. 1:2500 Planungsbeispiel

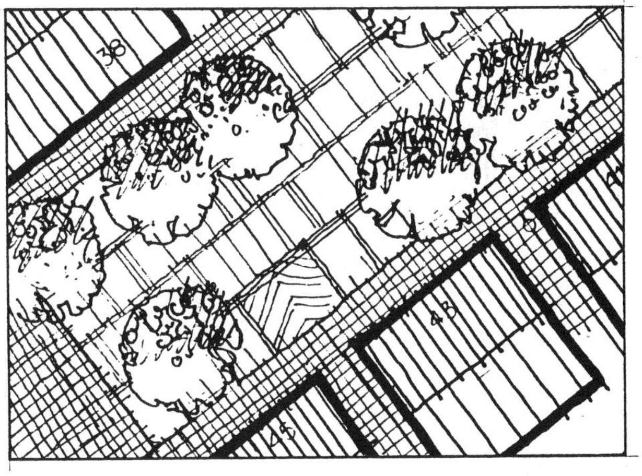

Abb. 9.30 M. 1:500 Planungsbeispiel

stens auch Höhenlinien ist eine Verkleinerung des Maßstabs 1:2500. Flächengenaue Luftbilder gibt es ebenfalls in diesem Maßstab (Abb. 9.25, 9.26).

- **Die Katasterkarte 1:2500** ist die gebräuchlichste Übersichtskarte im Städtebau (Abb. 9.27). Sie enthält als Originalkarte folglich dieselben Informationen wie die zuvor genannte. In diesem Maßstab lassen sich Entwürfe im größeren Zusammenhang, z. B. des Stadtquartiers, sehr gut schematisch darstellen. Auch einfache räumliche Darstellungen sind bereits möglich (Abb. 9.28).
- **Die Grundkarte 1:500**, die es als Kartensatz für das gesamte Stadtgebiet gibt, dient als Grundlage für alle anderen Maßstäbe. In den Originalen werden die Veränderungen der Grundstückszuschnitte, der Bebauung und der Verkehrsflächen fortgeschrieben (Abb. 9.29). Die Informationen dafür stammen von den Baurechts-, Vermessungs- und Grundbuchämtern, vorwiegend aus den aktuellen Baugenehmigungen. Städtebauli-

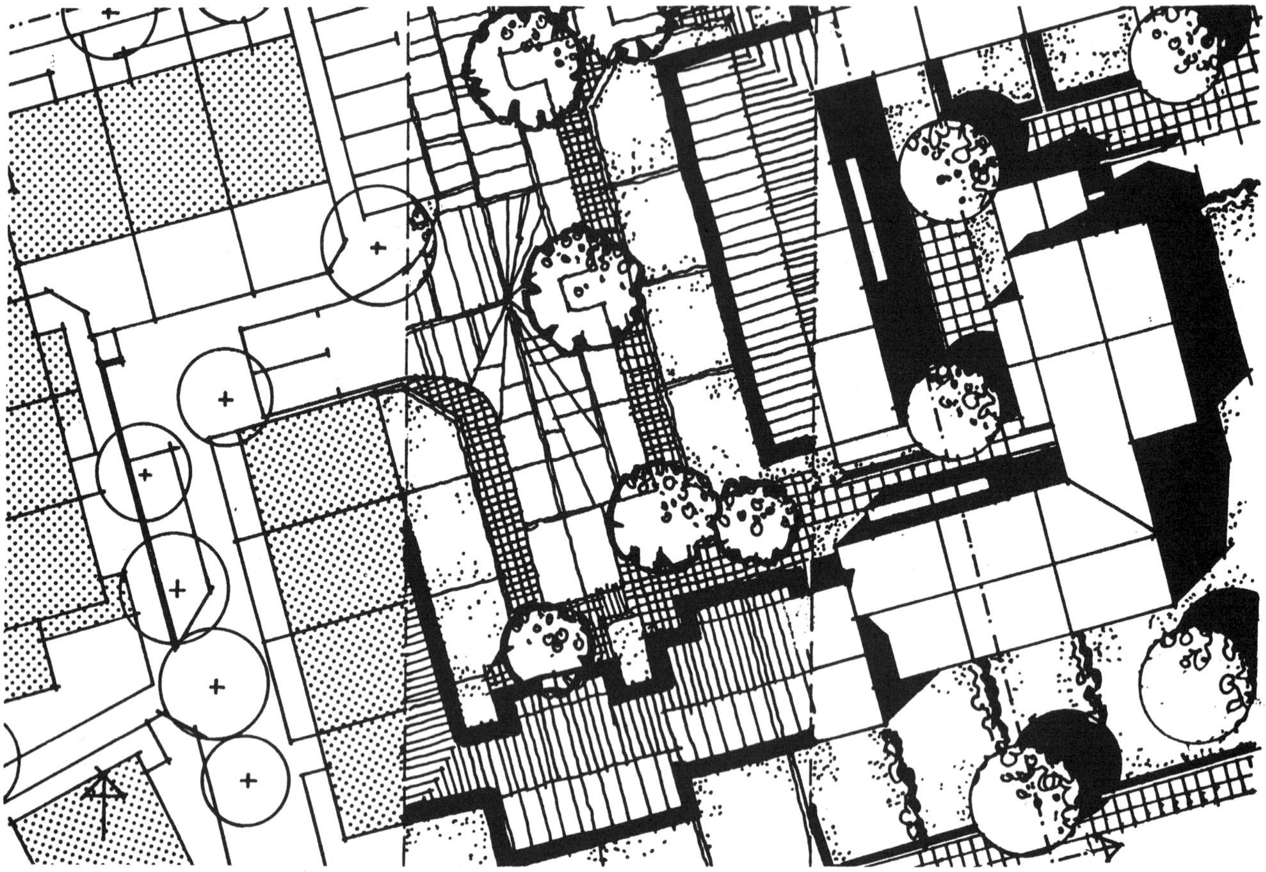

Abb. 9.31 Verschiedene Lageplandarstellungen einer Wohnstraße im Maßstab 1:500

Abb. 9.32 Isometrische Darstellungen derselben Straße, aus dem Lageplan M. 1:500 entwickelt

che Lagepläne (Abb. 9.30) und auch meistens Bebauungspläne werden im Maßstab 1:500 gezeichnet.

9.4 Beispiele – Konstruieren und Freihandzeichnen

Wie man einen Lageplan zeichnet, damit er verständlich ist und auch das zeigt, was der Städtebauer entworfen hat, soll an einigen Beispielen gezeigt werden. Außerdem wird demonstriert, wie daraus Axonometrien und Perspektiven zu entwickeln sind. Es sind Anschauungsbeispiele für sehr einfache Techniken der Plandarstellung, also keine Schätze aus der Trickkiste für das grafische „Aufmotzen" schlechter Entwürfe. Die Demonstration des „Handwerkszeugs" steht deshalb im Vordergrund.

Der Lageplan (Abb. 9.31) wurde von der flächigen zur räumlich wirkenden Darstellungsweise hin verändert.

- Zunächst (links) wurde der Plan in Tusche auf Transparent mit Schiene, Dreieck und Kreisschablone gezeichnet. Es sind Grundstücksgrenzen, überbaute Flächen (gerastert) und Bäume angegeben.
- Eine Überarbeitung (Mitte) als Freihandskizze zeigt Bodenbeläge, Grünflächen und Dachformen.
- Um die räumliche Wirkung zu erhöhen, wurden jetzt Schlagschatten eingezeichnet (rechts). Schatten können flächig schwarz, schraffiert oder gerastert ausgeführt werden. Ergänzende Ansichten und Schnitte (Abb. 9.33) zeigen das Geländeniveau und die Gebäudehöhen, Schatten werden als Parallelprojektion konstruiert, wobei Besonnungsrichtung und Einfallswinkel des Lichts den Schattenwurf bestimmen.

Die Axonometrie/Isometrie wird, wie der Schatten, unmittelbar aus dem Lageplan konstruiert (Abb. 9.32).

- Begonnen wurde mit der Zeichnung der Konstruktionslinien auf dem Lageplan (links). Die Baukörper sind in dieser Phase noch „durchsichtig".
- Eine erste Handskizze kontrollierte die räumliche Wirkung (Mitte), wobei die Gebäude nur als Raumkanten (Wände ohne Dach) dargestellt wurden.
- Architektonische und Freiraumdetails sowie Schatten vervollständigen die räumliche Darstellung zu einem realistischen Eindruck von der Entwurfskonzeption (rechts).

Für eine optimale Wirkung der Zeichnung ist es wichtig, einen günstigen Blickwinkel zu wählen, um unrealistische Verzerrungen zu vermeiden. Bei Isome-

Abb. 9.33 Ansichten und Schnitte im Maßstab 1:500

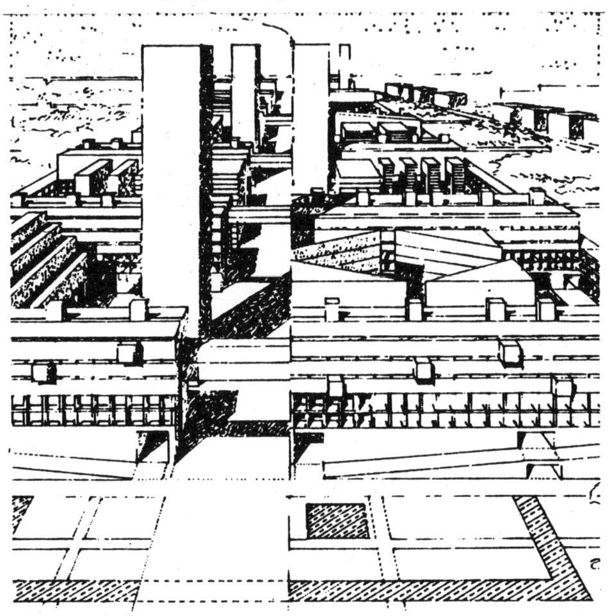

Abb. 9.34 Stadtquartier als Zentralperspektive aus der Vogelschau

trien kann es daher zweckmäßig sein, die Senkrechten zu verkürzen, um so ein realitätsnahes Bild zu erzielen. Axonometrien bzw. Isometrien sind mit etwas Übung sehr rasch zu zeichnen, wodurch sie sich als Skizzen zur Überprüfung des Entwurfs schon während der Arbeit sehr eignen (siehe Kapitel 7.3).

Abb. 9.35 Zentralperspektive „schräg von oben" aus dem Lageplan der Abb. 9.31

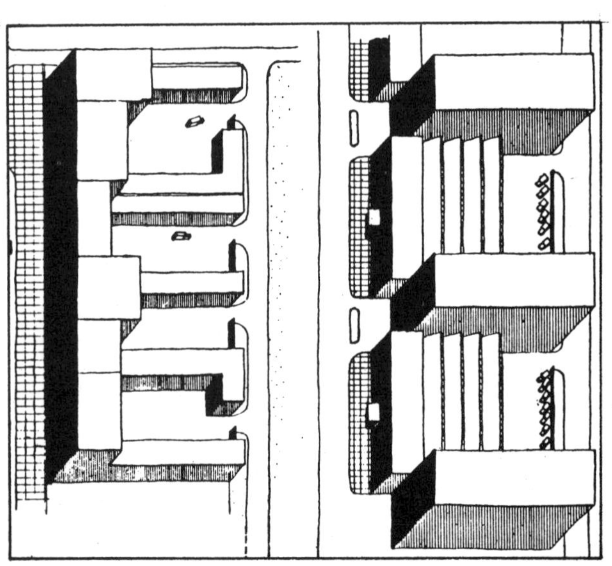

Abb. 9.36 Isometrie eines Gewerbegebiets

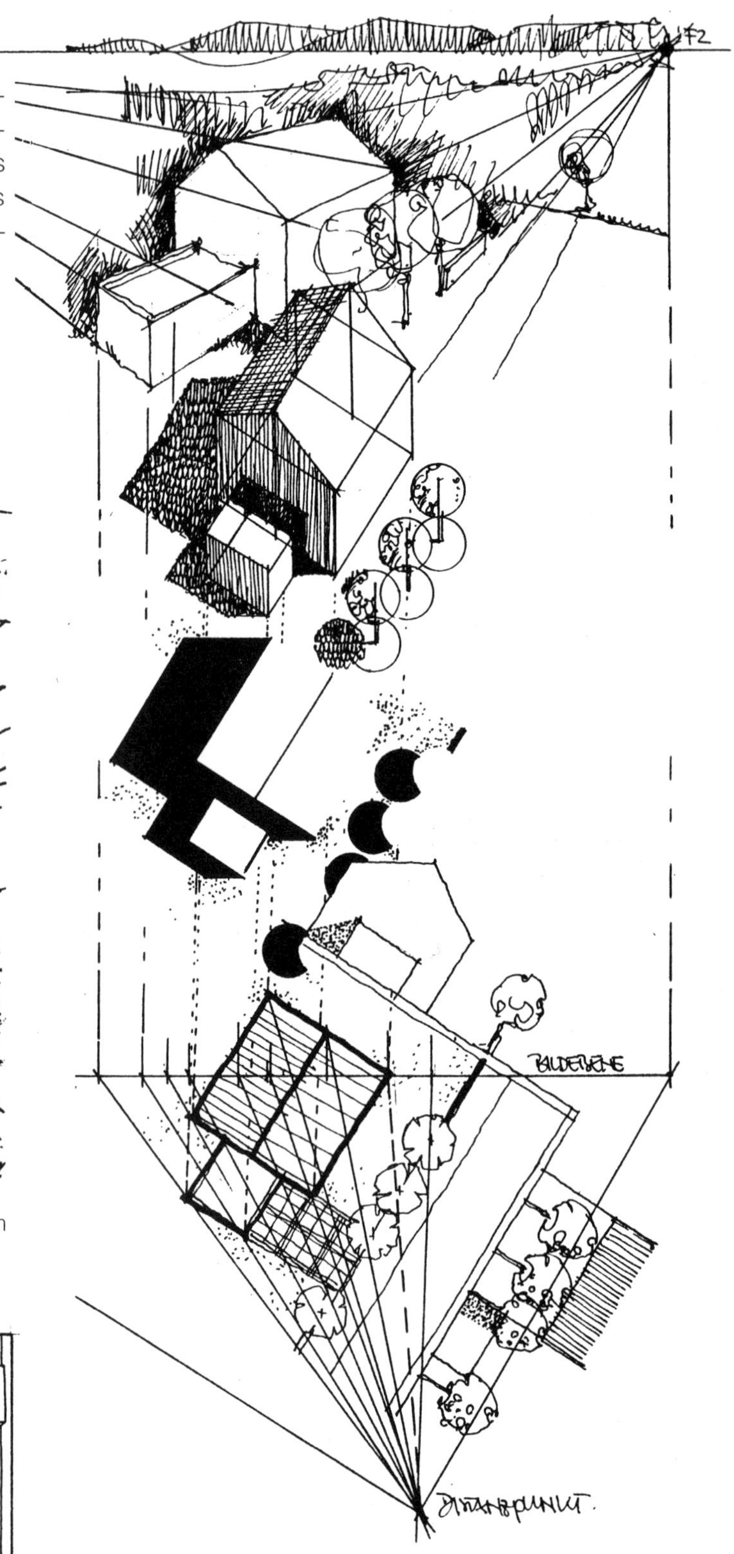

Abb. 9.37 Vom Lageplan zur Perspektive

Die Zentralperspektiven (Abb. 9.34) sind wegen der Verzerrungen nur für kleine Planausschnitte zu empfehlen. Realistisch wirkende Perspektiven „schräg von oben" (Abb. 9.35) sind außerdem relativ aufwendig herzustellen.

Räumlich wirkende Darstellungen wie Axonometrie (Abb. 9.36) und Fluchtpunktperspektive (Abb. 9.37,

Abb. 9.38 Freihandskizze mit Filzstift

vom Lageplan zur Perspektive) gehören zwingend zum zeichnerischen Repertoire des Städtebauers. Methode und Zeichentechnik (siehe dazu: Reiner THOMAE, *Perspektive und Axonometrie*) orientiert man am besten an der beabsichtigten Wirkung der Darstellung und an der Zeit, die man dafür aufwenden kann oder will. Im Zweifelsfall ist ein schlichter, anständig gezeichneter Lageplan wirkungsvoller als eine aufwendige, aber schlecht gemachte Perspektive! Merke: Probieren geht gerade hier über Studieren.

Neben der Theorie von Horizont, Distanzpunkt, Fluchtlinien, Bildebene etc. ist die eigene zeichnerische Praxis und Übung von größter Bedeutung. **Freihandzeichnen** (Abb. 9.38), vor Ort oder auch ersatzweise auf der Grundlage von Fotos und Dias, erschließt Einsichten, die noch so ausgefuchste Lehrbücher nicht vermitteln können.
Die beiden folgenden Seiten (Abb. 9.39, 9.40) zeigen verschiedene Beispiele perspektivischer Darstellung, als Handskizze vor Ort, als lockere oder als exakt konstruierte Zeichnung. Die jeweils unterschiedlichen Wirkungen sollen dem beabsichtigten Zweck von der Entwurfskizze bis zur „Verkaufszeichnung" entsprechen. Durch Kombination von Foto und Perspektive lassen sich Vorher-nachher-Vergleiche darstellen, die in ihrer Anschaulichkeit besonders für Nicht-Fachleute sehr geeignet sind (Abb. 9.41).

9.5 Material zum Zeichnen

Auch für das Zeichenmaterial, das man benutzt, gilt die Regel, daß erst durch Anwenden und ständiges Üben die Fähigkeit zur gezielten Auswahl erlangt wird. Jedes Papier und jeder Stift und jede nur denkbare Kombination von beidem erzeugen jeweils ganz verschiedene grafische Wirkungen, ... die man halt ausprobieren muß!
Bleistifte, Tuschefüller, Filzstifte, Kreiden, Papier, Folien, Kartons und vieles mehr gibt es in allen Preislagen und Qualitäten. Was man davon verwendet, hängt von vielen Faktoren ab: Handelt es sich um eine Skizze oder um eine Reinzeichnung? Soll gepaust oder kopiert werden? Ist man selbst das Material gewöhnt und kann damit umgehen? Was kostet es an Zeit und Geld, den verlangten Plansatz damit herzustellen? Dazu hier einige wenige Hinweise, womit man wie zeichnen kann:

● **Bleistifte** sind immer noch das billigste Zeichengerät, vielfältig und ausdrucksstark dazu (Abb. 9.42). Es gibt sie in 19 Härtegraden von 9H (sehr hart) bis 8B (sehr weich). Harte Stifte erzeugen graue Striche, die sich für präzise Zeichnungen, eventuell als Grundlage für Tuschezeichnungen, eignen. Weiche Bleistifte geben den etwas „ausfransenden" Strichen wegen ihres höheren Graphitanteils eine tiefschwarze Färbung. Sie werden meistens für Skizzen verwendet. Außer den klassischen Holzbleistiften sind Klemmstifte und Druckstife erhältlich. Bleistiftzeichnungen sollten, vor allem bei der Verwendung weicher Minen, fixiert werden. Zum Lichtpausen eignen sich Bleistiftoriginale weniger gut als zum Kopieren.

Abb. 9.42 Bleistifte – vielfältig und ausdrucksstark

Abb. 9.39 Verschiedene Perspektiven – von der Freihandskizze bis zur Präsentationszeichnung I

Abb. 9.40 Verschiedene Perspektiven – von der Freihandskizze bis zur Präsentationszeichnung II

Abb. 9.41 Vorher-nachher-Vergleich mit Fotos und perspektivischen Zeichnungen

● **Tuschefüller** werden zur Anfertigung von problemlos zu reproduzierenden Zeichnungen jeder Art verwendet. Die Tusche (genaugenommen handelt es sich um Tinte in verschiedener Zusammensetzung und Färbung) wird heute fast nur noch in „Röhrchenfüller" (allgemein schon als „Rapi" bekannt) benutzt. Federn aller Art und „klassische" Tuschefüller sind aus der Mode gekommen. Obwohl sie nicht so praktisch zu handhaben sind, eignen sie sich aber für das Freihandzeichen und für Entwurfsskizzen in manchen Fällen sogar besser.
Bei Tuschefüllern gibt es zwei genormte Skalen mit verschiedenen Strichstärken, die auch für Mikroverfilmung geeignet sind. Dazu passend werden Schriftschablonen angeboten. Tuschefüller verlangen vom Benutzer Aufmerksamkeit, Pflege und einige physikalische Kenntnisse. Deshalb und aus Kostengründen verbietet sich eine Rapi-Batterie, die alle nur erdenklichen Strichstärken umfaßt. Man kann durchaus mit drei oder vier Strichstärken zurechtkommen, denn nur ein funktionierender Tuschefüller, der nicht wegen zu seltener Benutzung eingetrocknet ist, ist ein guter Tuschefüller.

● **Filzstifte** (Faserschreiber, Marker) eignen sich, je nach Strichbreite, zum Skizzieren und zum flächigen Anlegen von Transparenten oder Pausen. Gute Stifte, die aber nicht billig sind, erreichen auf Transparentpapier annähernd die Schwärzung von Tusche und können daher auch für das Zeichnen von Originalen, die vervielfältigt werden sollen, verwendet werden. Je nach enthaltenem Lösungsmittel und Papierqualität erzeugen „Filzer" häufig „selbst pausende Zeichnungen" auf der Unterlage, auch auf dem Tisch, da die Farbe durch die Zeichnung durchschlägt.

● **Zeichengeräte** wie Reiß- bzw. Schnurzugschiene, Dreiecke und Zirkel sind für die Darstellung städtebaulicher Entwürfe vollkommen ausreichend. Ein verstellbares Dreieck mit Gradeinteilung ist zweckmäßig, da es sich für die Konstruktion von axonometrischen und perspektivischen Darstellungen im Städtebau gut eignet.

● **Reproduktionen von Zeichnungen** bestimmen wesentlich, wie und womit man zeichnet. Das am meisten verbreitete, weil billigste Verfahren ist immer noch das Lichtpausen. Es erfordert tiefschwarze Strichqualität beim Original. Papierpausen werden schwarz, sepia und blau, allerdings in nur wenigen Papierqualitäten, hergestellt. Sie sind mit Bunt- oder Filzstiften problemlos zu überarbeiten. Lichtpausen sind ohne Imprägnierung auf Dauer nicht lichtecht.
Die neuere Entwicklung bei Kopierverfahren bietet für das Reproduzieren von großen Planzeichnungen neue Möglichkeiten. Das Original muß kein Transparent sein, so daß Zeichnung und Schrift z.B. mit anderen Grafiken oder Fotos montiert werden können. Auch andere als Tuschevorlagen werden sehr gut wiedergegeben. Schließlich eignet sich fast jedes, auch farbiges Papier als Grundlage für die Kopie, wodurch sich vielfältige grafische Möglichkeiten anbieten.

Abb. 9.43 Tuschefüller und Filzstifte – Skizzieren, Reinzeichnen, Reproduzieren

9.6 Modelle – Masse und Raum

Wie schon während des Entwurfsvorganges spielt auch bei der Präsentation eines fertigen städtebaulichen Entwurfs das Modell eine wichtige, ja entscheidende Rolle. Ob bei Bürgerversammlungen, im Gemeinderat oder bei Preisgerichten von Wettbewerben, immer steht das Modell im Mittelpunkt. Aus verschiedenen Blickwinkeln wird es betrachtet und begutachtet, bevor dann auch die Pläne, die zusätzliche und erklärende Informationen beinhalten, angeschaut werden. Bekannt ist die berühmte „Preisrichter-Kniebeuge", um sich durch einen Blick „in das Modell hinein" einen Eindruck von den Raumwirkungen aus der Fußgängerperspektive zu verschaffen.
Die Art und Ausführung eines städtebaulichen Modells hängt vom Verwendungszweck und von der gewünschten Ausdruckskraft bezüglich der inhaltlichen Informationen ab. Dabei begrenzen die Maßstäbe die rein technischen Möglichkeiten beim Modellbau, wobei die Detailgenauigkeit vom Entwerfer bestimmt werden muß. So können die Darstellungen selbst in kleineren Maßstäben, wie dem 1:2500 oder 1:1000, die eigentlich in erster Linie zur Verdeutlichung von

Strukturen geeignet sind, sehr differenziert erfolgen.

● **Modell-Arten und Verwendungszweck:** Die erste Unterscheidung läßt sich nach der Verwendung im Entwurfsprozeß vornehmen. Dreidimensionale räumliche Darstellungen wie Arbeitsmodelle, Ideen- und Strukturmodelle sowie Präsentationsmodelle werden zu ganz unterschiedlichen Zeitpunkten des kreativen Vorgangs zu dessen Unterstützung oder Illustration eingesetzt.

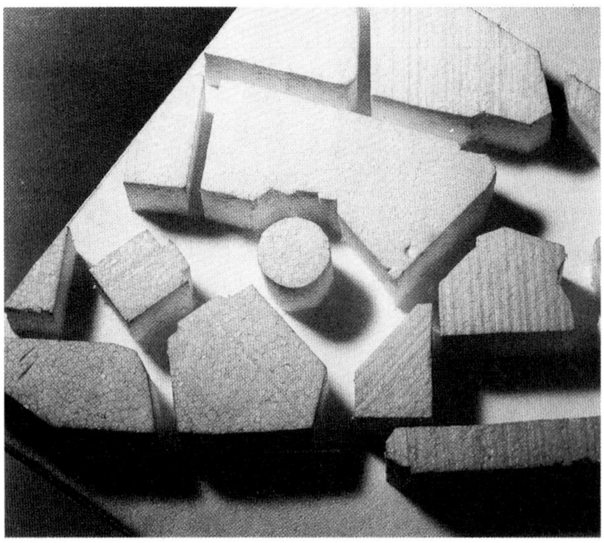

Abb. 9.44 Reliefartiges Strukturmodell

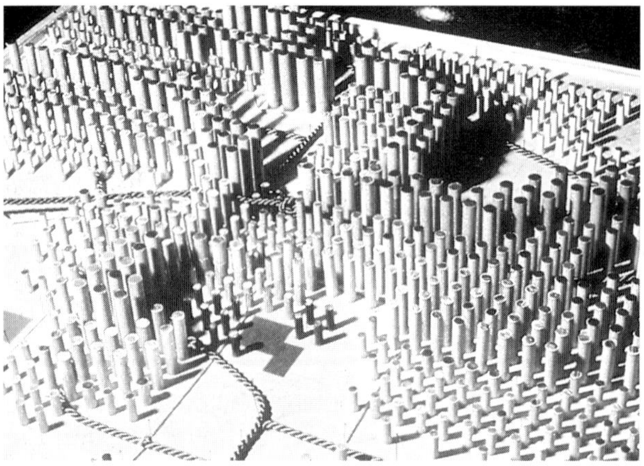

Abb. 9.45 Abstraktes Strukturmodell

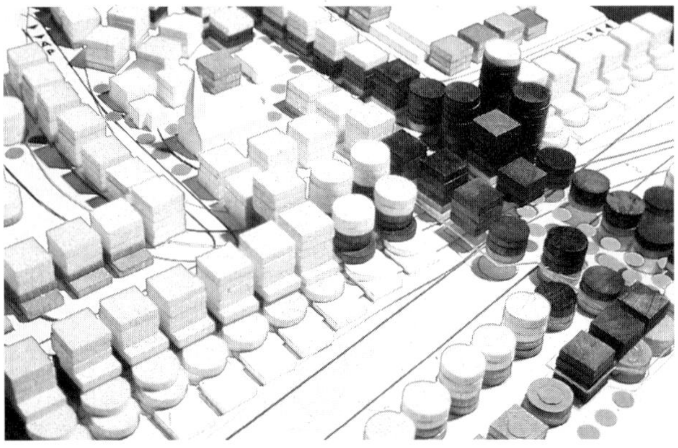

Abb. 9.46 Strukturmodell mit Nutzungen und Raumkanten

● **Arbeitsmodelle** gehören wie die Skizzen zu den wichtigsten entwerferischen Medien des Städtebauers. Einmal dienen sie dazu, aufgezeichnete Ideen und Konzepte dreidimensional zu überprüfen. Die Struktur- und Raumwirkung läßt sich so, je nach dem Betrachtungswinkel, von oben als „Überblick" oder ins Modell hinein als „Einblick", gut erfassen. Zum anderen wird sich eigentlich immer beim Entwerfer der Wunsch nach Veränderungen des Modells ergeben. Durch Umstellen von Modellklötzchen lassen sich schnell Strukturen modifizieren und Raumsituationen variieren, die dann Grundlage für das Aufzeichnen neuer Konzepte sind. Dieses wechselseitige, „iterative" Vorgehen ist das wesentliche Merkmal einer „Entwurfsspirale", die sich in mehreren Suchschleifen in Richtung auf ein Ergebnis „vorwärtsschraubt" (vgl. Kapitel 7.4).

Ideen- und Strukturmodelle sollen grundsätzliche Ideen visualisieren, indem sie reliefartig die wesentlichen Leitlinien eines Konzepts strukturhaft aufzeigen. So werden beispielsweise Baublöcke als plastische Scheiben dargestellt, ohne daß Einzelheiten, wie die verschiedenen Gebäude, Dachformen und Hausabstände, herausgearbeitet werden (Abb. 9.44). Zur differenzierten Ausformung von einigen Aspekten eines Konzeptes können Strukturmodelle bestimmte Detailaussagen machen, die aber nicht in Richtung einer Andeutung von Architekturvorstellungen gehen. Unterschiedliche Gebäudehöhen, evtl. mit Darstellung der einzelnen Geschosse, können verwandt werden. Verschiedene Nutzungen lassen sich durch Einfärbung der Modellteile kenntlich machen, und Raumkanten sind durch winklige Klötzchen (im Gegensatz z. B. zu runden Elementen) zu markieren (siehe Abb. 9.45–9.47). Auf diese Weise wird eine, auch andeutungsweise, Ausprägung möglicher Architekturen vermieden.
Außerdem lassen sich die Übergänge vom Arbeitszum Ideen- und Strukturmodell fließend gestalten. Im Laufe des Entwurfsprozesses wird dann aus einem strukturhaften Arbeitsmodell eine differenzierte Darstellung des Entwurfsgedankens, die ein Modell des fertigen Entwurfs sinnvoll ergänzen kann, besonders, wenn das Ideen- und Strukturmodell in einer abstrakteren Maßstabsebene ausgeführt ist.

Präsentationsmodelle sind die Visitenkarte des ausgearbeiteten Entwurfs. Ihr Verwendungszweck ist in erster Linie, die Adressaten von der vorgeschlage-

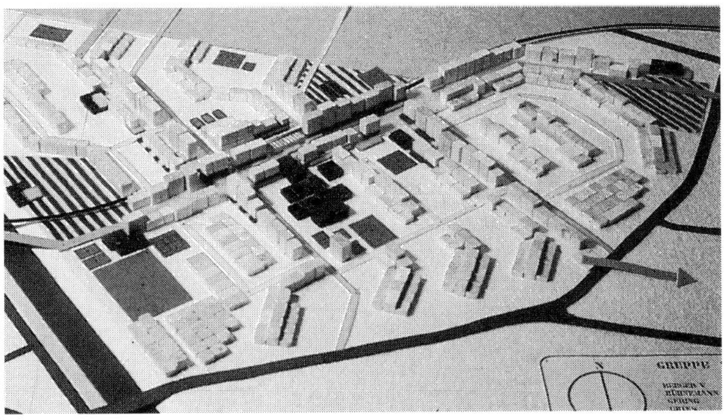

Abb. 9.47 Differenziertes Strukturmodell

Abb. 9.48 Massenmodell einer Hausgruppe

nen Konzeption zu überzeugen. Ein „schönes" Modell, das die Inhalte des Entwurfs richtig vermittelt, ist ein schlagkräftigeres Argument als viele Worte und Erläuterungen. Durch Materialien und Farben, die in vielfältigen Kompositionen von schlicht bis aufreizend verwendet werden können, läßt sich die Ausdruckskraft erzeugen, die dem Charakter des Entwurfes am besten entspricht. Die einzelnen Elemente eines Modells, wie Gebäude, Straßen, Wege, Bäume usw., können so, der beabsichtigten Wirkung entsprechend, sehr verschieden betont werden (siehe Abb. 9.51–9.53 und die unterschiedlichen Modell-Darstellungen bei den einzelnen Entwurfsbeispielen).

Modelle können von ihrem Zweck her mehr die Verteilung und Zuordnung der Baumassen (**Massenmodelle**, siehe Abb. 9.48) oder die Gestaltung der Gebäude in den Vordergrund stellen (**Gestaltungsmodelle**, siehe Abb. 9.49). Außerdem können sie in unterschiedlicher Weise die durch Gebäude gebildeten Räume verdeutlichen (**Raummodelle**, siehe Abb. 9.50). Dabei gibt es aber keine klaren Abgrenzungen. Jeder Entwerfer muß deshalb ausprobieren, welche Wirkung seinen Intentionen und der jeweiligen Konzeption am bestent entspricht.

Abb. 9.49 Gestaltungsmodell eines Stadtgebiets

● Modell-Maßstäbe und Detailgenauigkeit

Naturgemäß werden Modelle im kleineren Maßstab (d. h. mit der größeren Zahl, wie 1:1000) eher in Form von Massenmodellen ausgebildet als diejenigen im größeren Maßstab (wie beispielsweise 1:200). Aber auch dabei gibt es unterschiedliche Auffassungen und manchmal auch Notwendigkeiten. Wenn die Feinteiligkeit einer Konzeption zum Ausdruck gebracht werden soll, kann es auch erforderlich werden, im Maßstab 1:2500 einzelne Gebäude oder Hausgruppen darzustellen (siehe Abb. 6.4a, Kapitel 5.6, S. 96). Andererseits sollte ein Modell 1:200 nur die Baumassen und wenige Details zeigen, wenn die Verdeutlichung der Raumwirkung eines Platzes oder einer Straße beabsichtigt ist (Abb. 9.54).

Abb. 9.50 Raummodell eines Platzes

Wirkung von Modellen bei verschiedenen Materialien

Studienarbeit: Platzgestaltung mit umgebender Randbebauung (M. 1:200)

Abb. 9.51 Zu starke Kontraste der einzelnen Elemente des Modells wirken sehr unruhig und lenken von der eigentlichen Aussage ab. Besonders die schwarze Färbung der Gebäude steht einer räumlichen Wirkung der Randbebauung entgegen. Die Modellmaterialien sollten besser aufeinander abgestimmt sein.

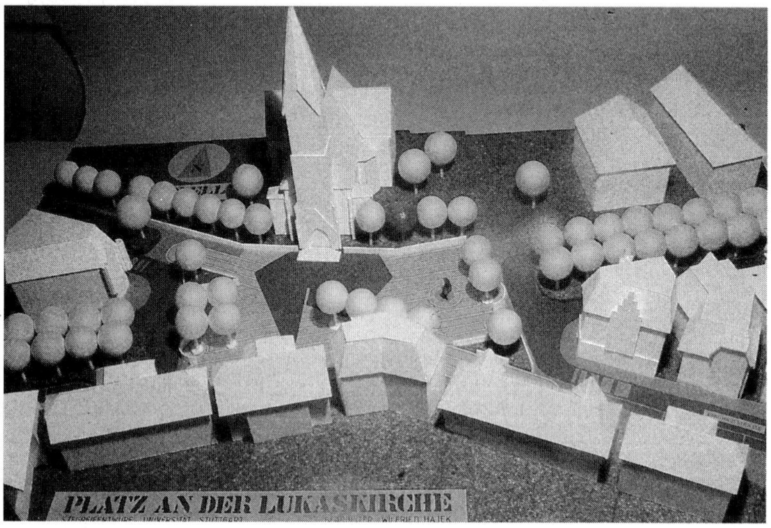

Abb. 9.52 Auch hier wird mit kontrastierenden Materialien gearbeitet, die aber in Beziehung zueinander stehen. Die dunkle Grundplatte hebt die einzelnen Teile der Platzgestaltung (Beläge, Bäume) und die raumbildende Randbebauung – beides heller gehalten – hervor. Dadurch wird die Entwurfskonzeption betont.

Abb. 9.53 Dieses Modell ist in einem einheitlichen hellen Farbton (helle Pappe) gehalten und nur wichtige Teile der Gestaltung werden etwas betont (helles Holz). Dadurch entsteht eine sehr einheitliche Modellwirkung, die einen Raumeindruck vermittelt. Die leichte Materialfärbung wirkt „milder“ als ein hartes Weiß.

Abb. 9.54 Modell M. 1:200 nur mit Baumassen zur Verdeutlichung der Raumwirkung

Abb. 9.55 Massenmodell M. 1:200 mit teilweiser Differenzierung der Baukörper

Außerdem muß nicht immer das gesamte Modell mit der gleichen Detailgenauigkeit angefertigt werden. Es reicht vielfach aus, einige Teile beispielhaft zu präzisieren, um nicht durch zu starke Differenzierung zu sehr von der Massen- und Raumwirkung abzulenken. Dabei ist es möglich, den genauer durchgearbeiteten Teil in Material und Farbe gleich zu halten (Abb. 9.55) oder auch Kontraste zu setzen (Abb. 9.56).

● Modell-Wirkung und Herstellung

Ganz offensichtlich hat ein Arbeitsmodell eine andere Wirkung auf den Entwerfer und Betrachter als ein

Abb. 9.56 Massenmodell M. 1:200 mit farblicher Hervorhebung differenzierter Baukörper

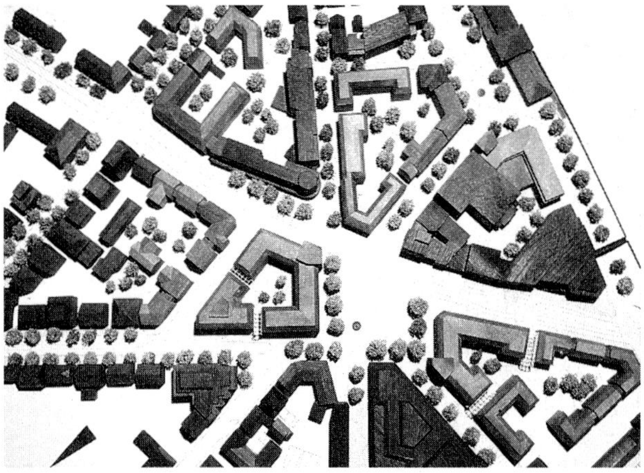

Abb. 9.57 Bestand und Planung in verschiedenen Holzarten; M. 1:500

Abb. 9.58 Schrägaufnahme desselben Modells wie Abb. 9.57

Präsentationsmodell, denn sie verfolgen jeweils unterschiedliche Zwecke. Aber auch die Herstellungsart bestimmt den Charakter der beabsichtigten Aussage. Die schnelle „Modell-Skizze" während des Entwurfsprozesses lebt von der Ergänzung durch die kreative Vorstellungskraft des Entwerfers, der das Arbeitsmodell nur als „Hilfskonstruktion" verwendet. Das ausgefeilte „Verkaufs-Modell" am Ende des Ent-

Abb. 9.59 Modellausschnitt (M. 1:500) zur Verdeutlichung der Raumwirkung

Abb. 9.60 Endoskop-Aufnahme desselben Modellausschnitts (Abb. 9.59)

wurfsprozesses muß für die Konzeption werben, um Zustimmung zu erheischen. Der Aufwand von Material und Zeit ist entsprechend unterschiedlich, weshalb die aufwendigen Präsentationsmodelle meistens an Spezialisten von Modellbauwerkstätten vergeben werden.

Die Modellwirkung kann durch eine zu starke Differenzierung von Bestand und Planung erheblich gemindert werden. Wie bei einer Zeichnung, bei der ein Entwurf „inselartig" hervorgehoben wird, kommt dann nicht mehr die Einbindung in eine Gesamtstruktur zum Ausdruck. Deshalb sollte Bestand und Planung in derselben Färbung bzw. im selben Material ausgeführt werden oder es sollten nur geringe Unterschiede, z. B. in der Holzart (siehe Abb. 9.57, 9.58), eine Differenzierung zum Ausdruck bringen.

Neben der direkten Wirkung eines Modells auf den Betrachter ist auch die indirekte, insbesondere die über Fotos beim Modellbau, zu beachten. Bilder von Modellen können als Senkrechtaufnahme einen Überblick erzeugen, der stärker die Struktur des Entwurfs, fast wie eine Zeichnung, herausstellt (Abb. 9.57). Ausschnitte dagegen betonen einzelne Bereiche und vermitteln eher einen Eindruck von der räumlichen Wirkung (Abb. 9.59). Diese läßt sich noch durch Endoskop-Aufnahmen (Abb. 9.60) steigern, womit die Anfänge von Modellsimulationen aufgezeigt sind, die aber zur Erzeugung von realistisch-expressiven Raumeindrücken detaillierte Modelle und eine komplexe Aufnahmetechnik erfordern (siehe Abb. 9.61 aus: Antero MARKELIN, Bernd FAHLE, *Umweltsimulation*).

Es kann durchaus vorkommen, daß sich ein Arbeitsmodell während des Entwerfens langsam zum „fertigen" Modell entwickelt. Aus diesem Grunde und weil der Entwerfer schließlich bestimmen muß, welche Wirkung sein Modell haben soll, ist es wichtig, sich mit den Grundzügen von Materialien und Gestaltungsmöglichkeiten beim Modellbau auszukennen. Eine sehr ausführliche Darstellung über die Herstellung von Modellen unterschiedlicher Art und Technik bietet das Buch von KNOLL und HECHINGER, *Architektur-Modelle*. Die dort gegebenen Anregungen zu ihrem Bau (z. B. Abb. 9.62) sind auch für städtebauliche Modelle anwendbar.

9.7 Erläuterungstexte, Illustrationen und Broschüren

Durch Zeichnungen und Modelle lassen sich viele Informationen über ein Konzept vermitteln. Aber es bleiben immer noch einige inhaltliche Zusammenhänge und Erklärungen, die einer schriftlichen Erläuterung bedürfen. Dieser **Erläuterungstext** sollte einerseits die Grundzüge des Entwurfs herausarbeiten und andererseits dort einige Aspekte vertiefen, wo andere Medien dafür nicht so geeignet sind. Das

Abb. 9.61 Verschiedene Simulationswirkungen von Modellfotos (M. 1 : 100) mit Weitwinkelobjektiv (oben), Endoskop (links) und Perspektor (rechts)

Abb. 9.62 Bearbeitung eines Gipsmodells

können Hinweise auf andere planerische Festsetzungen, formulierte Zielsetzungen und Stellungnahmen sowie Berechnungen von Flächen und Baumassen sein, aber auch Beschreibungen, die das verdeutlichen, was auf den Zeichnungen und im Modell nicht gleich „ins Auge springt".

Diese Aufgabe beim Entwerfen kommt meistens zu kurz, denn im Vordergrund des kreativen Prozesses steht die funktionale und gestalterische Konzeption. Warum man dabei dieses und jenes tut, anderes aber nicht, spielt zwar bei der gedanklichen Auseinandersetzung mit einem Planungsproblem ständig eine Rolle, aber zu diesem Zeitpunkt, wird es meistens noch nicht als Baustein für eine Erläuterung erkannt. Deshalb sollten die Argumente schon während des Entwerfens, beispielsweise in Form eines „Entwurfstagebuches" (siehe Kapitel 7.7), gesammelt werden, so daß sie zum Schluß bei der Abfassung eines Erläuterungstextes zur Verfügung stehen.

Trotzdem muß auch die Konzeption einer schriftlichen Aussage trainiert werden, denn es ist etwas ganz anderes, ob man entwirft oder ob man darüber schreibt. Dazu gehört auch eine gewisse Distanz zur eigenen Arbeit, die man erst erlangen muß, bevor man die individuelle „Betriebsblindheit" überwinden kann. Schließlich muß man ja nicht sich selbst, sondern andere überzeugen, in die man sich hineinversetzen sollte. Besonders bei der Präsentation von städtebaulichen Entwürfen hat es der Entwerfer in der Regel mit Gruppen von Planentscheidern (in der

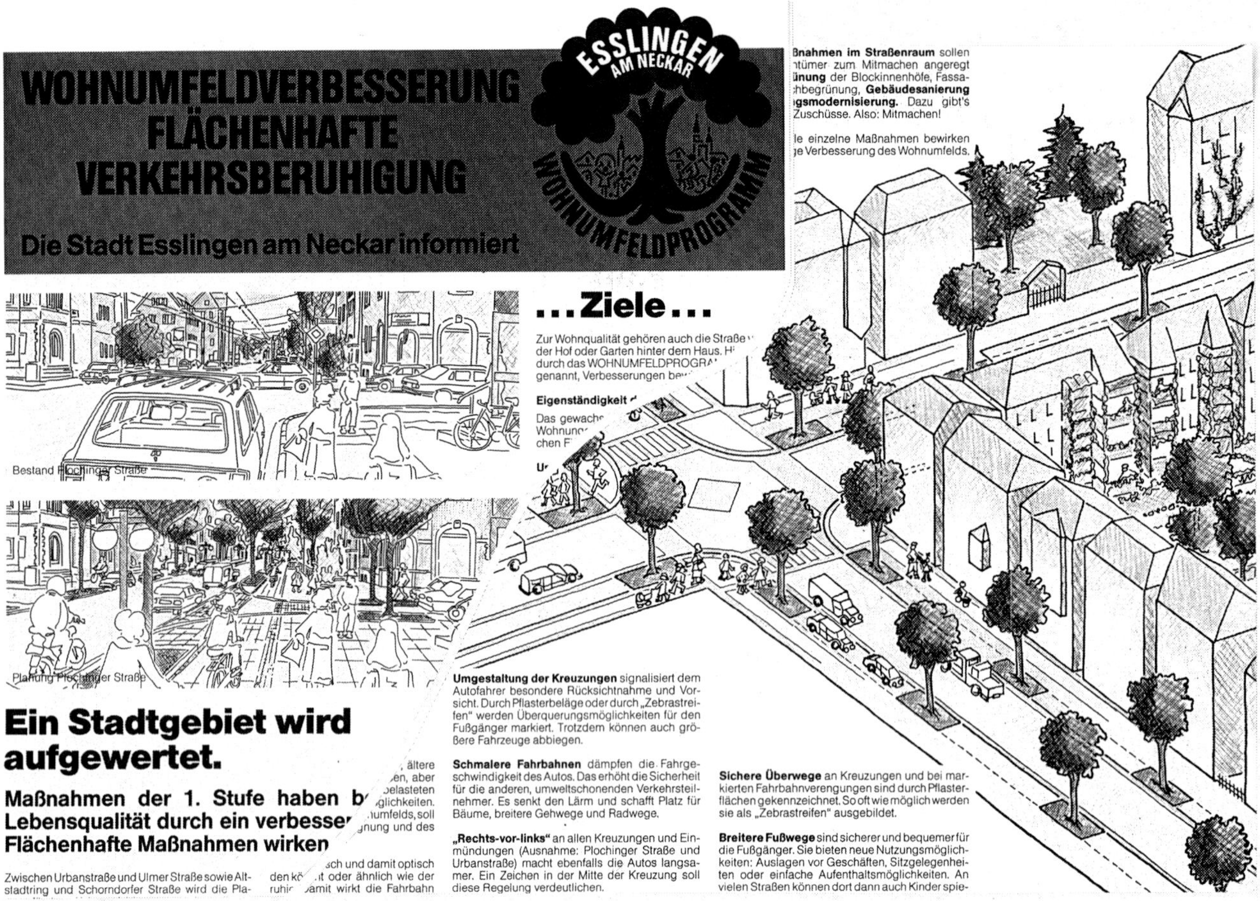

WOHNUMFELDVERBESSERUNG
FLÄCHENHAFTE
VERKEHRSBERUHIGUNG

Die Stadt Esslingen am Neckar informiert

ESSLINGEN AM NECKAR WOHNUMFELDPROGRAMM

...ßnahmen im Straßenraum sollen ...ntümer zum Mitmachen angeregt ...ünung der Blockinnenhöfe, Fassa- ...chbegrünung, Gebäudesanierung ...gsmodernisierung. Dazu gibt's Zuschüsse. Also: Mitmachen!

...le einzelne Maßnahmen bewirken ...ge Verbesserung des Wohnumfelds.

...Ziele...

Zur Wohnqualität gehören auch die Straße ... der Hof oder Garten hinter dem Haus. H... durch das WOHNUMFELDPROGRA... genannt, Verbesserungen be...

Eigenständigkeit ...

Das gewach... Wohnung... chen F...

Bestand Plochinger Straße

Planung Plochinger Straße

Ein Stadtgebiet wird aufgewertet.

Maßnahmen der 1. Stufe haben b... Lebensqualität durch ein verbesser... Flächenhafte Maßnahmen wirken

Zwischen Urbanstraße und Ulmer Straße sowie Altstadtring und Schorndorfer Straße wird die Pla-

..., ältere ...en, aber ...belasteten ...glichkeiten. ...umfelds, soll ...gnung und des

...sch und damit optisch den kö... ...t oder ähnlich wie der ruhi... ...amit wirkt die Fahrbahn

Umgestaltung der Kreuzungen signalisiert dem Autofahrer besondere Rücksichtnahme und Vorsicht. Durch Pflasterbeläge oder durch „Zebrastreifen" werden Überquerungsmöglichkeiten für den Fußgänger markiert. Trotzdem können auch größere Fahrzeuge abbiegen.

Schmalere Fahrbahnen dämpfen die Fahrgeschwindigkeit des Autos. Das erhöht die Sicherheit für die anderen, umweltschonenden Verkehrsteilnehmer. Es senkt den Lärm und schafft Platz für Bäume, breitere Gehwege und Radwege.

„Rechts-vor-links" an allen Kreuzungen und Einmündungen (Ausnahme: Plochinger Straße und Urbanstraße) macht ebenfalls die Autos langsamer. Ein Zeichen in der Mitte der Kreuzung soll diese Regelung verdeutlichen.

Sichere Überwege an Kreuzungen und bei markierten Fahrbahnverengungen sind durch Pflasterflächen gekennzeichnet. So oft wie möglich werden sie als „Zebrastreifen" ausgebildet.

Breitere Fußwege sind sicherer und bequemer für die Fußgänger. Sie bieten neue Nutzungsmöglichkeiten: Auslagen vor Geschäften, Sitzgelegenheiten oder einfache Aufenthaltsmöglichkeiten. An vielen Straßen können dort dann auch Kinder spie-

Abb. 9.63 Informations-Faltblatt (Ausschnitte) über eine flächenhafte Verkehrsberuhigung

HINDENBURGSTRASSE

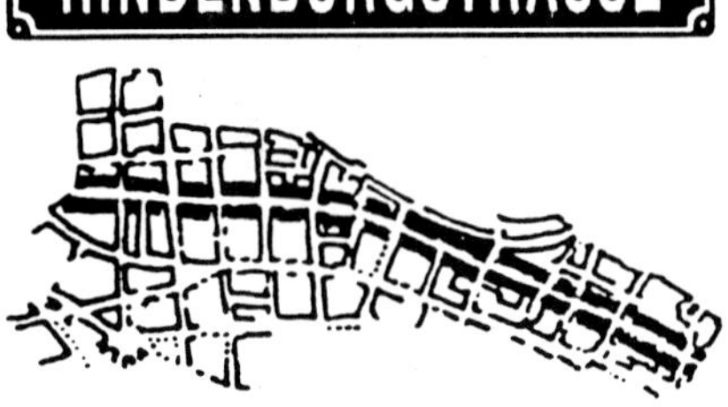

Veränderungen

in der Hindenburgstraße durch die einfachen Maßnahmen der 1. Ausbaustufe:

– Rechts-vor-links-Regelung –
– Umgestaltung der Kreuzungen –
– Baumbeete und Bäume –
– Verengungen zwischen den Kreuzungen –

ESSLINGEN AM NECKAR
WOHNUMFELDPROGRAMM

FLÄCHENHAFTE VERKEHRSBERUHIGUNG WOHNUMFELDVERBESSERUNG

Umbau der Kreuzungen

Die Zeichnung in der Mitte zeigt die einfachen Maßnahmen der ersten Stufe, die untere Abbildung den angestrebten endgültigen Ausbau:

- **Rechts-vor-links-Regelung** dämpft die Fahrgeschwindigkeit. Hinweis: Farbzeichen in der Mitte.
- **Ampeln werden abgeschaltet,** bleiben aber vorerst in der Versuchsphase stehen. (Ausnahme: bei der Silcherstraße wegen des Kindergartens.)
- **Zebrastreifen** bei wichtigen Überwegen dienen zur Sicherheit.
- **Bäume** in Beeten (A) engen die Kreuzung optisch ein.
- **Neue Kurvenradien** schaffen Platz für Fußgänger (punktierte Fläche) und kürzere Überwege.

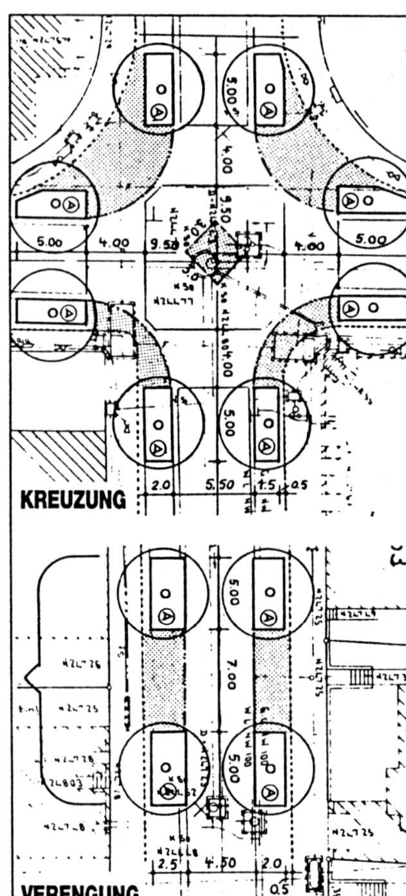

Abb. 9.64 Handzettel (Ausschnitte) zur Information über beabsichtigte Maßnahmen

Verwaltung und im Gemeinderat) zu tun. Zur Vorbereitung oder auch Nachbereitung von Sitzungen sind deshalb schriftliche Zusammenfassungen unerläßlich, die durch Zeichnungen und Abbildungen illustriert sein sollten.

Erläuterungstexte und Entwurfsbeschreibungen lassen sich viel leichter lesen, wenn sie durch **Illustrationen** ergänzt werden. Schemaskizzen, Diagramme, Bilder, Modellfotos und andere grafische Elemente lockern nicht nur den Text auf, sondern bewirken, daß die schriftlichen Ausführungen so knapp wie möglich gehalten werden können. Zusammenhänge, die man nur umständlich im Text erläutern kann, sollten deshalb in Abbildungsform verdeutlicht werden.

Präsentationen von Entwürfen, die nicht allein durch Pläne und Modell verständlich werden, erfolgen zunehmend in Form von **Broschüren**. Erklärung der Ausgangssituation, Erläuterungen der Bedingungen und Ansatzpunkte für den Entwurf, verkleinerte Pläne, Darstellung verschiedener inhaltlicher Aspekte, Modellfotos, Beschreibungen mit Berechnungen und anderes werden dadurch nachvollziehbar zusammengefaßt.

Kurzfassungen dieser Broschüren, als **Faltblätter**, sind besonders bei Bürgerbeteiligungen von großer Bedeutung (Abb. 9.63), da sie schon vor Versammlungen verteilt werden können. Dadurch kann eine Diskussion, die inhaltlich vorbereitet ist, viel sachlicher und erfolgreicher – für beide Seiten, Bürger und Planer –, verlaufen. Kleine Handzettel (Abb. 9.64), in denen geplante Änderungen in Wort und Bild beschrieben und erläutert werden, bereiten Anwohner oder Verkehrsteilnehmer darauf vor, daß Umbaumaßnahmen demnächst in Angriff genommen werden. Selbst wenn eine Planung ausführlich erläutert und diskutiert worden ist, vergeht meistens doch eine längere Zeit bis zur Realisation, so daß die dadurch hervorgerufenen Auswirkungen in der Öffentlichkeit nicht mehr bewußt sind. Mit den Handzetteln läßt sich das wieder in die Erinnerung zurückrufen, und unnötiger Ärger wird vermieden.

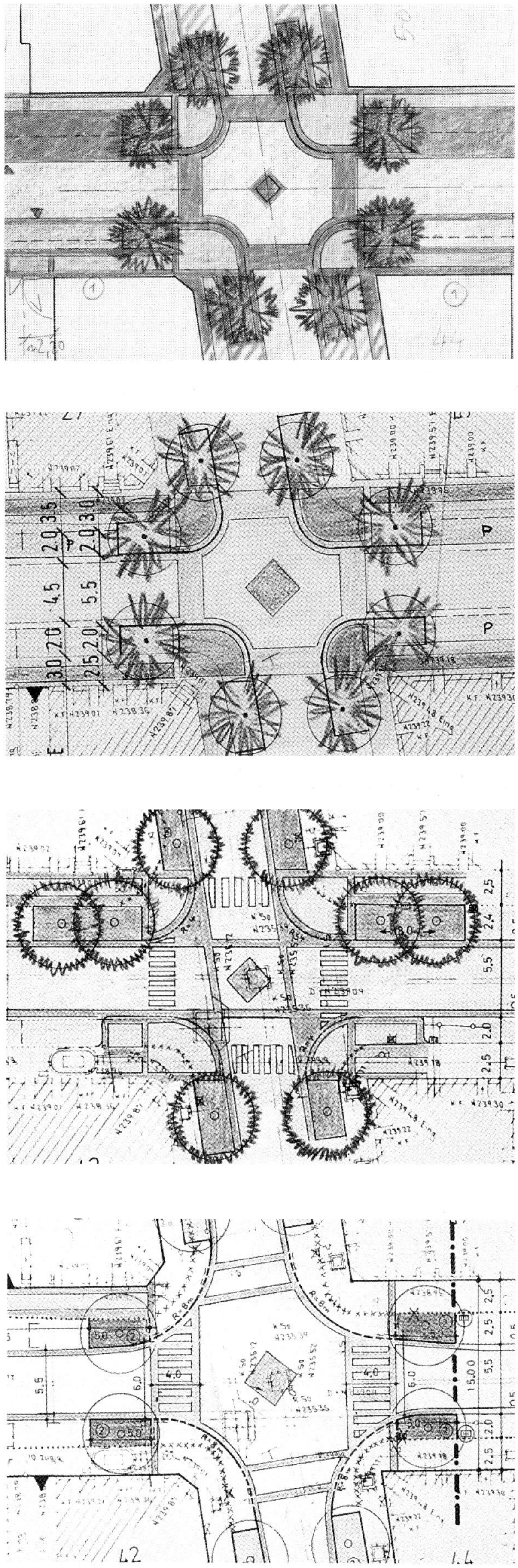

Abb. 9.65 Bearbeitungsphasen einer Ausführungsplanung für die Umgestaltung einer Kreuzung

9.8 Ausführungsplan – Wunsch und Wirklichkeit

Ein ausgearbeiteter Entwurf, schön in Plänen und in einem Modell festgehalten, ist nur eine, wenn auch wichtige Voraussetzung für die spätere Umsetzung in die Realität. Der politische Entscheidungsprozeß in den kommunalen Gremien und in der Bürgerschaft führt meistens zu mehr oder weniger großen Veränderungen. Diese müssen die ursprüngliche Konzeption nicht unbedingt verwässern oder verschlechtern. Die Aufgeschlossenheit des Entwerfers für Anregun-

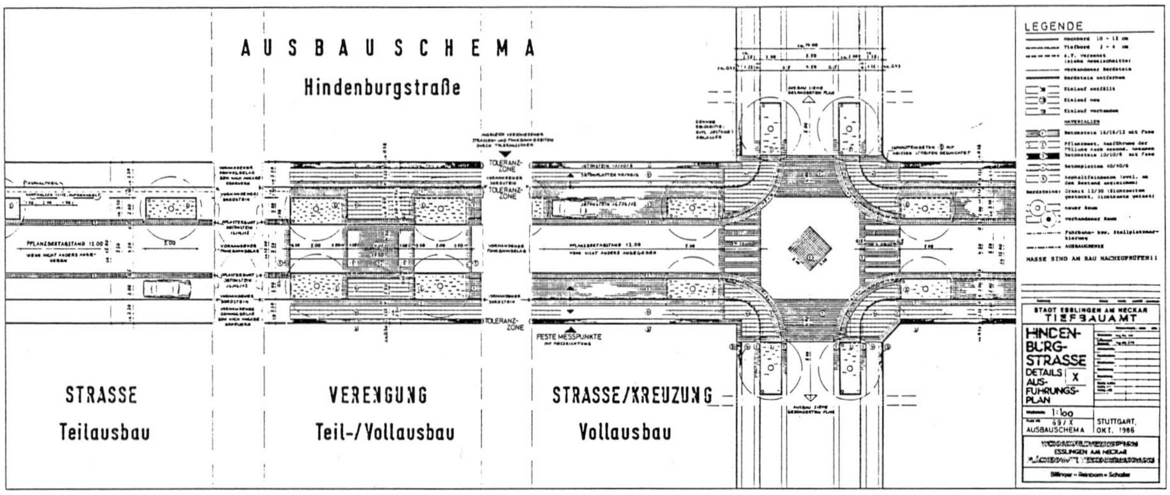

Abb. 9.66 Ausbauschema für die Verkehrsberuhigung einer Straße und deren Kreuzungen

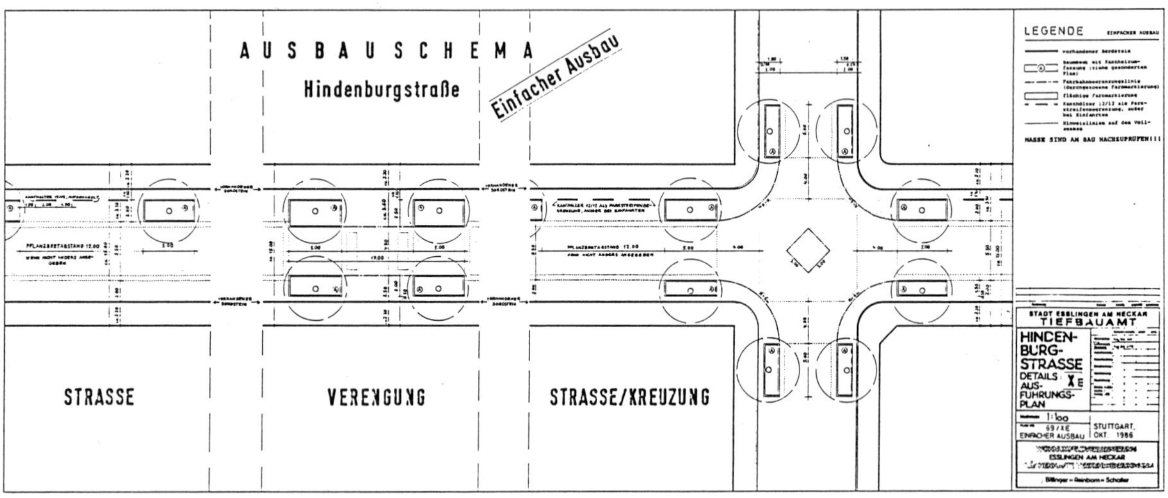

Abb. 9.67 Schema für den „Einfachen Ausbau“ zur Verkehrsberuhigung

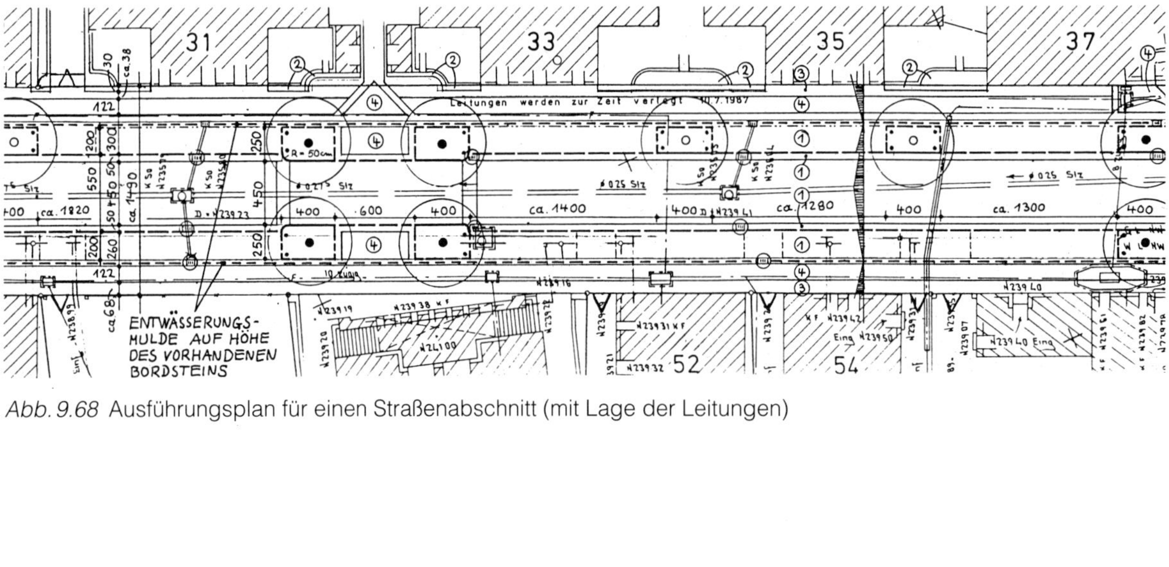

Abb. 9.68 Ausführungsplan für einen Straßenabschnitt (mit Lage der Leitungen)

gen auch in dieser Phase und deren konzeptionsgemäße Berücksichtigung gehört ebenso zu seinen Aufgaben, wie die argumentative Vertretung seiner Auffassung.
Außerdem können finanzielle, technische und situationsbedingte Gegebenheiten Modifikationen eines Entwurfes bedingen, sobald seine Realisation ansteht. Ein städtebaulicher Plan muß architektonisch ausgefüllt werden, wobei die gestalterischen Intentionen des Städtebauers nicht immer mit denen des bauausführenden Architekten übereinstimmen. Aber die Diskrepanz zwischen Wunsch und Wirklichkeit besteht nicht nur aus ästhetischen Unterschieden, denn im Maßstab 1:500 lassen sich eben nicht alle konkreten Bedingungen einer baulichen Verwirklichung vorausdenken. Die architektonische Ausformung setzt einen eigenständigen Entwurfsprozeß voraus, der gerade auch viele nichtgestalterische Bedingungen berücksichtigen muß.
Aber auch städtebauliche Pläne, die unmittelbar in Ausführungspläne umgesetzt werden können, beispielsweise Umgestaltungspläne von Straßenräumen, werden durch die Bedingungen „vor Ort" modifiziert. Bekannt ist die Tatsache, daß immer gerade dort, wo ein Baumstandort vorgesehen ist, zahlreiche Kabel verlegt sind. Wenn diese Information auch meistens aus Bestandsplänen zu gewinnen ist, so wird erst in der Phase der Ausführungsplanung Klarheit darüber geschaffen, ob dieses auch wirklich den Entwurf beeinflußt. Kabel können umgelegt werden, so daß aus einem technischen Problem ein finanzielles wird. Oder der Baum wird trotzdem über das Kabel gepflanzt, und spätere Arbeiten im Untergrund werden technisch so ausgeführt, daß der Baum nicht beschädigt wird, so daß das technische Problem auch technisch gelöst wird.
Die Abbildung 9.65 zeigt in vier Phasen einen solchen Umsetzungsprozeß als Ausschnitt einer Straßenumgestaltung im Rahmen von verkehrsberuhigenden und wohnumfeldverbessernden Maßnahmen. Ein Umgestaltungsschema des Straßenraumes und von Kreuzungen (Abb. 9.66), das jeweils an die konkreten Bedingungen des Anwendungsfalles (siehe z. B. Abb. 9.68) angepaßt werden muß, war dabei die konzeptionelle Leitlinie. Zur Berücksichtigung finanzieller Restriktionen wurde außerdem ein schrittweiser Ausbau aufgezeigt und in Form einer einfachen Ausführungsstufe (Abb. 9.67) planerisch festgehalten. Die Realisierung dieses ersten Schrittes wurde außerdem dazu genutzt, den endgültigen Plan im Maßstab 1:1

Abb. 9.69 Vorher – Straßenkreuzung ohne verkehrsberuhigende Maßnahmen

Abb. 9.70 Nachher – Einfache Maßnahmen mit Übertragung der Planung im M. 1:1

auf die Straße zu zeichnen, so daß die weiteren baulichen Veränderungen quasi als Simulation eines neuen Zustands getestet werden konnten (Abb. 9.69 u. 9.70).
Diese kurzen Ausführungen sollten nur einige Hinweise darauf geben, daß sich jeder Abschluß eines Entwurfsprozesses nur auf einen Abschnitt des Gesamtprozesses von der Formulierung eines Planungsproblems bis zur Realisation bezieht. Die Freude über einen guten Entwurf und dessen schöne Präsentation kann durch eine Verwirklichung, die sich weit von der Konzeption entfernt, sehr getrübt werden. Damit die Schere zwischen Wunsch und Wirklichkeit nicht zu groß wird, muß sich der Entwerfer auch intensiv an dem Umsetzungsprozeß beteiligen. Das darf aber nicht nur notwendige Pflicht sein, sondern muß zu einem engagierten Anliegen werden.

10. Veränderungsprozesse: Beständigkeit – Realität – Veränderungen

Das städtebauliche Entwerfen darf sich nicht nur auf einen kleinen Ausschnitt der jeweiligen Planungsaufgabe beschränken, sondern muß auch die Auswirkungen von Wandlungsprozessen im Städtebau einbeziehen. Teilweise gelten noch immer beständige Ordnungsprinzipien, die auch schon vor Jahrzehnten Bestand hatten. Andererseits haben sich die städtebaulichen Rahmenbedingungen so stark gewandelt, daß städtische Strukturvorstellungen nicht mehr angewendet werden können. Die mittelalterlichen Stadtkerne können zwar als Bestandsgebiete restauriert und erhalten werden, als Siedlungsmuster für neue Stadtkerne sind sie aber (noch?) nicht geeignet, es sei denn als Kulissen für Unterhaltungseinrichtungen in Vergnügungsparks (siehe Piazza im Europapark, Abb. 4.22). Die emotionalen Wünsche der Menschen stehen offensichtlich in einem starken Kontrast zur technisierten Wohn- und Arbeitsumwelt.

Die Ideen für Stadtlandschaften haben sich seit dem ersten großen Stadtwachstum nach der industriellen Revolution gegen Mitte des 19. Jahrhunderts und der eigentlichen „Stadtexplosion“ nach 1945 immer schon mit den Verhältnissen Stadt und Umland sowie Stadt und Landschaft auseinandergesetzt. Dabei spielte die Stadtkritik, die Klage über hygienische und soziale Mängel, eine offene oder unbewußte Rolle bei der Entwicklung von „Stadtmodellen“. So muß die Gartenstadt (*Garden City*) des Ebenezer Howard (siehe Julius Posener), der selbst gar nicht Architekt war (er bezeichnete sich als „Plänemacher“ und war ursprünglich Parlamentsstenograph), eher als Antwort auf die sozialen Fragen der damaligen Städte gesehen werden. Der später von Nachfolgern in den Vordergrund gestellte Drang „Zurück zur Natur“ mit den Bestrebungen zur Vereinigung von Stadt und Landschaft ist auch heute noch nicht abgeschlossen. Einerseits will man das „Häuschen im Grünen“, mag aber auf die Vorzüge der verdichteten Stadtzentren mit ihren Arbeitsplätzen und Einkaufsstätten nicht verzichten. Daher gilt noch immer der gespaltene Wunsch, den Tucholsky treffend so formulierte:

Ja, das möchste!
Eine Villa im Grünen mit großer Terrasse,
vorn die Ostsee, hinten die Friedrichstraße;
mit schöner Aussicht, ländlich-mondän,
vom Badezimmer ist die Zugspitze zu sehn –
aber abends zum Kino hast Du's nicht weit.
(Kurt Tucholsky)

Mit der Aufgabe der Trennung von Stadt, als steingewordenes Stück erorberte Natur, und Landschaft, als der zur Nahrungserzeugung genutzten oder noch nicht eroberten „Restnatur“, haben sich auch die Siedlungsstrukturen aufgelöst. Von der geschlossenen Blockbebauung über die Hauszeilen führt ein direkter Weg zur „Stadt im Park“, der „gegliederten und aufgelockerten Stadt“ (Göderitz, Rainer). Die Wohnsiedlungen sind eigentlich nur noch Häuser und Straßen im „domestizierten“ Wald, am treffendsten mit dem Namen „Waldstadt“ (Abb. 10.1) für eine Siedlung in Karlsruhe verdeutlicht. Die ursprünglich bedrohliche Natur wurde gebändigt und bekam die Rolle eines Haustieres zugewiesen. Aber vor lauter Wald ist die Stadt nicht mehr zu sehen (Abb. 10.2).

Der städtische Raum als Ort des öffentlichen Geschehens im Kontrast zur Privatheit der baulich umschlossenen Wohn- und Arbeitshöfe löste sich auf und wurde zu einem undefinierten „Allraum“, der die Gebäude umspülte. Die totale Trennung von Fußwegnetz und Fahrerschließung ließ die „Straßen“ zu reinen Erschließungsschneisen mit angehängten Parkierungsanlagen verkommen. Die Fußwege im

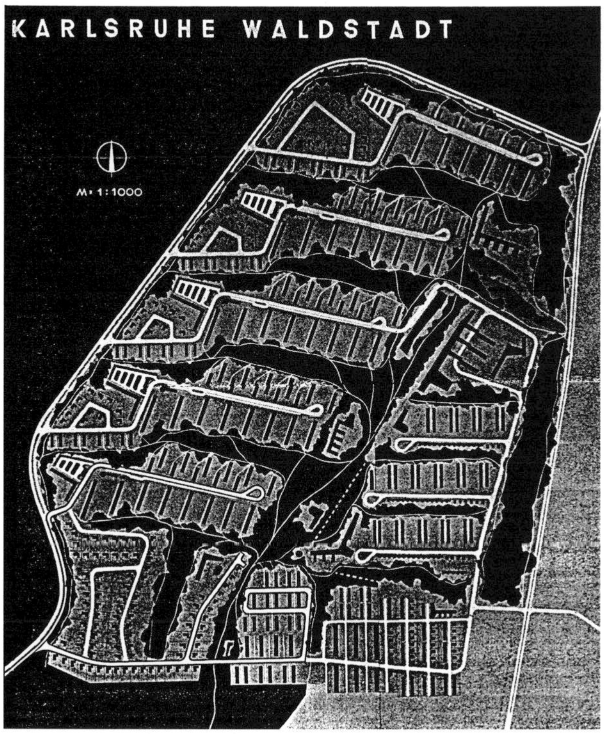

Abb. 10.1 Karlsruhe-Waldstadt, Lageplan des Wettbewerbsentwurfs von Prof. Selg, 1956

Abb. 10.2 Blick auf die Waldstadt 1987

Grünen wurden zu unbelebten und – besonders bei Dunkelheit – gemiedenen Bereichen. Städtische Vielfalt konnte so erst gar nicht aufkommen, von „Urbanität" ganz zu schweigen. Dies ist in erster Linie die Folge einer konsequenten Separierung der Teile der Stadt nach einzelnen Nutzungen, allgemein als Funktionstrennung bezeichnet. Die Verbindung zwischen den einzelnen Nutzungsbereichen der Stadt wird überwiegend durch den Autoverkehr auf breiten Asphaltschneisen wahrgenommen, der dadurch die Trennwirkung der Stadtgebiete auch äußerlich verdeutlicht. *Ist es unvermeidbar, daß sich unsere Städte durch Entmischung der Funktionen so antistädtisch entwickeln? Antistädtisch soll heißen, daß sich in ihnen nicht Gesellschaft bildet, was die vornehmste Funktion der herkömmlichen Stadt war, sondern Gesellschaft zersetzt.* (MITSCHERLICH (2), S. 100)

Da ist es nicht verwunderlich, wenn die „Unwirtlichkeit der Städte" (MITSCHERLICH (1)) besonders in den neueren Stadtteilen empfunden wird, während ältere Gebiete mit einer stärkeren Funktionsmischung höher in der Gunst der Bewohner stehen. Die Probleme unserer Zeit, gerade auch der stark angewachsene

Abb. 10.3 Altstadt – Anpassungsfähigkeit an veränderte Bedürfnisse

Autoverkehr, werden dort durch Stadterneuerung und Verkehrsberuhigung gemildert. Das verbesserte Wohnumfeld und die sanierten Gebäude zeigen so ihre Anpassungsfähigkeit an veränderte Bedürfnisse und bewahren ihre Attraktivität für die Bewohner und Besucher (Abb. 10.3). Es ist zu fragen, ob dieses mit den neuen Siedlungen in gleicher Weise gelingen wird, oder ob grundsätzliche städtebauliche Fehler unflexible Strukturen bewirkt haben.
Diese Strukturen sind nicht zuletzt auch Realität gewordene soziale und bauliche Utopien, die ihren Ursprung Jahrzehnte vorher haben. Andererseits sind sie die Folge von Entwicklungsfaktoren, die erst die Bedingungen für den Städtebau geschaffen haben, aber durch ihn nicht beeinflußt werden konnten. Der städtebauliche Entwerfer trat erst dann in Aktion, nachdem die wirtschaftlichen und politischen Rahmen gesetzt waren, oder sein Entwurf wurde diesem Rahmen angepaßt, manchmal bis zur Unkenntlichkeit.
Die inhaltliche Verflechtung von Vergangenheit und Gegenwart ist deshalb beim städtebaulichen Entwerfen immer bedenkenswert und hilfreich. Siedlungsmuster der 50er oder 20er Jahre, nur nach formalistischen Gesichtspunkten verwendet, können keinen zeitgemäßen Beitrag zur Lösung einer Entwurfsaufgabe leisten, wenn nicht auch die ideologischen, sozialen und politischen Hintergründe dafür mitbedacht werden. Dieser Gefahr vorzubeugen, dient dieses Kapitel, das natürlich diese Zusammenhänge nur anreißen und keineswegs erschöpfend behandeln kann. Es soll dazu anregen, sich damit weitergehend zu beschäftigen.

10.1 Beständigkeit – Ausgangssituation beim Entwerfen

Die Stadt der Gegenwart ist auch immer die Stadt der Zukunft, der näheren und meistens auch der weiteren Zukunft. Das System Stadt ist nämlich „träge" und von Beharrlichkeit und Beständigkeit gekennzeichnet. In diesem System hat der Städtebau eine Vielzahl von Aufgaben zu erfüllen, die meistens lange Bestand haben und die Voraussetzungen für weitere Entwicklungen liefern. Dadurch ist das Veränderungspotential beim Städtebau wesentlich geringer als bei den architektonischen Bausteinen des Städtebaus, den Gebäuden, technischen Anlagen und Freiflächengestaltungen.
Eine besondere Konstanz im Städtebau liefern die funktionalen Rahmenbedingungen der Infrastruktur, die z. B. nach dem Zweiten Weltkrieg auch bei weitgehend zerstörten Städten dazu geführt haben, daß sie auf dem alten Grundriß wieder aufgebaut wurden. Verkehrswege, Kanäle und Leitungen bilden dabei eine wertvolle und dauerhafte Struktur, die sich teilweise über Jahrhunderte erhalten hat. Die Besitzverhältnisse von Grund und Boden sind ein weiterer beharrender Faktor bei der Entwicklung der Städte. Außerdem müssen auch immer die natürlichen Standortbedingungen mit einbezogen werden, die mit der Topografie, den Böden, dem Wasser, der Vegetation usw. einer Stadt gestalterische und funktionale Merkmale aufgeprägt haben und in gleicher Weise weiterhin aufprägen.
Alte bauliche Strukturen werden weiter genutzt oder umgenutzt. Insofern gilt der Grundsatz des „Neuen Bauens" dieses Jahrhunderts *Form folgt Funktion* für den Städtebau im Bestand eher umgekehrt: *Funktion folgt Form.* Die baulichen „Hüllen" sind in den älteren Stadtgebieten vorhanden, werden renoviert und modernisiert. Die anschließende Nutzung bereitet dann, besonders in Städten mit großen Altstädten und umfangreicher Altbausubstanz, nicht selten große Schwierigkeiten. Nicht jedes zweite Fachwerkhaus kann ein Museum oder eine Begegnungsstätte werden. So kommt es dann dazu, daß sich kommerzielle und administrative Funktionen, die eigentlich große Baueinheiten beanspruchen, durch die einzelnen Gebäude eines Stadtquartiers „fressen". Der romantische Eindruck einer kleinteiligen, historischen Altstadt kontrastiert mit der großflächigen Nutzung, z. B. eines Kaufhauses, das sich über mehrere Gebäude erstreckt.
Aber auch in den neueren Stadtgebieten haben sich verschiedene Bebauungsmuster über die Zeitabschnitte hinweg als beständig erwiesen. Der Baublock, die Straßenrandbebauung oder die Zeilenbebauung sind so flexibel, daß sie sich den vielfachen Nutzungs- und Benutzeranforderungen angepaßt haben. Selbst die neuen Strukturen der Stadterweiterungen, „aufgelockert und durchgrünt", zu den geschlossenen Baugebieten der Stadt in einem starken Kontrast stehend, verändern sich kaum. Das Festhalten der Bewohner an dem Bestehenden setzt sich selbst dann durch, wenn dieselben Bewohner ihre Unzufriedenheit mit diesen „Schlafstädten" zum Ausdruck bringen.
Für den städtebaulichen Entwerfer bedeutet diese Erkenntnis, das Vergangene und Hergebrachte in seine konzeptionellen Überlegungen mit einzubeziehen. Das Modische versperrt häufig nur den Blick für die richtigen Grundannahmen und Ideen vergangener Zeitspannen. Das „Lernen aus der Geschichte" darf aber nicht zu einer inhaltslosen Nachahmung formaler Konzepte ausarten. Das Weiterentwickeln von städtebaulichen Prinzipien und ihre zeitgemäße Ausformung bewirkt die Veränderungen, die über einen größeren Zeitraum Bestand haben.

Die Geschichte ist ein wichtiges Entwurfsmaterial, man soll sich aber nicht der Geschichte unterwerfen. Man muß mit der Geschichte einen Dialog herstellen. Manchmal gibt es auch Streit, Streit heißt, daß man die Lust und den Willen hat, Teile der Geschichte wegzuradieren, weil man sie so verdaut und verstanden hat, daß es möglich ist, mit einem neuen Entwurf, einem neuen Projekt sie zu resümieren. Dieses Resümieren geschieht mit der neuen Sprache der heutigen Kultur, die neue Geschichte macht. (SNOZZI, S. 56)

10.2 Veränderung – Wandel durch Annäherung

Die Veränderung der Stadt und des Städtebaus ist am deutlichsten am Rande der Städte und bei den (ehemaligen) Dörfern in der Nähe der Städte zu beobachten. Die Lebensweisen der Menschen prägen das Dorf- und Stadtbild entscheidend. Durch eine räumliche Arbeitsteilung, Arbeiten in der Stadt und Wohnen auf dem „Dorf", haben sich auch die Vorstellungen von den Wohnformen und vom Wohnumfeld angeglichen. Dieser Wandel im „Zeitlupentempo" wird als „schleichende" Veränderung erst in größeren Zeitsprüngen erkennbar, denn jedes neue Stadium der städtebaulichen Entwicklung ist dem kurz zuvor vorausgegangenen noch sehr ähnlich.
Einzelne neue Gebäude sind zunächst nur etwas höher, bevor das Anwachsen der Gebäudehöhen und der Bebauungsdichten richtig erkennbar ist. Der „Flächenfraß" der Cities vollzieht sich in den ersten Phasen noch in der bestehenden Baustruktur, bevor neue Bürobauten in größeren Dimensionen auch die Strukturen verändern. So hatte New York noch vor einigen Jahrzehnten eine durchgängig niedrige, vier- bis sechsgeschossige Blockbebauung. Das Tempo der Veränderung, insbesondere bei der Siedlungsflächenausdehnung, hat sich allerdings in der jüngsten Vergangenheit beschleunigt. In den vergangenen 30 bis 35 Jahren sind genauso viele Landschaftsflächen neu besiedelt worden wie in der ganzen Menschheitsgeschichte zuvor. Besonders augenfällig wird dieser sprunghafte Prozeß, wenn man die Landschaftsveränderungen aus der Luft betrachtet (siehe Abb. 10.4/10.5).
Wie die Städte und Landschaften verändern sich auch städtebauliche Vorstellungen nur relativ langsam. Erst in der „Zeitraffer-Betrachtung" werden die großen Wandlungen erkennbar, die gerade auch für den städtebaulichen Entwerfer als Entwurfsgrundlage bedeutsam sind. Deshalb soll hier ein kurzer, aber keineswegs vollständiger Abriß gegeben werden, der zur weiteren Beschäftigung anregen soll.
Die historische Betrachtung des Verhältnisses von Stadt und Umland bewegt sich zwischen der „isolierten Stadt" des Mittelalters in einem bedrohlichen Naturumfeld und einem „Stadt-Land-Kontinuum" (SCHMIDT-RELENBERG, S. 86) der Gegenwart, das durch fließende Übergänge der verschiedenen Siedlungsräume gekennzeichnet ist. Schon bald nach der „industriellen Revolution" in der Mitte des 19. Jahrhunderts haben die flächig anwachsenden Städte zu strukturierenden Planungsüberlegungen geführt, die überwiegend durch eine Stadtfeindlichkeit motiviert wurden. Die Arbeitsteilung und Spezialisierung der industriellen Produktion hatte, unterstützt durch die neuen großflächigen Transportkapazitäten der Bahn, zu einer Zentralisierung in den großen Städten geführt. Die damit verbundene ungeordnete Vermischung von Wohnen und Arbeiten ließ die Städte zu unmenschlichen Verflechtungsräumen werden, die geradezu nach grundsätzlichen Verbesserungen der Lebensbedingungen verlangten.
Die sehr mangelhafte Wohnraumversorgung der Arbeiter führte zur Gründung von neuen Wohnsiedlungen durch einige sozial eingestellte Unternehmer in England und Deutschland. Besseres Wohnen, Ausstattung mit erforderlicher sozialer Infrastruktur und Zuordnung von Gebäuden und Vegetation wurden so quasi zur Keimzelle für weitergehende Ideen zu einer Neuordnung der „Stadtlandschaften". Ebenezer HOWARD ist für diese „soziale Bewegung" im Städtebau als der eigentliche Protagonist in die Stadtbaugeschichte eingegangen, obwohl auch andere Bestrebungen in dieser Hinsicht zeitgleich festzustellen sind, zum Beispiel in Deutschland. Geblieben ist auch heute noch der Begriff von der „Gartenstadt" in einer eingeschränkten Bedeutung als Verbindung von Stadt und Natur. Aber auch die gemeinschaftliche Bodennutzung und das gemeinsame Zusammenwirken bei der Schaffung von preisgünstigem Wohnraum lebt teilweise in den Baugenossenschaften und letztlich als Finanzierungsmodell in den Bausparkassen fort.
Der Zusammenhang der sozialen Komponente mit der Gartenstadtidee ist ebenso wie der strukturierende Ansatz der Stadtlandschaft nicht mehr sehr deutlich. Trotzdem lassen sich die Anfänge der Regionalplanung nur aus dieser Grundidee erklären, die viele Nachfolger hatte. Die großräumige Planung und die Gründung von „Regionalverbänden" mit der Absicht einer geordneten Stadtentwicklung wurde entscheidend durch eine sinnvolle Zuordnung von Siedlungsflächen und Naturräumen geprägt. Dieses Spannungsfeld von großräumiger und flächenstrukturierender Stadt- bzw. Regionalplanung auf der einen Seite und kleinräumigen und architekturgeprägtem

Abb. 10.4/10.5 Stuttgart, Neckarhafen 1956/90 von SO – Landschaftsveränderung in nur 34 Jahren (aus: BRUGGER u. a., S. 128/129)

Städtebau auf der anderen Seite ist das interessante Aufgabenfeld des Architekten und Städtebauers in Zusammenarbeit mit vielen anderen Fachdisziplinen. Die Anforderungen bewegen sich dabei zwischen Künstler und Manager, was letztlich die von Ebenezer Howard für sich selbst gewählte Berufsbezeichnung treffend charakterisiert: „Plänemacher".

10.3 Ausformung – vom Städtebau zur Architektur

Sobald ein städtebaulicher Entwurf verabschiedet, das heißt als Planung in Form von Plänen akzeptiert ist, muß er in weitere Planungsstufen umgesetzt werden, um schließlich Realität zu werden. Das Instrument der Umsetzung städtebaulicher Grundvorstellungen ist – wie erwähnt – der Bebauungsplan, der eine Rechtsgrundlage für die nachfolgenden Bauentwürfe liefert. Die Schwierigkeit bei der Formulierung des Bebauungsplans liegt darin, im Interesse einer qualitätsvollen Stadtgestaltung soviel wie möglich vorzuschreiben ohne dabei die gewünschte Freiheit in der architektonischen Ausgestaltung unnötig zu beschränken. Man muß sich dabei aber im Klaren sein, daß der Bebauungsplan architektonische Qualität zwar nicht garantieren kann, daß er aber zumindest das Schlimmste verhindern soll.
Nicht jeder Architekt, der sich der Lösung einer Einzelaufgabe annimmt, ist in der Lage, städtebaulich zu denken. Eine Vielzahl von Architekten versteht ihr Geschäft entweder als Verwirklichung des eigenen „Stils" oder als reine Dienstleistung im Sinne des Bauherren. Aus diesem Grund müssen die städtebaulichen Vorgaben so präzise sein, daß trotz aller persönlichen und privaten Interessen die generelle Grundidee gewahrt bleibt. Das ist aber leichter gesagt als getan, denn der Spielraum für entsprechende Festlegungen hält sich rechtlich und politisch in Grenzen. Hinzu kommt, daß die Praxis aufgrund politischer Einflußnahmen häufig von der Ausnahmegenehmigung lebt.
„Einheit in Vielfalt", dieses chinesische Prinzip könnte als Grundsatz des Städtebaus betrachtet werden. Seine Verwirklichung läßt sich am ehesten dadurch erreichen, daß Zwänge, die sich aus technischen Großlösungen (wie z. B. einer zentralen Tiefgarage) ergeben, vermieden werden. Die Aufteilung von Arealen in kleinere Parzellen vergrößert die Chancen für vielfältige Gestaltungsansätze, die immer schon die Städte geprägt haben. Die gleiche „Architektur-Handschrift" für ganze Stadtquartiere ist zwar für den Ruhm eines Architekten gut, aber für das Erscheinungsbild der Stadt und das Leben darin abträglich. Auf der anderen Seite kann ein gestalterisches Chaos aber nur vermieden werden, wenn es ein städtebauliches Konzept zur Integration der verschiedenen baulichen Ansätze gibt. Die größte Gefahr für den Städtebau besteht darin, ihn nur als Kollage verschiedenster Architekturverschnitte zu verstehen. Wer behauptet, Architekten seien a priori auch die besten Städtebauer, scheint selten mit offenen Augen durch unsere gebaute Umwelt zu gehen.

Architektur hat immer etwas mit „Stadt" zu tun. Das Zentrum aller Forschung ist die Stadt. ... „Baust Du einen Weg, ein Haus, ein Quartier, dann denke an die Stadt." Alles Bauen ist für mich eine öffentliche Angelegenheit, etwas, das mit Menschen und ihren Bedürfnissen zu tun hat. Bauen heißt, Bedingungen zu schaffen, innerhalb derer Menschen aufwachsen, sich entwickeln, sich engagieren. (Snozzi, S. 54)

10.4 Durchsetzung – vom Entwurf zur Realität

Die Umsetzung einer städtebaulichen Idee in gebaute Realität bedarf vieler Arbeitsschritte und Planungsebenen. Die eigentliche Schwierigkeit besteht in der

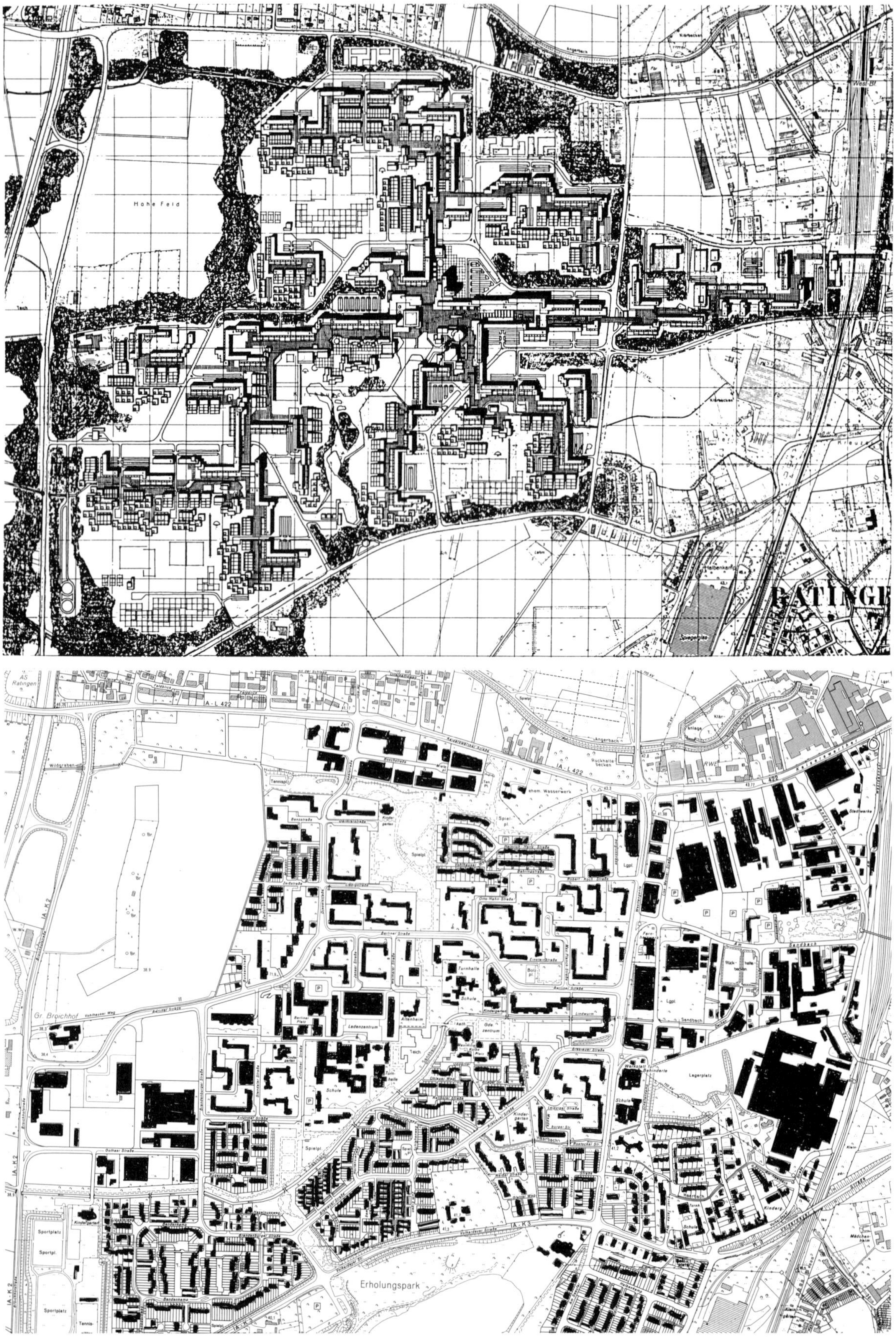

Abb. 10.6/10.7 Ratingen-West – Der verlustreiche Weg vom Entwurf (1967) zur Realität

Vorwegnahme vieler Entscheidungen auf einer meistens sehr abstrakten Planungsebene, die für die nachfolgenden Planungsschritte bindend wirkt. Mit zunehmender Konkretisierung der Planungen werden die technischen und gestalterischen Spielräume enger. Die Macht des Faktischen wächst und droht nicht selten, die ursprüngliche städtebauliche Konzeption im Getriebe des Alltags zu zerreiben.
Neben der Unsicherheit oder Ungenauigkeit bei der Umsetzung städtebaulicher Vorstellungen in rechtliche Festsetzungen wie Baulinien, Baugrenzen, Bebauungsdichten u. ä., verhindern oder erschweren vermeintlich technische und ökonomische Erfordernisse die Umsetzung von Konzepten. Viele Entwurfsvorstellungen werden deshalb im Verlauf der Durchplanung bis zur Unkenntlichkeit abgeschliffen wie Kiesel im Strom. Das läßt sich an vielen Beispielen der städtebaulichen Praxis demonstrieren. Der Wettbewerbsentwurf für Ratingen-West von 1967 (Werkgemeinschaft Karlsruhe; Hirsch, Hoinkis, Schütz, Stahl) und seine davon gänzlich abweichende bauliche Umsetzung ist in dieser Hinsicht besonders augenfällig (Abb. 10.6/10.7).
Im Umsetzungsprozeß vom Entwurf zur Realität ist aber trotzdem ein streng lineares Vorgehen meistens nicht richtig. Ein Denken in korrigierenden und variierenden Schleifen ermöglicht es, vermeintliche Sachzwänge zu überprüfen und willkürliche oder leicht änderbare Vorgaben herauszufinden. So erweisen sich in der Praxis nicht selten technische oder organisatorische Zwänge als lediglich Zuständigkeitsbehauptungen oder Kompetenzwahrungen im Verwaltungshandeln. In solchen Situationen sind zwar Kompromisse die übliche Konfliktvermeidungsstrategie, sie tragen aber nicht immer zur Problemlösung bei, sondern verwässern meistens nur das ursprüngliche Konzept. Deshalb muß der Entwerfer auch beim Umsetzungsprozeß argumentative Stärke beweisen, was ebenso Einsicht bei offensichtlich notwendigen Veränderungen einschließt.

10.5 Gegenwart – Zeitgeist und Modeerscheinungen

Während der Städtebau – zumindest in unseren Breiten – eine gewisse Beständigkeit über die Zeit aufweist, unterliegt die Architektur teilweise starken Veränderungen durch den jeweiligen Zeitgeist. Gebäude sind nach der Kleidung (und vielleicht neben dem Auto) die dritte Haut des Menschen, mit der er sich in der Welt einzurichten versucht. Aber auch im Städtebau lassen sich Zeitströmungen und Modeerscheinungen deutlich ablesen, die jeweils Ausdruck der gesellschaftlichen Verhältnisse sind. Beispiele hierfür finden sich zu allen Zeiten: In den geometrischen Stadtstrukturen monarchistischer Herrscher, in den Rastergrundrissen des aufstrebenden Bürgertums, in den Kasernierungen der Massen nach dem Zweiten Weltkrieg, in der Opferung des öffentlichen Raumes für das Auto oder in seiner späteren Wiederentdekkung für die Kommunikation.

Die Situation der Stadt am Ende der 80er Jahre ist gekennzeichnet durch eine permanent fortschreitende Zerstörung nicht nur der historischen, sondern auch lokaler und kultureller Werte. Es sind aber gerade diese Werte, die das Gleichgewicht zwischen dem Menschen und seiner Umwelt bestimmen. Immer mehr entfernt sich der Architekt von den wirklichen Problemen des Sozialen und Kollektiven, um sich ins Private und Fragmentarische zu flüchten. Auf ein falsches Konzept der fachlichen Disziplinen gründend, gefällt er sich in seinen eigenen künstlerischen Fähigkeiten.
So sind wir Zeugen wuchernder Form- und Detailproduktion, die deutliche, jedoch inhaltsleere Reprisen vorhandener Stile und Formen sind. Indem die Architektur so ihre eigenen theoretischen Voraussetzungen verrät, wird sie allmählich zu einem reinen Konsumgegenstand. Auf der Ebene der Landschaftsplanung ist dieses Auseinanderdriften von Theorie und Praxis noch offensichtlicher und ihre praktischen Auswirkungen noch verheerender. (Snozzi, S. 58)

So erleben heute die betagten Stadtstrukturen eine Überarbeitung ihres Outfits. Es erfolgen sowohl funktionale (Füllen von Baulücken, Nachverdichtungen) als auch gestalterische Nachrüstungen (Stadtmöblierungen, Straßenkunst). Die Ansprüche an die Stadt sind gestiegen: Sie ist nicht mehr allein Ort des Konsums, der Arbeit und des Schlafens, sondern zunehmend auch Ort der Freizeitgestaltung. Hierbei verschafft sich auch der jeweilige Zeitgeist sein Gestaltungsrecht. Besonders die alten Städte, die Altstädte sind davon betroffen.

Die alte Stadt verträgt viel Zeitgeist, schon weil sie viel früheren Zeitgeist integriert hat. Auch gelegentlich Schlecht-Integrierbares gehört dazu, als Denkanstoß, mit dem Werk vieler Generationen verantwortungsvoll umzugehen. Was die alte Stadt nicht verträgt, sind überzogene Maßstäbe, Störungen des Gleichgewichts zwischen bebauter und unüberbauter Fläche. ...
Und wie sollen die neu zu bebauenden Areale architektonisch gestaltet werden? Gute Lösungen sind dabei nur erreichbar, wenn von der Hauptnutzung und deren Anforderungen ausgegangen wird, der bauliche Maßstab also von innen kommt, sich nach den internen Notwendigkeiten gliedert, statt sich außen vorgeblendeter Kulissen zu bedienen. (Reinborn, Kautt, S. 61/64)

10.6 Perspektive – Trends und machbare Utopien

Nach der Devise „Die Zukunft ist immer ungewisser als die Vergangenheit“ lassen sich die Trends der Stadtentwicklung und Stadtgestaltung nur sehr schwer bestimmen. Es gibt aber immer Anzeichen, wohin der Weg gehen wird, nur werden sie im Tagesgeschäft oft nicht erkannt oder falsch gedeutet. So zeigen sich neben den Tendenzen zur Umgestaltung der Städte auch Ansätze zur strukturellen Veränderung. Diese Ansätze sind noch zaghaft und treffen teilweise auf heftigen Widerstand. Zunehmend werden auch die Grenzen des Wachstums im Städtebau erkennbar. Hier sind es insbesondere die negativen Auswirkungen des Flächenverbrauchs und des Verkehrs, vor allem des Individualverkehrs, die Grenzen der Belastbarkeit des Stadtraumes deutlich werden lassen.

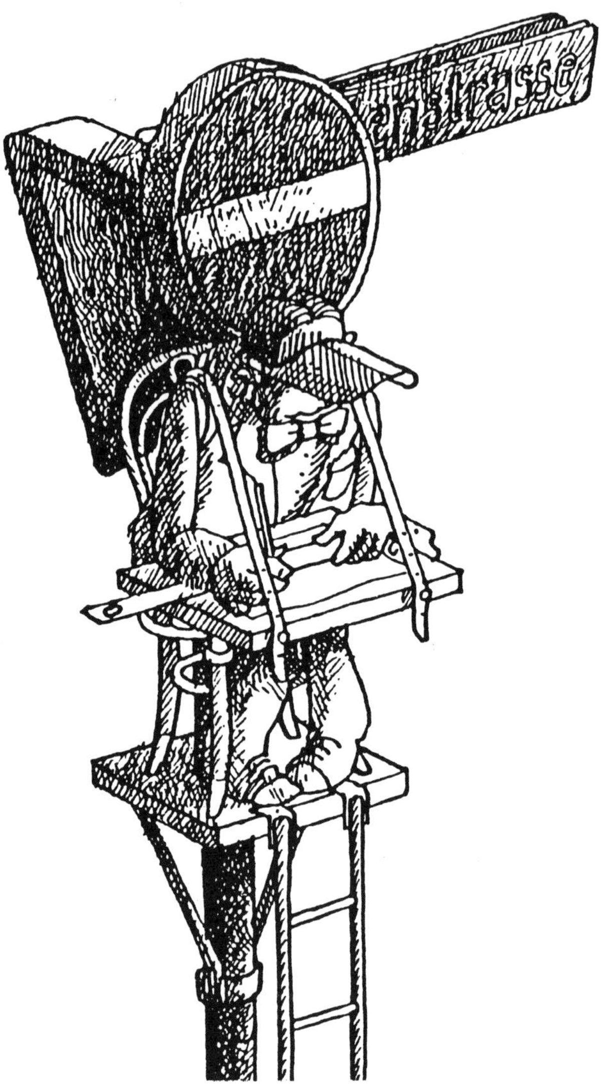

Abb. 10.8 Der Weitblick des Entwerfers (Birg, München)

Vor reinen technologischen Lösungsansätzen der Zukunftsbewältigung hat Hans Paul Bahrdt aber bereits in den sechziger Jahren gewarnt:
Das utopische Denken hat in neuester Zeit unter Städtebauern eine Aufwertung erhalten. Man gibt sich gern futurologisch. Die Mehrzahl der utopischen Entwürfe entspringt einer gesteigerten Phantasie auf technologischem Gebiet. Die Zukunftsvorstellungen über wirtschaftliche und soziale Möglichkeiten fehlen oft oder sind nur mangelhaft ausgebildet. Viele Entwürfe bewußt utopischer Art erwecken den Verdacht, daß sie nur eine kompensatorische Funktion haben. Das Unbehagen an der stagnierenden Gegenwart veranlaßt den Geist, einen besonders großen Sprung nach vorn zu tun. Das Ergebnis ist freilich so weit von aller Realisierbarkeit entfernt, daß es die Irrealität utopischen Denkens bestätigt und damit zur Erhaltung der bestehenden Verhältnisse beiträgt. (Bahrdt, S. 151)

Mit dem äußerlichen Wandel der Stadtgestalt ist ein struktureller Wandel der Funktionen und der Funktionsfähigkeit einhergegangen. Die Anforderungen an eine verträgliche Wohn- und Arbeitswelt können nicht mehr allein durch „Abstimmung“ mit den Füßen bzw. Rädern realisiert werden, indem immer mehr Menschen vor die „Tore“ der Stadt ziehen. Zunehmend muß diese Flucht in neue Realitäten und individuelle Utopien auch von der Politik als Herausforderung begriffen und angepackt werden. *Fluchtutopien entwerfen ein Leben, dessen Sinn unbewußt in der Abwehr der Enge, der Ungerechtigkeit und Bösartigkeit herrschender gesellschaftlicher Zustände, also in einer Verklärung der zukünftigen Menschenwelt gesucht wird. In einer Idealstadt der Zukunft leben ideale Menschen. Die Hoffnung, daß man durch ein technisches Arrangement alle Probleme des menschlichen Zusammenlebens lösen kann, ist in Wirklichkeit der Traum von Omnipotenz.* (Mitscherlich (2), S. 96)
Wie in fast allen Lebensbereichen wurden auch im Städtebau in der Vergangenheit die Belange der Ökologie meistens kaum beachtet und erforderliche Maßnahmen bezweifelt oder als gegenwärtig unrealistische Aufgabe in die Zukunft verschoben. Aber vieles, was heute als Utopie angesehen wird, kann sich innerhalb weniger Jahre durchsetzen. Das beste Beispiel hierfür liefert die Diskussion um Tempo 30 in Wohngebieten. Wurde diese Forderung noch vor wenigen Jahren wegen Weltfremdheit von Politikern entschieden abgelehnt oder gar belächelt, so wird Tempo 30 mittlerweile von den gleichen Politikern als große Errungenschaft gefeiert.

Wir werden niemals in Großstädten leben, die einheitlich und widerspruchslos aus dem Geist einer Epoche oder gar einer Theorie bebaut sind. Und es ist auch fraglich, ob wir dies wünschen sollten. Aber der Zwang, mit dem bereits Vorhandenen irgendwie zurechtzukommen, schließt nicht ein, daß man sich dem Althergebrachten stets unterordnen muß. In vielen Fällen ist es möglich, das bereits Bestehende in ein neues System einzubeziehen, es gewissermaßen „umzudeuten", oder ihm nachträglich einen Sinn zu verleihen, falls es vorher keinen gehabt hat. Den Mut und die Idee zu einer solchen „Umdeutung" kann nur die Utopie, niemals die Erfahrung geben. (BAHRDT, S. 151)

Für den Entwerfer besteht deshalb die Notwendigkeit, die Auswirkungen seiner Tätigkeit in der Zukunft vorauszuschätzen, wenn ihm dies auch selten bewußt ist. Er muß dabei berücksichtigen, daß alles Gebaute benutzt wird und „funktionieren" sollte. Im Vordergrund seiner Tätigkeit steht deshalb immer das Bestreben, die bauliche Hülle und den gestalteten Freiraum für das Agieren der Menschen zu schaffen. Dieses „Abenteuer" beinhaltet auch große Anteile von Unsicherheit, ja von Utopie. Sie sollte zu einer machbaren Utopie werden.

*Wenn wir aufmerksam untersuchen, was die Utopie mit der Stadt verbindet, so finden wir, daß **die Stadt selbst eine verwirklichte Utopie ist**, vielleicht sogar die erste verwirklichte menschliche Utopie. Ganz offensichtlich betrifft doch das bei den meisten Utopien verfolgte Ziel die Verbesserung der Organisation, die die Stadt darstellt, da diese **in erster Linie eine Organisation*** ist, und nicht so sehr ein ***besetztes Territorium***. (FRIEDMAN, S. 115)

Nachwort

Die vorstehenden Anregungen und Methoden zum städtebaulichen Entwerfen und Gestalten sollen dazu beitragen, die eigenen Entwurfs-Fähigkeiten zu entwickeln. Die Beispiele unterschiedlichen Vorgehens sollen durch die Dokumentation auch der sonst nicht gezeigten „unfertigen Stadien" eines Entwurfs die übliche „Entwurfs-Blockade" überwinden helfen. Das leere Blatt Papier am Anfang des Entwurfsprozesses soll so zum Ansporn der eigenen kreativen Fähigkeiten werden. Die Erlangung der Arbeitsfähigkeit, der Fähigkeit, Ideen und Konzepte zur Lösung eines Planungs- und Gestaltungsproblems zu „erfinden", muß beim beginnenden Entwerfer immer wieder bewußt in den Vordergrund gestellt werden.

Dazu gehört dann auch, eine Kritik-Fähigkeit der eigenen Arbeit gegenüber zu entwickeln. Nur wenn man beurteilen kann, was als Lösungsansatz erfolgversprechend sein kann, aber auch was dazu nicht geeignet erscheint, gelingt es, zielstrebig weiterzuarbeiten. Dabei müssen Fehlversuche und Rückschritte als Bestandteil des Entwurfsprozesses begriffen und positiv, das heißt als Ansporn zur Weiterarbeit, umgesetzt werden. Gelegentliche Frustrationserscheinungen müssen als dazugehörend akzeptiert und sogar zur Motivationssteigerung benutzt werden.

Außerdem muß die Scheu abgelegt werden, selbst „unfertige Konzepte" zur Diskussion zu stellen – mit Freunden, mit Kollegen, aber auch mit Auftraggebern. Dazu ist es erforderlich, die eigene Argumentations-Fähigkeit durch rationale Reflexion der gemachten Vorschläge, auch wenn sie am Anfang über den Rahmen der Entwurfsaufgabe hinausgehen, zu entwickeln. Gleichzeitig muß die Kritik-Fähigkeit damit verbunden werden. Das ist die Fähigkeit, einerseits anderen Arbeiten mit konstruktiver Kritik, sowohl positiver als auch negativer Art, zu begegnen, und andererseits Kritik und Anregungen von anderen an der eigenen Arbeit aufzunehmen und in die Konzeptionen einzuarbeiten. Die Aufgeschlossenheit für Neues und Ungewohntes verhindert, in Routine zu ersticken und in die „innere Emigration" zu gehen.

Routine ist aber auch ein wichtiger Faktor zur Entwicklung einer Kontinuität beim Entwerfen. Dazu gehört selbstverständlich die Selbstsicherheit, die Fähigkeit mit der eigenen Arbeit zufrieden zu sein. Freude an Zwischenergebnissen ist ein wichtiger Motor beim Entwerfen, denn ständiger Selbstzweifel blockiert schließlich die eigene Arbeitsfähigkeit. Die selbstvergessene Betrachtung von Skizzen der neuesten Ideen gehört zu den schönsten Momenten beim Entwerfen. Das darf aber nicht ausschließen, daß kurz darauf Selbstkritik zur Verbesserung der Arbeit motiviert. Beim Entwerfen gilt nämlich verstärkt die alte Weisheit: Das Bessere ist der Feind des Guten.

Neben der Verbesserung der eigenen Entwurfs-Fähigkeiten müssen auch die Kenntnisse über den Entwurfsgegenstand, die Stadt mit ihren vielfältigen Aspekten funktionaler und gestalterischer Art, ständig erweitert werden. In diesem Sinne sollen die in diese Richtung gemachten Ausführungen dazu anregen, sich selbst eine „Entwurfs-Philosophie" zu erarbeiten. Das Lernen von anderen und aus der Geschichte ist dabei ein ganz wesentliches Betätigungsfeld, denn wer immer nur aus sich selbst schöpft, wird seine Möglichkeiten bald erschöpft haben. Entwerfen verlangt ein inhaltliches Voranschreiten, das Grundlage für ein kreatives Engagement ist.

Abschließend soll noch einmal betont werden, daß man Entwerfen nur dann lernt, wenn man es auch wirklich will. Dann ist Entwerfen auch erlernbar. Der Weg dorthin erfordert aber trotzdem viel **Entwurfstraining**.

Literaturverzeichnis

• *Literatur als Ergänzung zum Buch-Thema und als Quellennachweis*

CEJKA, Jan – Darstellungstechniken in der Architektur: von der Bleistiftzeichnung zum CAD – Kohlhammer; Stuttgart, Berlin, Köln; 1990

KNOLL, Wolfgang; HECHINGER, Martin – Architektur-Modelle: Anregungen zu ihrem Bau – Hoffmann; Stuttgart; 1990

MARKELIN, Antero; FAHLE, Bernd – Umweltsimulation: Sensorische Simulation im Städtebau – Schriftenreihe 11, Städtebauliches Institut, Uni Stuttgart, Krämer Stuttgart 1979

MÜLLER, Wolfgang – Städtebau – Teubner, Stuttgart 1979

PRINZ, Dieter (1) – Städtebau: Band 1: Städtebauliches Entwerfen – Kohlhammer; Stuttgart, Berlin, Köln; 3. Auflage 1987

PRINZ, Dieter (2) – Städtebau: Band 2: Städtebauliches Gestalten – Kohlhammer; Stuttgart, Berlin, Köln; 3. Auflage 1988

PROJEKTGRUPPE STADTGESTALTUNG (Ursula Grammel, Eckart Hörmann, Michael Trieb, Alexander Schmidt) – Grundlagen des stadtgestalterischen Entwerfens – Arbeitsbericht 25, Städtebauliches Institut, Uni Stuttgart, 12. Auflage 1990

THOMAE, Reiner – Perspektive und Axonometrie – Kohlhammer; Stuttgart, Berlin, Köln; 4. Auflage 1990

WIENANDS, Rudolf – Grundlagen der Gestaltung zu Bau und Stadtbau – Birkhäuser; Basel, Boston, Stuttgart 1985

• *Literatur als Quellennachweis*

ALBERS, Gerd (1) – Über das Wesen der räumlichen Planung – Stadtbauwelt 21/1969, S. 10–14, Bertelsmann Fachverlag, Berlin

ALBERS, Gerd (2) – Städtebau – Handwörterbuch der Raumforschung und Raumordnung, Hannover 1970

ALEXANDER, Christopher – Die Stadt ist kein Baum – Bauen + Wohnen, Heft 7/1967, S. 283–289; Bauen + Wohnen GmbH, München

AMINDE, Hans – Funktion und Gestalt städtischer Plätze heute – in: Einführung Städtebau, Städtebauliches Institut der Uni Stuttgart, 1989

ARBEITSBERICHTE ZUR PLANUNGSMETHODIK 4 – Entwurfsmethoden in der Bauplanung – Hrsg.: Institut für Grundlagen der modernen Architektur, Uni Stuttgart; Krämer; Stuttgart, Bern; 1970

BAHRDT, Hans Paul – Die moderne Großstadt: Soziologische Überlegungen zum Städtebau – Wegner, Hamburg 1969

BERNDT, Heide – Das Gesellschaftsbild bei Stadtplanern – Krämer, Stuttgart / Bern 1968

BENEVOLO, Leonardo – Die Geschichte der Stadt – Campus, Frankfurt/New York 1990 – Wegner, Hamburg 1969

BIHR, Wilhelm; VEIL, Joachim; MARZAHN, Klaus – Die Bauleitpläne – Krämer, Stuttgart 1978

BOUSTEDT, Olaf – Stadtregionen – in: Handwörterbuch der Raumforschung und Raumordnung, Hannover 1970, Spalten 3207–3237

BRUGGER, Albrecht; LUZ, Frieder; KAULE, Giselher; REINBORN, Dietmar – Baden-Württemberg – Landschaft im Wandel: Eine kritische Bilanz in Luftbildern aus 35 Jahren – Theiss, Stuttgart 1990

CHURCHMAN, C. West – Einführung in die Systemanalyse – Moderne Industrie, München 1971

DE BONO, Edward – Laterales Denken: Ein Kurs zur Erschließung Ihrer Kreativitätsreserven - Econ; Düsseldorf, Wien, New York, 1989

EDWARDS, Betty – Garantiert zeichen lernen: Das Geheimnis der rechten Hirn-Hemisphäre und die Befreiung unserer schöpferischen Gestaltungskräfte – Rowohlt, Reinbek bei Hamburg 1988

FRISCH, Max – Tagebücher 1966–1971 – Suhrkamp, Hamburg 1979

FRIEDMAN, Yana – Machbare Utopien: Absage an geläufige Zukunftsmodelle – S. Fischer, Frankfurt/M. 1977

GÖDERITZ, I.; RAINER, Roland – Die gegliederte und aufgelokkerte Stadt – Archiv für Städtebau und Landesplanung, Heft 4, 1964

GRÜTTER, Jörg Kurt – Ästhetik der Architektur: Grundlagen der Architektur-Wahrnehmung – Kohlhammer; Stuttgart, Berlin, Köln, Mainz; 1987

HANDWÖRTERBUCH DER RAUMFORSCHUNG UND RAUMORDNUNG, Akademie für Raumforschung und Landesplanung, Gebrüder Jänecke, Hannover 1970

HECKING, Georg; MIKULICZ, Stefan; SÄTTELE, Andreas – Bevölkerungsentwicklung und Siedlungsexpansion: Entwicklungstrends, Planungsprobleme und Perspektiven am Beispiel der Region Mittlerer Neckar – Krämer, Stuttgart 1988

JACOBS, Jane – Tod und Leben großer amerikanischer Städte – Ullstein Bauwelt Fundamente 4, Ullstein; Berlin, Frankfurt/M, Wien, 1963

KISSEL, Harald – Städtebauliche Rahmenplanung: Inhaltliche und methodische Hinweise zum Verfahren einer neuen Planart – plan 25, Institut für Städtebau, Uni Hannover 1982
KÜHN, Erich – Stadt und Natur: Vorträge, Aufsätze, Dokumente 1932–1981 – Christians, Hamburg 1984
KRIER, Rob – Stadtraum in Theorie und Praxis – Krämer, Stuttgart 1975
LE CORBUSIER – An die Studenten: Die „Charte d'Athenes" – Rowohlt Taschenbuch, Reinbeck bei Hamburg 1962
LORENZER, Alfred – Städtebau: Funktionalismus und Sozialmontage? Zur sozialpsychologischen Funktion der Architektur – in: Heide Berndt, Alfred Lorenzer, Klaus Horn – Architektur und Ideologie – edition surkamp 243, Frankfurt/M 1968
LUCKMAN, John – Zur Organisation des Entwerfens – in: Arbeitsberichte zur Planungsmethodik 4, a. a. O. S. 33–47
LYNCH, Kevin – Das Bild der Stadt – Bauwelt Fundamente 16, Bertelsmann Fachverlag; Gütersloh, Berlin, München, 1968
MANNING, Peter – Appraisals of Building Performance: Their Use of the Design Process – in: The Architects' Journal, 9. Okt. 1968, S. 793–796
MASER, Siegfried – Methodische Grundlagen zum Entwerfen von Lösungen komplexer Probleme – in: Arbeitsberichte zur Planungsmethodik 4, a. a. O. S. 9–14
MITSCHERLICH, Alexander (1) – Die Unwirtlichkeit unserer Städte: Anstiftung zum Unfrieden – Edition Suhrkamp, Frankfurt/M. 1965
MITSCHERLICH, Alexander (2) – Thesen zur Stadt der Zukunft – Suhrkamp, Frankfurt/M. 1971
MORTLOCK, Bryse – Ein Modell des Planungsprozesses und das Problem der Werte – Stadtbauwelt 21/1969. Bertelsmann Fachverlag, Berlin, S. 26–29
MUMFORD, Lewis – Die Stadt – Deutscher Taschenbuch Verlag, München 1979
NEUE HEIMAT, BUND DEUTSCHER ARCHITEKTEN (Hrsg.) – Das Leben in der Siedlung: Dargestellt am Beispiel Ratingen-West – Eigenverlag, Hamburg ca. 1968
POSENER, Julius (Hrsg.) – Ebenezer Howard, Gartenstädte von Morgen: Das Buch und seine Geschichte – Ullstein Bauwelt Fundamente 21, Frankfurt/M., Wien 1968
REICHOW, Hans Bernhard – Die autogerechte Stadt – Otto Maier, Ravensburg 1959
REINBORN, Dietmar – Kommunale Gesamtplanung: Ein Modell des kommunalen Planungsprozesses als selektiv-iterativer Vorgang von der Zielsuche bis zur Mittelwahl – Dissertation, Hannover 1974
REINBORN, Dietmar; KAUTT, Dietrich – Schorndorf: Erkundung und Gestaltung in der Altstadt – Studienheft 1 der Vierteljahreszeitschrift „Die alte Stadt" (Hrsg.: Otto Borst), Heft 1/90, Kohlhammer; Stuttgart, Berlin, Köln
RIEGER, Hans Christoph – Begriff und Logik der Planung – Schriftenreihe des Südasien-Instituts, Uni Heidelberg, Otto Harrassowitz, Wiesbaden 1967
RITTEL, Horst (1) – Der Planungsprozeß als iterativer Vorgang von Varietätserzeugung und Varietätseinschränkung – in: Arbeitsberichte zur Planungsmethodik 4, a. a. O., S. 17–31
RITTEL, Horst (2) – Sachzwänge – Ausreden für Entscheidungsmüde? „Grenzen der Machbarkeit" – Institut für Grundlagen der Planung, Uni Stuttgart 1976
SCHMIDT-RELENBERG, Norberg – Soziologie und Städtebau – Krämer, Stuttgart/Bern 1968
SCHWAGENSCHEIDT, Walter – Die Raumstadt und was daraus wurde: „Mein letztes Buch" – Hrsg.: Ernst Hopmann und Tassilo Sittmann, Krämer, Stuttgart, Bern, 1971
SITTE, Camillo – Der Städtebau nach seinen künstlerischen Grundsätzen – Wien 1889, Nachdruck Institut für Städtebau, TU Wien 1972, Reprint Braunschweig/Wiesbaden 1983
SMITH, TUCKER, WILLIAMS – Partizipationsgespräch – Stadtbauwelt 27/1970, Bertelsmann Fachverlag, Berlin, S. 196–202
SNOZZI, Luigi – Tumult des Details – Interview mit Luigi Snozzi; in: VfA Profil 10/1990, S. 54ff
STÜBBEN, Joseph – Der Städtebau – Darmstadt 1890, Stuttgart 1907, Leipzig 1924, Reprint Braunschweig/Wiesbaden 1980
UNGERS, Liselotte – Die Suche nach einer neuen Wohnform: Siedlungen der zwanziger Jahre damals und heute – Deutsche Verlagsanstalt, Stuttgart 1983
VESTER, Frederic – Denken, Lernen, Vergessen – Deutsche Verlagsanstalt, Stuttgart 1975
VOPPEL, Götz – Stadt – in: Handwörterbuch der Raumforschung und Raumordnung, Hannover 1970 Spalten 3079–3089
WEISS, Dieter – Strukturierung iterativer Entscheidungsprozesse bei öffentlichen Planungsvorhaben – Verwaltungsarchiv, Heft 3/1972
WIELAND, Dieter – Gebaute Lebensräume – Beton-Verlag, Düsseldorf 1982
WRIGHT, Frank Lloyd – Ein Testament – Langen-Müller, München o. J.

Bildnachweis

Seite	Abb.-Nr.	
12		Bauwelt 1/2, 1986; Zeichnung: Joseph Kathrein, Mainz
21	2.11	ASPLAN Architektur und Planung, Stuttgart
21 bis 26	2.12 bis 2.26	Ute Oehring, Diana Patzak
26	2.27	Freie Architekten Laichinger und Greiner, Schorndorf
26, 27	2.28 bis 2.31	Ute Oehring, Diana Patzak
29	2.32, 2.33	Christoph Sigel
39, 40	3.1 bis 3.4	nach Rittel, Horst: Der Planungsprozeß als iterativer Vorgang von Varietätserzeugung und Varietätseinschränkung; Arbeitsberichte zur Planungsmethodik, 4. Universität Stuttgart 1970, Seite 19–21, © Anita Rittel, Heidelberg
47	4.1	Boustedt, Olaf: Stadtregionen. Handwörterbuch der Raumforschung und Raumordnung, Band III, Spalte 3210. Herausgeber: Akademie für Raumforschung und Landesplanung, Hannover 1970
48	4.2, 4.3	Hecking, Georg; Mikulicz, Stefan; Sättele, Andreas: Bevölkerungsentwicklung und Siedlungsflächenexpansion. Schriftenreihe 15 des Städtebaulichen Instituts der Universität Stuttgart, Stuttgart 1988, Seite 34, © Stefan Mikulicz, Kornwestheim
49	4.4	nach: May, Ernst: Zeilenbauschema als konsequente hygienegeleitete Formreduktion dargestellt. In: Das neue Frankfurt, Heft 2/3 – 1930 (obere Bildreihe) nach: Spengelin, Friedrich: Das verzerrte Gebilde Großstadt. Der Architekt, 7/8 – 1985, © BDA, Bonn (mittlere und untere Bildreihe)
50	4.5, 4.6	Grütter, Jörg: Ästhetik der Architektur. Stuttgart 1987, Seite 238

Seite	Abb.-Nr.	
51	4.7	Stadtplanungsamt Karlsruhe, Karlsruhe-Dammerstock
52	4.10, 4.11	Wienands, Rudolf: Grundlagen der Gestaltung zu Bau und Stadtbau. Basel 1985, Seite 50, Seite 12/13, © Birkhäuser
53	4.12	Schwagenscheidt, Walter: Die Raumstadt und was daraus wurde: „Mein letztes Buch". Stuttgart 1971, Seite 17, © Karl Krämer Verlag
56, 58	4.20, 4.24	Krier, Rob: Stadtraum in Theorie und Praxis. Stuttgart 1975, Seite 67, © Rob Krier, Wien
62	4.31, 4.32	Stephan Schäfer, Studienarbeit Universität Stuttgart
64	4.34	Stadtarchiv Stuttgart
65	4.36	Stadtarchiv Esslingen am Neckar
65	4.37	Ausschnitt aus dem Stadtplan Stuttgart, 1:10000; Abdruck der Karte mit Genehmigung des Stadtmessungsamts Stuttgart, Genehmigungs-Nr. K 36
66	4.39	PE-Planungsgruppe Esslingen, Städtebaulicher Rahmenplan Esslingen-Altstadt Ost, 1975
67	4.40	Maßstab 1:1000, 1:500; Christoph Sigel, Studienarbeit Universität Stuttgart; Maßstab 1:200; Bernhard Schwarz, Studienarbeit Universität Stuttgart
69		Wright, Frank Loyd: Ein Testament. Seite 55, © Langen Müller Verlag in F. A. Herbig Verlagsbuchhandlung GmbH, München
70	5.1, 5.2, 5.3	Christoph Rundel, Studienarbeit Universität Stuttgart
71	5.4	Jochen Stuible, Studienarbeit Universität Stuttgart
72 bis 74	5.5 bis 5.10	Stefan Schäfer, Studienarbeit Universität Stuttgart
77	5.12	Christoph Sigel, Studienarbeit Universität Stuttgart
78	5.13	Wolfgang Görl, Studienarbeit Universität Stuttgart

Seite	Abb.-Nr.	
79	5.14	Christoph Sigel, Studienarbeit Universität Stuttgart
80, 81	5.15, 5.16	Thomas Czipf, Studienarbeit Universität Stuttgart
83 bis 85	5.17 bis 5.23	Steffen Hartmann, Wolfgang Nautter, Studienarbeit Universität Stuttgart
87	5.24	Ingrid Lohrmann, Studienarbeit Universität Stuttgart
91	6.3	Wem gehört die Welt? Herausgeber: Neue Gesellschaft für Bildende Kunst, 1977, Seite 56
102 bis 106	6.20 bis 6.34	Argeplan Stuttgart (Hachenberg) und WerkStadt Stuttgart (Reinborn, Reinborn, Fritsch), Wettbewerb Brackenheim bei Heilbronn
107 bis 115	6.35 bis 6.61	Uwe Mein, Studienarbeit Universität Stuttgart
117	7.1	Wolfgang Görl, Studienarbeit Universität Stuttgart
117	7.2	Le Corbusier: Plan d'urbanisme de Saint Die. FLC 18413, © VG Bild – Kunst, Bonn 1992
117	7.3	Stadtbild und Stadtlandschaft: Planung Kempten/Allgäu. Schriftenreihe des Bundesministeriums für Raumordnung, Bauwesen und Städtebau, Nr. 02.009, Seite 137
118	7.4	Anton Rubisoier, Studienarbeit Universität Stuttgart
119	7.5	Diana Patzak, Studienarbeit Universität Stuttgart
120	7.6	Stefan Schäfer, Studienarbeit Universität Stuttgart
120	7.7	Michael Siegle, Studienarbeit Universität Stuttgart
121	7.8	Diana Patzak, Studienarbeit Universität Stuttgart
122	7.9, 7.10	Christoph Sigel, Studienarbeit Universität Stuttgart
123	7.11, 7.12	Bernhard Schwarz, Studienarbeit Universität Stuttgart
124	7.13	Stefan Schäfer, Studienarbeit Universität Stuttgart
124	7.14	Christoph Sigel, Studienarbeit Universität Stuttgart
125	7.15, 7.16	Stefan Schäfer, Studienarbeit Universität Stuttgart
126	7.17, 7.18	Jochen Stumpf, Studienarbeit Universität Stuttgart
128	7.20	Fotos und Modell von Michael Siegle, Studienarbeit Universität Stuttgart
129	7.21	Thomas Czipf, Studienarbeit Universität Stuttgart
130	7.22	Jan Berger, Studienarbeit Universität Stuttgart
131	7.23, 7.24	Birgit Czipf, Studienarbeit Universität Stuttgart
132	7.25	Monika Redl, Studienarbeit Universität Stuttgart
134	7.27	Ingenieurgemeinschaft Vermessung AVT, A-6460 Imst
135		Cejka, Jan: Darstellungstechniken in der Architektur. Stuttgart 1990, Seite 196

Seite	Abb.-Nr.	
142, 143	8.1 bis 8.4	WerkStadt Stuttgart (Reinborn, Reinborn, Fritsch)
149	9.1	Cejka, Jan: Darstellungstechniken in der Architektur. Stuttgart 1990, Seite 175
150	9.2	Braunfels, W.: Abendländische Klosterbaukunst. Köln 1969, © Du Mont
150	9.3, 9.4	Idee–Prozeß–Ergebnis, Katalog zur Internationalen Bauausstellung. Herausgeber: Senator für das Bau- und Wohnungswesen Berlin, 1984
151	9.5	Insolera, I.: Roma, Le Citta nella Storia d'Italia. Rom 1985
151	9.6	Illustration aus dem Traktat von De Vries über die Perspektive, 1560
151	9.7	Un viaggio in Italia. Herausgeber: Triennale di Milano, Milano 1987
152	9.8	Reproduktion des Stadtmessungsamts Stuttgart
152	9.9	Insolera, I.: Roma, Le Citta nella storia d'Italia. Rom 1985
152	9.10	Terza mostra internazionale di architettura. Herausgeber: Biennale di Venezia, Mailand 1985, Band I
153	9.11, 9.12	G. Piccinato: Städtebau in Deutschland 1871–1914. Braunschweig 1983, Seite 19, Seite 61, © Vieweg
154	9.14	Nove progetti per nove citta. Herausgeber: Triennale di Milano, Mailand 1987
154	9.15	Jones, E.; Woodward, Chr.: A Guide to the Architecture of London. George Weidenfeld & Nicholson Limited, London 1973
154	9.16	Un viaggio in Italia; Herausgeber: Triennale di Milano, Mailand 1987
154	9.17, 9.18	ORplan, Gutachten Stadtentwicklung Leinfelden-Echterdingen, Stuttgart 1978
155	9.19	Uli Seitz
155	9.20	Preferred Dwelling Plans. Herausgeber: Greater London Council, The Architectural Press Ltd., London 1981, Seite 77
155	9.21	Uli Seitz
155	9.22	Bihr, Wilhelm; Veil, Joachim; Marzahn, Klaus: Die Bauleitpläne. Stuttgart 1978, © Karl Krämer Verlag
156	9.23	Kartengrundlage: Topographische Karte 1:25000, Ausschnitt aus Blatt 7220 und 7221. Herausgegeben vom Landesvermessungsamt Baden-Württemberg, Büchsenstr. 54, 7000 Stuttgart 1, Vervielfältigung genehmigt unter Az. 5.13/879
156	9.24	Uli Seitz

Seite	Abb.-Nr.	
156	9.25	Ausschnitt aus Stadtkarte, Maßstab 1:5000; Abdruck der Karte mit Genehmigung des Stadtmessungsamts Stuttgart, Genehmigungs-Nr. K 36
156	9.26	Uli Seitz
157	9.27	Ausschnitt aus Stadtkarte, Maßstab 1:2500; Abdruck der Karte mit Genehmigung des Stadtmessungsamts Stuttgart, Genehmigungs-Nr. K 36
157	9.28	Uli Seitz
157	9.29	Ausschnitt aus Stadtkarte, Maßstab 1:500; Abdruck der Karte mit Genehmigung des Stadtmessungsamts Stuttgart, Genehmigungs-Nr. K 36
157 bis 160	9.30 bis 9.35	Uli Seitz
160	9.36	Gibberd, F.: Town Design. Reinhold Publishing Corporation, New York/The Architectural Press Ltd., London 1953, Seite 195
160, 161	9.37, 9.38, 9.42	Uli Seitz
163	9.41	Bilder linke Spalte: Gutachten Marktplatz Stuttgart-Degerloch; Bilder rechte Spalte: Bürgerinitiative Heusteigviertel, Stuttgart
165	9.43	Uli Seitz
166	9.44	Knoll, Wolfgang; Hechinger, Martin: Architektur-Modelle. Anregungen zu ihrem Bau. Julius Hoffmann, Stuttgart 1990, Seite 16, © Wolfgang Knoll, Stuttgart
167	9.48	Thomas Hirthe, Studienarbeit Universität Stuttgart
167	9.49	Wilfried Hajek, Studienarbeit Universität Stuttgart
168	9.51	Friedemann Odenwald, Studienarbeit Universität Stuttgart
168	9.52	Wilfried Hajek, Studienarbeit Universität Stuttgart
168	9.53	Thomas Jeschke, Studienarbeit Universität Stuttgart
169	9.55	Jörg Schall, Studienarbeit Universität Stuttgart
169	9.56	Barbara Epperlein, Studienarbeit Universität Stuttgart
169	9.57, 9.58	Kurt Baiker, Jürgen Früh, Diplomarbeit Universität Stuttgart

Seite	Abb.-Nr.	
170	9.59, 9.60	Kurt Jacob, Dietmar Reinborn, Diplomarbeit Universität Karlsruhe
171	9.61	Markelin, Antero; Fahle, Bernd: Umweltsimulation: Sensorische Simulation im Städtebau. Schriftenreihe 11, Städtebauliches Institut der Universität Stuttgart, Karl Krämer Verlag, Stuttgart, 1979, Seite 73, © Antero Markelin, Stuttgart
171	9.62	Knoll, Wolfgang; Hechinger, Martin: Architektur-Modelle. Anregungen zu ihrem Bau. Julius Hoffmann, Stuttgart 1990, Seite 72, © Wolfgang Knoll, Stuttgart
172	9.63	Informations-Faltblatt der Stadt Esslingen zur Wohnumfeldverbesserung und flächenhaften Verkehrsberuhigung. Verfasser: Hans Billinger, Dietmar Reinborn, Thomas Schaller
177	10.1	Bildstelle der Stadt Karlsruhe
177	10.3	Borst, Otto; Feist, Joachim: Weil der Stadt. Stuttgart, Seite 26, © Joachim Feist, Pliezhausen
180	10.4, 10.5	Brugger, Albrecht; Lutz, Frieder; Kaule, Giselher; Reinborn, Dietmar: Baden-Württemberg – Landschaft im Wandel: Eine kritische Bilanz in Luftbildern aus 35 Jahren. Konrad Theiß Verlag, Stuttgart 1990. Luftbilder von: Luftbild Brugger GmbH, Stuttgart, Nr. 2/68 und 2/63615
182	10.6	Das Leben in der Siedlung. Dargestellt am Beispiel Ratingen-West. Herausgeber: Neue Heimat, Bund Deutscher Architekten, Hamburg 1968, Seite 67 © BDA
182	10.7	Kartengrundlage: Deutsche Grundkarte 1:5000 (Ausschnitt/Zusammensetzung/Verkleinerung) Blatt Nr. 5684; 5884; 5682, 5882. Vervielfältigt mit Genehmigung des Kreises Mettmann vom 6.3. 1992, Nr. 9/92
184	10.8	Bauwelt 1/2, 1986; Zeichung: Heinz Birg, München